U0381284

区域水问题综合治理模式与关键技术研究

王思如

孙金华

刘米雪 李传龙 ◎ 著

河海大学出版社
HOHAI UNIVERSITY PRESS
·南京·

图书在版编目(CIP)数据

区域水问题综合治理模式与关键技术研究 / 王思如

等著. -- 南京：河海大学出版社，2024.6. -- ISBN

978-7-5630-9135-5

Ⅰ. X143

中国国家版本馆 CIP 数据核字第 2024CY8715 号

书　　名	区域水问题综合治理模式与关键技术研究	
	QUYU SHUIWENTI ZONGHE ZHILI MOSHI YU GUANJIAN JISHU YANJIU	
书　　号	ISBN 978-7-5630-9135-5	
责任编辑	俞　婧	
特约校对	滕桂琴	
出版发行	河海大学出版社	
地　　址	南京市西康路 1 号(邮编：210098)	
电　　话	(025)83737852(总编室)　(025)83722833(营销部)	
经　　销	江苏省新华发行集团有限公司	
排　　版	南京布克文化发展有限公司	
印　　刷	广东虎彩云印刷有限公司	
开　　本	710 毫米×1000 毫米　1/16	
印　　张	15	
字　　数	250 千字	
版　　次	2024 年 6 月第 1 版	
印　　次	2024 年 6 月第 1 次印刷	
定　　价	68.00 元	

前言

PREFACE

　　水是生存之本、文明之源。与森林、湿地、矿产等许多其他自然资源不同,水具有天然流动属性,自古有"黄河之水天上来""滚滚长江东逝水""岭头便是分头处",水的流动性要求治水必须具备流域性、系统性和全局性。地球是人类家园的主因之一,在于其赋存了大量水资源且让水资源具备持续再生的能力。处理好洪水问题,保护好水资源、水环境、水生态,实现人水和谐共生,是社会水治理的重要环节。

　　我国当前面临水灾害频发、水资源短缺、水环境污染、水生态损害新老四大水问题,水灾害频发与水资源短缺会加剧水环境污染与水生态损害,水环境污染将导致水资源短缺,亦可引发水生态损害,水生态损害也会加重水环境污染。四大水问题之间紧密相关、相互影响,成为社会经济高质量与可持续发展的重要瓶颈。在传统的经验治理、分散治理和末端治理模式下,普遍存在水问题"反弹"现象,为科学应对复杂水问题,实现水问题治理的实效、高效和长效,科学治理、系统治理和源头治理思路应运而生,本书内容的撰写着重围绕以下问题展开。

　　首先,阐释了人类文明发展进程中我国水问题及其治理的演进历程与面临挑战。分析了我国新老四大水问题特点及其成因和影响,揭示了我国水问题与其治理的演变特征,重点剖析了改革开放以来水污染防治工作经历的"点源治理、规模治理、系统治理"三个阶段,总结了新形势下水污染防治工作在总体思路、治理范围、治理程序、治理体系及考核体系方面的主要特点。其次,研提了"区域水问题综合治理"的概念、模式与技术体系。基于治理区域的"问题、需求、目标"三大导向,提出了区域水问题综合治理须坚持"政府主导、一龙牵头、多龙协同,多规合一、整体布局、一功多能,科技引领、系统治理、精准施策"的治理思路,阐释了"精细化调查、水问题诊断、治理目标确定、综合治理方案编制"等水问题综合治理路径与方法体系,明晰了"控源截污、河道治理、工程调控、生态修复、长效管理"的水问题综合治理技术路线,构建了区域水问题综合治理技术框架体系。再次,研发了区域水问题综合治理关键技术。聚焦解决流域防洪排涝与城市和农业面源污染问题,针对存在的技术难点与痛点,研发了区域水问题定量诊断技术、城市水系优化调控技术、农业面源污染治理技术与农村生活污水治理技术,并对技术特点及其适用性加以分析。最后,对区域水问题综合治理关键技术进行综合应用。经多地实践应用表明,落实以"县域"为基本单元的区域水问题综合治理,在解决区域水灾害、水资源、水环境与水生态问题方面成效显著,是保障区域水安全的可行路径。以上研究成果为水问题治理提供了理论与实践参考。

全书由王思如统稿,第1章由王思如、刘米雪主笔,第2章由孙金华、王思如主笔,第3章由刘米雪、王思如、顾一成主笔,第4章由李传龙、刘米雪主笔,第5章由胡庆芳主笔。对参加研究的所有人员,在此一并表示感谢。本书出版得到国家重点研发计划课题"城市洪涝组合致灾机理与复杂承载体特性"(2022YFC3090601)、中央级公益性科研院所基本科研业务费专项资金项目"区域水问题综合治理模式与关键技术初步分析研究"(Y519013)、重大工程科技开发项目"三仙湖水库水系连通和水环境保障详细规划"(Hj517032)、"盐城市大丰区城区水环境提升技术方案研究"(Hs518023)、"如皋市水环境整治项目可行性深化研究"(Hj519018)、"启东市城区畅流活水研究方案"(Hj519059)、"黄山市新安江水生态修复与治理工程技术方案研究"(Hj520087)的资助,以及益阳市生态环境局南县分局原副局长罗龙,盐城市大丰区水利局原局长季明珍、原副局长季祥华,如皋市水务局局长朱建军、副局长管峰,如皋市生态环境局原副局长徐宣安,启东市住建局原副局长张熹,黄山市水利局局长程敏、原总工舒国平等给予的大力支持,在此深表感谢!

区域水问题综合治理涉及的影响因素繁多,书稿撰写历经五年,几经易稿,但科学技术日新月异,本书所论述的内容,今后会不断更新发展,但对目前开展水问题治理工作,正在思考、研究和从事水问题治理的人员来说,仍有重要的理论与实践参考价值。受作者学术水平所限,书中难免存在疏漏和不足之处,敬请读者及同行专家不吝赐教。

目录

CONTENTS

绪论

1.1 研究背景及意义

水是生存之本与文明之源。我国水问题由来已久且错综复杂,受自然、经济与社会等多重因素影响,表现为水旱灾害频发、水资源短缺、水污染蔓延与水生态退化等相互作用的综合性水问题,成为影响社会经济高质量发展的关键制约因素。2014 年,习近平总书记在中央财经领导小组第五次会议上深刻指出,"河川之危、水源之危是生存环境之危、民族存续之危。水已经成为我国严重短缺的产品,成了制约环境质量的主要因素,成了经济社会发展面临的严重安全问题"。完善水治理体系,提升水安全保障能力,是推进社会经济高质量发展,支撑社会主义现代化国家建设的时代需求和必然要求。

纵观人类文明和水问题的发展史,水问题伴随着人类文明的进步而不断发展演化,人类社会的发展史是直面自然灾害的奋斗史与人水关系的演变史。人类文明进程中,社会分工不断细化,发展能力日趋增强,在生产力水平提升的同时,人水关系不断发生转变。人类先后经历原始文明、农业文明、工业文明与生态文明时期,各时期水问题及其成因有所不同。自然和人类活动共同影响下,水问题从原始及农业社会的防洪、灌溉问题,发展成为水灾害、水资源、水环境、水生态四大问题并存的多重危机与挑战。

原始文明时期,人类逐水而居、水退人进、水进人退,河流自身演变主导了人水关系。因人口数量较少,人工取用水对水循环和生态环境的影响十分有限,水循环过程整体表现为以"降水—蒸发—径流"为主导的自然水循环,水生态和水环境过程呈现出天然演替与演变状态,水质和生态优良(严登华 等,2020)。人类与水保持着被动顺应大自然的和谐状态,人类虽然谈不上对水问题进行治理,但已学会用绘画和竹简记载水的利害关系及人类对水的认识。该时期最为突出的自然水问题是洪水,无论是东方的大禹治水还是西方的挪亚方舟,都说明了在远古洪患时代人们已经开始与洪水抗争(孙金华,2011)。

农业文明时期,随着生产和科学技术的进步,人们开始了最初的治水活动,耕种于洪水淤积的土地,引河水灌溉农田,认识到灌溉能显著地提高农业产量后,开始修建输水渠道。我国夏朝即开始水利灌溉,西周已有蓄水、灌排、防洪等事业,春秋战国时期开始兴建邗沟,隋代兴建了贯穿南北的京杭大运河。起初水源相对充足,通过提水与输水能够提高水资源可利用性;随着水资源开发程度提高,水资源供需矛盾显现,综合运用水库大坝、人工运河、调水工程与灌溉设施等措施,能够实现局地水资源开发利用向区域水资源综合配置转变。随着以灌溉为代表的现代农业文明的发展,灌溉取-用-排水影响着天然水循环,经济社会发展驱动水循环的演变(秦大庸 等,2014)。同时,为保障人民生命财产安全,自然洪水过程被人为调节,水循环过程的自然属性被削弱;伴随着社会水循环过程演进,污染物排放量逐渐增加,进入天然水体,当入河污染负荷超出天然水体的自净能力时,污染问题开始显现。

工业文明时期,随着社会经济和工程技术迅速发展,人类在人水关系中逐渐占据主导地位,水土资源开发活动日渐增强,流域下垫面条件发生改变,生态需水和生态用地被挤占,污染负荷排放剧增,水生态环境问题凸显。尤其是第二次工业革命后,河流受到强烈干扰。大量建设的水库大坝改变了河流的天然形态与水文过程的时空分布,在发挥防洪、发电、航运与供水等效益的同时,对原有自然生态系统造成不利影响。大量工业和生活废水排入河流等粗放用水方式对河流水质产生了极大影响。河道断流、河床萎缩、湖泊干枯、尾闾消失,许多江、河、湖、库等水域受到了不同程度的污染,生物多样性减少,导致了河流生态环境的空前危机(史虹,2009;范俊韬 等,2009)。

当前,我国正处在工业文明后期和生态文明前期,多种水问题往往在同一流域交织,现阶段凸显的复杂水问题集中体现了欧美发达国家在过去百年工业化进程中不同阶段上出现的水问题,治理任务异常繁重(严登华 等,2020)。虽然人们已经意识到,在水土资源开发活动中,应通过节约用水遏制社会水循环通量的快速增长,实施污染减排的系列措施,降低污染负荷输出,遏制水污染并对受损水生态系统进行修复。然而,由于工业化和城市化阶段形成的水需求惯性和巨大的污染累积负荷,水质改善往往要经历一个较长时间的"污染—治理"相持阶段,加上修复后的水生态系统要达到"自维持"状态,往往要经历几年乃至数十年的时间,水环境与水生态的改善难以一蹴而就(严登华 等,2020)。

综上所述,我国的水问题从农业社会单一的洪旱灾害演变成当前水灾害频发、水资源短缺、水环境污染、水生态损害等新老水问题并存,且呈现出各类水问题自身也不断演变的严峻形势。极端气候事件频发,导致洪水内涝、干旱受灾等水灾害加剧;资源型缺水向工程型缺水、水质型缺水、管理型缺水等综合性缺水转变;水污染类型由常规污染转为复合型污染,污染重点由工业转为生活、农业,污染核心区向西部、农村及流域上游转移;江河断流、湖泊萎缩、湿地减少、水生物多样性锐减、水生态系统退化、海水入侵等水生态问题日益突出。

面对复杂而严重的水问题，我国正在系统推进治理理念、治理体制、法规制度、治理科技、治理投资等全面改革与创新。水问题治理随之由简易防控向综合管理和系统治理发展。解决水问题由单项的水量调控发展为水量和水质统筹治理，由简易的工程措施发展为工程和非工程措施并举，传统的经验治理、分散治理和末端治理正在转变为科学治理、系统治理和源头治理。纵观世界各国治水史，水问题的转变与社会经济发展、水文气象、自然地理、土地利用、治理成效等密切相关，具有阶段性、流域性、区域性和复杂性等特征。水问题治理与思想理念、社会经济、体制机制、法律法规、技术方法和经费投资等紧密相关，治理思路与实践正确可以取得实效、高效和长效，使得真正解决水问题的时间缩短、投入减少；反之则事倍功半、不断反弹并陷入困境。

党的十七大报告提出"建设生态文明"，树立和落实全面发展、协调发展、可持续发展的科学发展观，坚持在开发利用自然中实现人与自然的和谐相处，正确处理增长数量和质量、速度和效益的关系。党的十八大以来，以习近平同志为核心的党中央把生态文明建设作为统筹推进"五位一体"总体布局和协调推进"四个全面"战略布局的重要内容。习近平总书记在"3·14"重要讲话中提出"节水优先、空间均衡、系统治理、两手发力"的治水思路，提出一系列新理念新思想新战略。深刻领会习近平总书记对水问题形势的科学判断，亟需重点分析新老水问题及系统治水的思路与方法。

水问题治理具有复杂性、艰巨性和长期性，须从全局考虑，注重系统性、整体性与协同性，综合运用行政、法律、经济、科技等多种手段，最终实现人水和谐。基于此，本书从国内外水问题演变及其治理历程出发，基于当前水问题的特点、成因及影响，构建区域水问题综合治理模式，明确水问题治理路径和方法体系。针对水问题定量诊断、工程优化调度两大技术难点，以及农业面源污染与农村生活污染两大治理困境，开展区域水问题综合治理关键技术研究。以区域水问题为导向，在典型区域实践应用"区域水问题综合治理模式与关键技术"研究成果，重点提升河网水动力、改善区域水环境，实现水问题综合治理目标。经过水问题综合治理的理论研究与实践应用，以期对统筹解决区域水问题提供科技支撑与借鉴参考。受限于篇幅，本书重点研究洪涝灾害、水资源短缺、水环境恶化与水生态损害问题，暂不涉及干旱及其带来的灾害。

1.2　我国水问题治理演进与面临挑战

1.2.1　水灾害问题演变及防御

1.2.1.1　水灾害问题特征及成因

水灾害通常指因水过多而成灾的水灾和因水过少而成灾的旱灾等与水相关的自然灾害。本研究主要涉及水灾,包含因暴雨、山洪、融雪、冰凌、溃坝导致的河湖泛滥进而淹没土地和农田所引起的洪灾,以及因长期大雨或暴雨造成低洼土地淹没形成的涝灾。我国水灾害分布范围广且发生频繁(李建华,2007)。除沙漠、极端干旱地区和高寒地区外,我国大约 2/3 的国土面积存在不同程度和类型的水灾。山地、丘陵和高原地区占国土面积 70%,常因暴雨发生山洪和泥石流;东部地区年降水量较多且 60%～80% 集中在汛期 6～9月,常常发生暴雨洪水;沿海地区每年都有部分地区遭受风暴潮引起的洪水袭击;北方黄河、松花江等河流有时因冰凌引发洪水;新疆、青海、西藏等地融雪洪水时有发生;此外,还有水库垮坝和人为扒堤决口造成的洪水。根据历史记载,自公元前 206 年到 1949 年,我国发生过较大的水灾 1 029 次;新中国成立以来,不同大小水灾年年都有发生,特别是 20 世纪 50 年代,10 年中发生大洪水 11 次。

季风气候是我国水灾害多发和分布广泛的主要原因。我国气候具有夏季高温多雨、冬季寒冷少雨、高温期与多雨期一致的季风特征。夏季风来自东南面的太平洋和西南面的印度洋,性质温暖湿润。在其影响下,夏季降水普遍增多,雨热同期。华北、东北、西北、西南广大地区 6～9 月为雨季,其间累计降水量占年降水量的 70%～80%。东南各省多雨季节在不同地区为 3～6 月或 4～7 月,其间累计降水量占年降水量的 50%～60%,每年初夏江淮流域常有一段连续阴雨,称为梅雨时期,其降水量较大、降水次数频繁,属于大范围的降水过程。历年季风的强弱、进退的迟早和持续时间的不同,影响着江淮流域的"梅雨期"和"梅雨量"。

独特的阶梯状地形地貌加剧了我国空间上降水的不均匀,导致西北多干旱、南方多雨涝的总体格局。我国地势西高东低,呈三级阶梯状分布,第一级阶梯(平均海拔 4 000 m 以上)是青藏高原,第二级阶梯(平均海拔 1 000～2 000 m)分布着大型盆地和高原,第三级阶梯(海拔多在 500 m 以下)分布着广阔平原,间有丘陵和低山。这种地势特点使得我国大多数河流自西向东汇入大海,并且只有几条主干河流。一旦遇到降水集中的雨季,河流难堪重负,极易形成水灾;如果降水偏少,主干河流灌溉范围有限,又容易造成旱灾。加之来自东南沿海的夏季风由于没有大山阻隔,可以长驱直入,其强降水的影响范围很大,而来自印度洋的季风则被横断山脉所挡,无法带来充足的降水。此外,我国山区面积占全国总面积的 2/3,一旦遭遇水灾,山地地形使河流中下游河水猛涨,加剧了受灾程度,同时又容易诱发山区泥石流等灾害。

全球变暖与周边海气振荡周期变化导致的气候异常及社会发展不利因素是引发各级水灾害的主要胁迫因子(彭剑峰 等,2012)。全球变暖导致水文循环过程加快,海洋蒸发增加,且由于大气温度上升,大气持水能力增强(当气温处于 20～30℃时,温度每升高 1℃,大气含水量可提高约 1%),大气需要更多水汽才能达到饱和,形成降水条件。由于空气中水分含量较高,一旦发生降水,降雨强度就会比以往大。同时,潮湿和温暖的大气稳定性较差,亦易形成暴雨过程。《中国极端天气气候事件和灾害风险管理与适应国家评估报告》(2015 年)指出,"中国极端天气气候事件种类多,频次高,阶段性和季节性明显,区域差异大,影响范围广"。近 60 年,中国极端天气气候事件发生了显著变化,高温日数和暴雨日数增加,极端低温频次明显下降,局部强降雨和城市洪涝增多,北方和西南干旱化趋势加强,登陆台风强度增大。

城镇化快速发展过程中,由于热岛效应、凝结核增强作用、微地形阻障效应改变城市暴雨特性,从而对城市洪涝产生不利影响(张建云 等,2016)。城镇化改变了流域水文特性,将原来植被、林地、草地或农田等绿色空间硬化为道路、广场或建筑等灰色或黑色空间,不透水地表面积增加,严重削弱了地表洼蓄、植被拦截和土壤下渗作用,使地表径流发生快、流量大,水患发生概率高;城市化使得流域地表汇流呈现坡面和管道相结合的特点,明显降低了流域的阻尼作用,汇流速度显著加快,水流的地表汇流历时和滞后时间大大缩短,集流速度明显增大,城市及其下游的洪水过程线变高、变尖、变瘦,水量快速上涨、洪峰显著提高、峰现时间提前,城市地表径流量大为增加,更易形成迅猛洪水。城市的地下停车场、商场、立交桥等微地形有利于雨水积聚和洪涝的形成,也通常成为城市洪涝最为严重的地点。《秦淮河流域城市化对水文水资源影响》一文指出,城镇化率(不透水率)从 4.2%(1988 年)上升到 7.5%(2001 年),再上升到 13.2%(2006年);与 1988 年相比,2001 年和 2006 年的蒸发量分别减少 3.3%和 7.2%,径流深分别增加 5.6%和 12.3%(许有鹏 等,2011)。美国丹佛市气象观测表明,2 h内 43 mm 的降雨,在草坪、沙土和黏土地带的径流系数(产流/降雨量)为 0.10～

0.25，铺路地带则为 0.90（Maidment，2002）。1985 年浙江省余姚市周围都是稻田，山洪经稻田天然拦蓄调节；稻田变为广场和柏油路后，山洪直接冲击市区，是 2013 年城区 70% 的面积积水 7 d 以上的重要原因。

1.2.1.2 水灾害问题造成的影响

从我国经济社会发展状况与遭受水灾害情况的关系来看，水灾害能够对国民社会经济造成重大冲击（李建华，2007）。水灾害会造成人员伤亡和直接经济损失。1931 年，江淮大水影响河南、山东、江苏、湖北、湖南、江西、安徽、浙江八省，淹没农田 1.46 亿亩[①]，受灾人口达 5 127 万人，占当时八省总人口的 25%，死亡 40 万人；1991 年，淮河、太湖、松花江等部分江河发生较大洪水，全国水灾受灾面积达 3.68 亿亩，直接经济损失高达 779 亿元（其中，安徽省直接经济损失达 249 亿元，约占安徽省全年国内生产总值的 37.5%，受灾人口达 4 400 万人，约占全省总人口的 76%）；1998 年，我国特大洪水造成的受灾面积高达 3.18 亿亩，成灾面积 1.93 亿亩，造成直接经济损失高达 2 500 亿元；2012 年，"7·21 北京特大暴雨"期间，北京及其周边地区遭遇 61 年来最强暴雨及洪涝灾害，造成房屋倒塌 10 660 间，160.2 万人受灾，经济损失 116.4 亿元；2021 年，"7·20 郑州特大暴雨"造成河南省 150 个县（市、区）1 478.6 万人受灾，因灾死亡失踪 398 人，直接经济损失 1 200.6 亿元。城市地区单位面积承载量、物质财富等资产暴露度较高且持续增加，加大了城市经济对水灾害的敏感性，城市暴雨洪涝灾害的经济损失居高不下（Bouwer，2013；Gallina et al.，2016；谭玲 等，2020）。

自然灾害造成的经济损失在当年新增 GDP 中所占比例能反映出经济损失的严重性。从 1990—2004 年我国自然灾害（水灾害占 80% 以上）导致的经济损失占 GDP 的比例来看（图 1-1），自然灾害造成的经济损失都超过了当年 GDP 的 1%，1991 年达 5.8% 左右，而在水灾严重的 1998 年，自然灾害造成的经济损失在当年新增 GDP 中所占比例高达 78%。可见，水灾害对经济增长的冲击十分明显，是国家实现可持续发展必须直面并解决的难题。

洪涝灾害造成的直接经济损失占当年气象灾害直接经济总损失量的比例能够反映洪涝灾害在气象灾害中的危险性。基于《中国气象灾害年鉴》，计算得到 2008—2018 年洪涝灾害造成的直接经济损失占所有气象灾害（干旱、大风、冰雹、雷电、热带气旋、低温冷冻和雪灾等气象灾害）经济损失总值的年平均比例约为 44.4%，最小为 20.1%，最大达 68.8%，说明洪涝灾害损失占气象灾害损失比重较大，危险性较强（图 1-2）。在没有大规模结构调整的情况下，在未来 20

---

① 1 亩 ≈ 666.67 m²。

年内,全球因暴雨洪涝造成的总经济损失预计将增加 17%,中国将遭受最严重的直接损失,增幅为 82%(Willner et al., 2018)。

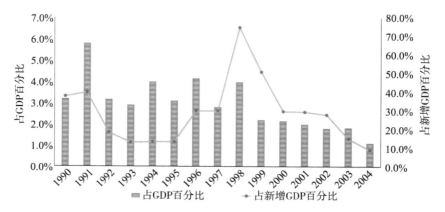

图 1-1　1990—2004 年我国自然灾害导致经济损失占 GDP 的比例(李建华,2007)

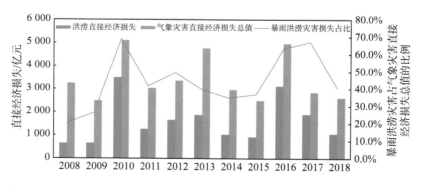

图 1-2　2008—2018 年中国暴雨洪涝灾害占气象灾害直接经济损失总值的比例

　　水灾害可能对生态和地质环境造成严重影响。历史上灾后瘟疫早有记载,水灾可能造成大量动植物甚至人的死亡,滋生、传播或蔓延某些作物病虫害或人类的瘟疫、病毒及传染病等;城镇供排水系统失灵,使垃圾、污水与废水因得不到及时处理而污染水体;涝渍区的城镇污水,以细菌、病毒污物为主,是流行病与传染病的重要来源。水灾害会造成大量农田化肥、农药及土壤养分流失,涝渍区农田上残留的农药、动物粪便、倒掉的饲料及丢弃的动物尸体等,使河道、湖泊、水库的水质污染恶化及富营养化,冲毁河道及岸边的水生植物,进而干扰或破坏生态系统平衡;涝渍区的污水如果渗漏到地下,容易造成对地下水的污染;伴随土壤次生盐碱化的发生,地下水位上升带至地表的盐分及土壤中可能存在的有害物质,也会造成对涝渍区内水环境的影响。黄土高原研究结果表明,暴雨洪水侵蚀、冲刷的土壤中约含氮 0.5~1.5 kg/t,磷 1.5 kg/t 与钾 2.0 kg/t,土壤损失肥分是施放化肥量的几倍之多(李建华,2007)。水灾害容易引发大量水土流失及泥石流滑坡,导致地貌结构支离、切割,冲刷或淤积河床、水库,以及湖泊淤积,名胜古迹、自然景区破坏以及平原地区地面塌陷等,从而对地质环境造成影响。

1.2.1.3　水灾害问题的演变过程

近年来,我国洪涝灾害频发,城镇化进程中城市内涝积水问题愈加突出,洪涝灾害的叠加给城市带来巨大的水安全保障压力。

洪涝灾害发生愈加频繁(王延贵、王莹,2015)。由于人类活动干扰和自然因素的变化,我国部分地区洪涝灾害发生更加频繁。如长江中下游地区从公元前 185 年到 1911 年洪灾发生的频率为 10 年 1 次(其中,唐代平均 18 年 1 次,元明时期平均 5~6 年 1 次,明清时期平均 4 年 1 次);民国期间平均两年半 1 次;20 世纪 90 年代发生频率为 1.3 次/年,平均下来,大约 1 年 1 次(赵军凯、王文彩,2006)。

小水大灾现象不断发生(王延贵、王莹,2015)。流域人类活动剧烈,水土流失严重,许多河流和湖库泥沙淤积严重。20 世纪 90 年代以来,我国黄河、渭河、长江等流域出现了小水大灾的现象,致使同频率洪水条件下洪灾加剧(齐璞、苏运启,2002;周建军,2006)。黄河下游河道长期淤积严重,特别是河槽萎缩,小水大灾现象曾十分严重,如 1996 年汛前,黄河下游河道的平滩流量只有 3 000 m³/s,8 月发生流量为 7 860 m³/s(约 3 年一遇)的洪水,花园口站的洪水位达 94.73 m,创历史最高,比 1958 年发生的洪峰流量为 22 300 m³/s(约 70 年一遇)的特大洪水所造成的淹没损失还大。

城市防洪排涝问题凸显。在全球气候变暖背景下,城市上空热岛效应增强,城区降雨强度和频率不断增加,加上城区不透水面积比例高和排水不畅,易造成严重的城市外洪内涝问题(李国英,2012)。如北京 2012 年 7 月 21 日遭受了历史罕见的特大暴雨,城区平均降雨量为 215 mm,造成特大城市洪涝灾害,初步统计全市经济损失近百亿元。另外,武汉市多次暴雨形成洪灾,2013 年 7 月 5 日至 7 日遭遇 50 年一遇的暴雨过程,城区最高降雨量达 337.5 mm,城区部分区域积水深 1 m,造成严重的城市洪涝灾害。

1.2.1.4　水灾害防御的历程

我国水灾害防御的历程可划分为三个阶段:一是被动适应阶段,人适应或自觉服从自然,时间长达几十万年;二是控制利用阶段,提高了改造自然的能力,修筑水库与堤防,打通行洪河道,管理蓄滞洪区,"给洪水以出路",努力减少水灾害;三是人水和谐阶段,水灾害的防范方略由战胜水灾害转变为设法减轻其损失,积极倡导和实践由水灾害控制向水灾害管理转变,由单一防汛抗旱向全面防汛抗旱转变,通过工程、行政、法律、科技、经济等手段,构建由彼此融通、相互联动的灾前综合防御、灾时综合救灾、灾后综合减灾三个子系统形成的水灾害综合防御体系,全面提高防范水灾害能力。

从水利专业视角来看,我国河流众多,流域面积 1 000 km² 以上的河流有 1 500 多条,流域面积 100 km² 以上的河流达 5 万多条(王延贵、王莹,2015)。自新中国成立以来,我国政府十分重视防洪问题,特别是在大江大河的防洪上投入了大量的人力和财力,七大江河防洪工程体系已具规模,防洪形势得到显著改善。但我国中小河流众多,而且分布范围广,相应的投入仍显不够,洪涝灾害治理态势不平衡,中小河流河道治理相对滞后,防洪体系还不够健全,且由于河道淤积、萎缩,甚至人为侵占、缩窄行洪断面,洪涝灾害频繁发生(李国英,2012)。在维护我国大江大河防洪安全的前提下,中小河流防洪体系建设与河道治理仍然是工作重点。

从防灾减灾视角来看,我国原国家科委、国家计委、国家经贸委自然灾害综合研究组,针对我国各类重大自然灾害灾情和规律,以水灾害为主进行了综合调查研究,并在此基础上提出了综合性减灾策略和对策,取得了以下理论成果(高庆华 等,2003;李建华,2007)。1989—1995 年,该三部委自然灾害综合研究组编写出版了《中国重大自然灾害及减灾对策(总论)》《中国重大自然灾害及减灾对策(分论)》《中国重大自然灾害及减灾对策(年表)》,以及全国性挂图 7 幅,第一次从文字、数据、图像等角度对我国自然灾害的总况进行了全面的反映,提出了自然灾害系统的新观念,进行了自然灾害综合预报的探索,并初建了中国自然灾害综合信息系统,为我国自然灾害综合研究和减灾奠定了基础。马宗晋等(1990)发表了《减轻自然灾害系统工程初议》一文,之后又发表了《再议减轻自然灾害系统工程》一文(高庆华、马宗晋,1995),提出了综合减灾应当建立减灾系统工程的主张,研究了人口—资源—环境—灾害互馈系统,将减灾纳入可持续发展系列;基于我国自然灾害时空分布不平衡的特点,进行了灾害区划分,提出了分区减灾、分级减灾的对策;根据综合减灾的需要,提出了建立减灾综合管理系统和推动减灾社会化与产业化的新观点。

1.2.1.5 水灾害防御的措施

水灾害防御包含工程措施与非工程措施。除了水库修筑、堤防建设与河道整治等工程措施外,非工程措施亦十分重要。本节从非工程措施角度,按洪涝灾害的发生发展过程,将洪涝灾害防御措施分为洪涝监测、预警、预报与灾害评估四个方面。

洪涝监测由传统雨量、水文地面观测向地面、遥感监测相结合的新阶段转变,利用高时间分辨率气象卫星、高地面分辨率地球资源卫星与高局部精准性地面观测,形成天空地一体化洪涝监测体系。光学卫星影像伴随着光谱分辨率和时空分辨率越来越高,不断实现了地物的精准监测,但通常面临云层遮挡问题(Shao et al.,2020);合成孔径雷达卫星不受云雾和降水影响,卫星观测数据全天候,但其扫描范围往往无法覆盖洪水淹没区域;极轨卫星借助高空间分辨率影像,能够实现洪水淹没范围的精确提取,但其重返周期动辄数天,无法满足洪涝灾害监测时效性要求;静止卫星能够搭载覆盖可见光、近红外、中红外和长波红外波段,时空分辨率较高,在洪涝监测中能够有效弥补极轨卫星重返周期较长的缺陷(张磊,2022)。利用光学卫星观测的遥感影像,解译了 2000 年以来印度河流域下游的所有重大洪灾的淹没范围与停滞时间等特征(Atif et al.,2021)。"22·6"珠江流域编号洪水期间,有关部门综合运用三部雷达卫星与两部光学卫星,应急监测了蓄滞洪区启用情况与洪涝淹没范围(刘宏洁 等,2023)。

洪涝预警通常以自然地理规律的研究分析为基础,充分考虑人文社会经济特征,采用适当方法进行监测与模拟,预估洪涝相关信息特征,并通过多种渠道发布预警消息,使群众能够提前采取相应防洪措施,保障人身财产安全(Doong et al.,2012)。在洪涝预警指标方面,通常采用降雨量、降雨历时、降雨强度等雨情指标(Camarasa and Butrón,2015),综合土壤含水量和流域雨量指标,按照网格单元进行预警(程晓陶 等,2010)。城市洪涝预警通常以河道警戒水位、保证水位为预警指标。由于城市下垫面具有高度空间异质性,通常结合水动力模型模拟不同暴雨情景下的城市内涝情况,评估积水点的淹没水深、历时和范围,以及河道水位、流量情况,将雨情预报结果和相应雨情下的水情模拟结果结合进行预警(臧亚文,2022)。更进一步地,可以构建累计雨量、外江水位、淹没水深、洪水损失和防洪措施相结合的综合指标体系,利用雷达卫星预测的降雨驱动指标体系计算,进行洪涝综合预警(Chen et al.,2015);考虑城市经济社会特征、区域特征与水文条件,构建水情、灾情与人口密度、地均 GDP、区域易损性等承灾脆弱性指标相结合,通过模糊综合评价法得出多信息精细化预警风险图(臧亚文,2022)。

洪涝预报是以气象预报信息、水文及下垫面信息为输入条件,运用数值模型定量模拟预测未来一定时间的产汇流过程,在灾害发生前预报出内涝积水点分布、水深变化、积水开始与结束时间,以及河道水位涨落过程等(史超 等,2023)。洪涝预报通常采用水文模型和水动力学模型。我国水文模型主要采用自主开发的新安江模型(赵人俊,1984)、双超产流模型(晋华,2006)、GBHM 模型(Yang et al.,1998;贾仰文、王浩,2005)、河北雨洪模型(李瑞、张士锋,2017)等,以及国外引进的 TANK 模型(胡兴林,2001)、TOPMODEL 模型(郭方 等,2000)、SACRAMENTO 模型(张刚 等,2010)和 SMAR 模型(O'Connell et al.,1970)等;水动力学模型主要采用 SWMM 模型(Tu and Smith,2018)、Infoworks 模型(黄国如 等,2019)、MIKE 系列模型(MIKE 11,1993;MIKE 21,1996;MIKE 3,1996)和 GAST 模型(侯精明 等,2018)等。随着现代遥感遥测技术、通信技术、地理信息系统技术、人工智能算法及计算机技术的快速发展,基于卫星雷达的降雨估计和洪水预报的准确率等方面得到显著提升(李建柱 等,2023),基于水文气象耦合的洪涝预报在提升预报精度与延长有效预见期等方面得到一定改善(郭元 等,2022),机器学习模型及其与机理模型的耦合模型在城市洪涝模拟预报精度和效率提高方面具备明显优势(史超 等,2023)。

洪涝灾害评估是城市洪涝风险管理的重要措施,通过精准、高效把握风险特征能够为防灾减灾提供科学依据(李国一 等,2023)。按照应用场景时序,洪涝灾害风险评估可分为灾前评估、灾期跟踪监测评估与灾后实测评估(高庆华 等,2003;张建忠 等,2013)。洪涝灾害风险评估多是基于暴雨灾害危险性、承灾体暴露性、承灾体脆弱性与防灾减灾能力的综合表征(李洁 等,2023)。常用的风险评估方法有数理统计法、不确定性分析法、遥感影像评估法、指标体系评估法和情景模拟评估法(李国一 等,2023)。通过构建历史暴雨洪涝与社会损失数据库,利用数理统计方法(如模糊评价法、主成分分析法和灰色系统理论等)构建洪涝风险评估模型(王兆卫,2017)。运用 NPP－VIIRS 夜间灯光遥感数据,能够通过捕获和对比洪涝灾害前后夜间城市灯光情况获得可靠、客观的灾情数据,是定量评估受灾人口和洪涝风险的重要手段(Zheng et al.,2019)。基于指标体系法的洪涝风险评估是应用最广泛的评估方法,通常从危险性、暴露性和易损性等方面构建综合指标体系,采用主成分分析法、熵权法与对比排序法等进行评价(黄国如 等,2015;张骞,2014)。基于情景分析法的洪涝风险分析需要构建城市洪涝模拟模型,通过设置不同模拟情景,模拟和评价淹没水深、历时、面积等反映洪涝特征的指标(陈军飞 等,2020)。

1.2.2 水资源问题演变及保障

1.2.2.1 水资源问题特征及成因

水资源短缺是我国主要的水资源问题,指水资源无法满足人们生产、生活和生态需要的状况。我国人均水资源量约占世界平均水平的 1/4,水资源胁迫程度约为掌握数据国家平均水平的 1.5 倍,是世界主要经济体中受水资源胁迫程度最高的国家之一(耿雷华 等,2022)。全国正常年份缺水量为 400 亿～500 亿 m^3(王建华,2019),缺水领域以农业缺水量最大。我国水资源空间分布总体呈现南多北少、东多西少,而水资源短缺程度分布则与之相反(童绍玉 等,2016)。全国仅 20% 的水资源分布在占国土面积 64% 的北方地区,黄淮海流域人口约占全国人口的 35%,国内生产总值约占全国的 35%,而水资源量仅占全国总量的7.2%,天然水资源量不足导致北方缺水严重。因此,在北方地区,水资源短缺程度以"极度短缺"或"短缺"为主。根据第三次全国水资源调查评价结果,2000 年以来,我国北方地区产汇流条件显著改变,海河区、辽河区、松花江区和黄河区水资源总量分别偏少 22%、12%、10% 和 10%,其中,海河区的滦河、大清河、蓟运河、潮白河、漳河,黄河中游的北洛河等流域偏少幅度在 20% 以上,进一步加剧了区域水资源短缺形势。在南方地区,除云南、贵州的水资源短缺程度为"短缺"外,其余省份主要为"富余"或"不缺水"。

　　水资源短缺的原因通常归纳为五个方面:一是水资源时空分布不均导致的资源型缺水。受自然条件的限制,我国水资源的分布很不均匀,全国 80% 的水资源分布在占国土面积 36% 的南方地区,而仅 20% 的水资源分布在占国土面积64% 的北方地区。区域天然水资源量本身不足,用水需求不断增加,加上经济技术条件的限制,使得一定时期内人们可以利用的水资源量有限,从而导致缺水。二是特殊地理地质环境下因缺少蓄水设施等导致的工程型缺水。中国长江、珠江、松花江流域,西南诸河流域以及南方沿海等地区,尤其是西南诸省,这些地区的水资源总量并不短缺,但由于特殊的地理和地质环境存不住水,缺乏水利设施,留不住水,或者供水工程的供水能力不够、污水处理工程建设滞后等,使得水量、水质难以满足用水需求。三是水环境污染严重导致的水质型缺水。随着工农业发展和人们生活用水量的增加,工业废水和生活污水排放量急剧增加。未经处理的污水任意排放,使水环境质量恶化,水资源有效利用量减少,进一步加剧了水资源的短缺。全国近一半河段和九成的城市水域受到不同程度的污染(张伟东,2004)。四是水资源利用效率偏低导致的管理型缺水。根据相关统计数据,我国农业是用水第一大户,用水浪费所造成的影响最为严重,2018 年农田灌溉水有效利用系数为 0.554,远低于发达国家的 0.7～0.8 的水平;万元工业增加值用水量为 41.3 m^3/万元,与新加坡、丹麦等高收入国家相比仍有一定差距,工业用水重复利用率约为 70%,而美国、日本等发达国家已普遍达到 85% 以上;和一些发达国家相比,我国管网的漏损率相对较高,平均管网漏损率为

15.66%,而发达国家仅为 6%～8%,欧洲部分国家和地区平均单位管长漏损量为 0.77 m^3/(km·h),而中国平均单位管长漏损量为 1.85 m^3/(km·h)(杨丹,2022)。五是产业结构与布局不合理导致的结构型缺水。在水资源丰富的地区,因为过度消耗淡水资源也会产生结构性缺水问题;在水资源相对贫乏的地区,如果存在结构性缺水问题,矛盾就更突出。

1.2.2.2 水资源问题造成的影响

水资源问题给国民经济带来严重损失。因为缺水,全国每年少产粮食近 800 亿 kg,农业损失达 1 500 亿元,工业损失达 2 000 亿元(汪恕诚,2005)。1995 年胜利油田因黄河断流减产 30 亿元(吕忠梅,2003)。水资源短缺还会导致生态环境的恶化。在水资源有限的情况下,工业等经济社会用水长期挤占生态环境用水,造成河湖断流或萎缩、生态基流难以保障、地下水超采、水环境质量下降等水生态环境问题,危及社会的可持续发展(王建华,2019)。我国西北干旱、半干旱地区水资源天然不足,过度开发利用水资源,造成了水资源的消退,加重了水资源危机,使得本已十分脆弱的生态环境进一步恶化,水资源不足和生态环境脆弱已成为制约该地区社会经济发展的两大限制性因素(刘七,2012)。

1.2.2.3 水资源问题的演变过程

水资源问题已从人均占有量不断减少的一般性的资源性缺水转向水资源供需矛盾的综合性问题。由于人口持续增长和经济高速发展,工农业和人民生活用水将持续增加,使目前存在的水资源供求矛盾更趋激化。其主要表现在:一是供求总量更加不平衡,需水量增长速度超过可供水量的增长速度,供水状况趋于紧张;二是北方地区和沿海工业发达地区等地域性水资源供求矛盾日趋恶化,将严重制约社会经济的发展;三是部门用水矛盾更加尖锐,巨大的人口压力对发展耕地灌溉事业提出更加紧迫的要求,而工业城市将是增加用水量的主要部门,用水量骤增将对农业灌溉用水构成严重威胁。

1.2.2.4 水资源保障的历程

自 20 世纪 80 年代以来,我国水资源短缺问题日益凸显,逐渐成为社会经济发展的主要瓶颈,导致水资源供需矛盾突出、生态与环境问题严峻。水资源保障的历程主要分为五个阶段:一是在经济发展允许的条件下,加大供水工程建设,解决工程型缺水的问题;二是在完善水利工程体系的基础上,规划建设了一批调水工程,包括南水北调、引滦入津、引滦入唐、引黄济青、引黄入晋、引江济太、东深供水、引大入秦工程等,解决了部分资源型缺水的问题;三是转变对水生态环境的认识,减少水污染和对生态环境的破坏,加大环境治理力度,解决水质型缺水的问题;四是在 20 世纪末,综合提出"节水优先"的策略,加强需水管理,与工程建设、调水、治污等协同解决水资源短缺的问题,如 1998 年我国成立全国节约用水办公室,2000 年开始探索治水新思路——建设节水型社会;五是党的十八大以来,将生态文明建设提升到前所未有的战略高度,2014 年习近平总书记提出了"节水优先、空间均衡、系统治理、两手发力"的治水思路,我国持续 20 多年推进节水工作,用水效率大幅提升。然而,当前我国节水工作仍然面临整体用水效率与实践需求不适应,区域间、领域间、常规与非常规水资源间不平衡,以及节水措施难以落地实施、节水思路和节水举措有待进一步完善等问题。

1.2.2.5 水资源保障的措施

为了提高水资源保障能力,通常开展流域或区域水资源评价,依据水资源供需分析情况开展水资源优化配置。

水资源评价是衡量水资源安全、可持续性和承载力的重要手段,水资源配置是实现水资源可持续利用的关键路径。通过定期开展水资源评价,能够及时掌握水资源现状及主要问题;根据水资源供需关系,开展水资源优化配置,能够在时空上均衡水资源,及时解决水资源供需矛盾问题。

水资源评价研究主要分为评价指标、评价方法及相关实证研究三个方面。常用的水资源评价指标有区域人均水资源量、水资源开发利用程度、社会水稀缺指数、产水模数及地均水资源量等。基于单项评价指标,可进一步地建立反映资源、获取、能力、利用和环境等不同层面的指标体系,以系统、全面、综合地评价水资源开发利用的各个环节。基于指标体系中各指标计算结果,采用层次分析法、模糊综合评价法、熵权法、集对分析法等方法对水资源现状进行评价。

水资源配置源于 20 世纪 40 年代 Masse 提出的水库优化调度问题,主要侧重于供水、航运、发电和防洪等单项或多项功能的配置,分析和决策工作基本上根据决策者本人经验和偏好进行;20 世纪 60 年代以后,水资源配置相关理论的研究范围不断扩大,重点围绕多目标分析,借助计算机技术与相应的数学方法相结合,开发出随机线性模型、非线性模型、静态模型、动态规划模型、集总参数模型等数学模型(陈南祥、苗得强,2008;华士乾,1988);20 世纪 90 年代以后,水资源开发利用造成的环境和生态问题、水资源开发与国民经济发展相适应的问题逐渐引起人们的重视,联合国及其所属组织也在全球范围内对水质问题进行了广泛的理论探讨和深入研究,理论体系和研究方法逐步完善,水资源优化配置研究不再局限于水量和经济效益最大的目标,而是更加注重水质约束、环境效益约束。我国近 30 年水资源配置理论方法与对策措施研究,可分为几个代表性的阶段:就水论水配置阶段、宏观经济配置阶段、面向生态配置阶段、广义水资源配置阶段、跨流域大系统配置阶段和量质一体化配置阶段(王浩、游进军,2016)。

1.2.3 水环境污染演变及治理

1.2.3.1 水环境污染特征及成因

水环境污染是指水体受自然因素和部分人类活动的影响,使水的感官性状、物理化学性能、化学成分、生物组成以及底质情况等产生恶化,使水体原有用途被破坏。一方面,我国水环境污染程度存在时空差异性。城市雨污管网清理不到位、末端黑臭河道沟渠水污染扩散和城市面源污染等现象,造成旱季"藏污纳垢"、雨季"零存整取"等问题突出,导致汛期水污染更为严重。对此,中华人民共和国生态环境部(以下简称"生态环境部")于 2022 年印发《关于开展汛期污染强度分析推动解决突出水环境问题的通知》(环办水体函〔2022〕52 号),中国环境监测总站随后发布了《地表水汛期污染强度监测技术指南(试行)》等文件,重在强化汛期污染治理。范俊韬等(2009)研究环境污染与经济发展空间格局发现,在空间上,地区经济越发达,环境污染越严重;在人均污染物指标和人均 GDP 的空间关系上,东南沿海经济较发达地区为正相关,广大中西部地区为随机分布,少数经济落后地区为负相关。另一方面,我国水环境污染特征存在区域特性。由于不同地方发展模式与产业不同,主要污染类型可能存在差异。如感官性状污染(色泽变化、浊度变化、泡沫状物、臭味等)、有机污染(含大量有机物的废水)、无机污染(含大量酸、碱和无机盐类废水)、有毒物质污染(含各类有毒物质,如酚类、氰化物、重金属、农药等的废水)、富营养化污染(含大量氮、磷等营养物质废水)、病原微生物污染、油污染和热污染等。

通常情况下,水环境污染主要是由于水环境对人口和社会经济的承载量超过了其承载力。我国人口和经济密集区在地理分布上很不平衡,全国有 70% 以上的大城市,一半以上的人口和 55% 的国民经济收入分布在沿海地区和平原地区,该地区水环境对社会经济的承载量超出了其承载能力。按照联合国有关方面估算,干旱地区土地的人口承载力为 10~20 人/km² (李建华,2007),而我国北方基本上突破了这个界限,区域水环境对人口的承载量超出了其承载能力。人们为了生存势必会向自然索取更多的资源,对自然进行过度开发以满足自身生存之需;在消费大量能源的同时,也不断地向自然排放废弃物质,加剧了生态环境污染,具体体现在以下五个方面。

一是工业污染距全面达标排放仍有较大差距。我国工业化进程持续加快,虽然工业废水排放量总体保持相对稳定,化学需氧量、氨氮等常规污染物排放有所下降,但污染物种类不断增加、危害性有所上升,特别是重金属、持久性有机污染物、环境激素等多种有毒有害物质的污染日趋普遍和严重。根据 2016 年国控重点工业源的监督性监测数据,造纸、印染、制革、食品制造行业企业占超标企业总数的 37%;"散乱污"企业成为环保工作的突出短板,工业集聚区环境治理和管理水平参差不齐(秦昌波 等,2019)。二是农业面源污染是我国水污染的另一重要来源(王思如 等,2021)。农业面源污染包括农田化肥流失、畜禽及水产养殖废水排放等导致污染物进入水体造成的水污染。研究表明,在太湖流域的污染负荷中,83% 的总氮和 84% 的总磷来自农业面源污染(张红举、陈方,2010);同时,农业面源污染对洞庭湖总氮和总磷污染贡献率分别达到 61% 和 80%(秦迪岚 等,2012)。三是生活污水收集和处理设施短板明显。污水处理设施建设存在着区域分布不均衡、配套管网建设滞后、建制镇设施不足、老旧管网渗漏严重、设施提标改造需求迫切、再生水利用率不高、部分污泥处置存在二次污染隐患、重建设轻管理等突出问题,城镇污水处理的成效与群众对水环境改善的期待还存在差距。四是河湖内源污染释放。由于近年来生产生活污染的不断排放,污染物逐渐沉积至水体底泥中,包括有机污染物和重金属等,这些污染物在一定条件下会向上部水体释放,造成水体水质恶化,因此,有必要采取措施有效清理河道底部沉积物,并对清除的淤泥进行妥善处理处置,避免对水体和周边环境带来二次污染。五是城市初期雨水污染叠加。初期雨水溶解了空气中的大量酸性气体、汽车尾气、工厂废气等污染性气体;降落地面后,冲刷携带了大量屋面、硬化路面上累积的面源污染物;雨水汇流进入管渠后,冲刷融合雨污渠道中存积的污水、污泥及垃圾等,最终使得初期雨水中含有大量的污染物质,这些初期雨水经城市排水管道或漫流进入河湖水体中,必然会给水环境造成较大的污染。

鉴于农业面源污染对我国水环境氮磷污染的贡献比重较大,本节重点剖析农业面源污染的成因。

(1)农田面源污染

根据生态环境部发布的《农田面源污染防治技术指南》,农田面源污染指农业生产活动中的氮素和磷素等营养物、农药以及其他有机或无机污染物,通过农田地表径流和农田渗漏等途径污染地表和地下水环境。其污染排放主要受降雨强度、地形坡度、土壤质地及田间措施等影响,表现为雨强越大、坡度越陡、土质越松、施肥越多,污染排放越大。以 2016 年我国农业面源污染氮磷排放量统计结果分析,总氮排放量为 294.3 万 t,其中农田面源污染排放占比为 56.7%,是氮排放的最主要来源;总磷排放量为 33.1 万 t,农田面源污染排放占比为 43.8%,为磷排放的第二大来源(王思如 等,2021)。加强农田面源防控对削减农业面源污染有着至关重要的作用。纵观国内外农田面源污染相关研究文献(Ongley,

2004；Xia et al.，2017；李胜男 等，2018；卢少勇 等，2017；梁流涛 等，2010），结合研究团队实际调研结果分析，将农田面源污染产生因素归纳为五个方面。

①粮食高产需求驱动及肥料作物价格偏低。以 2016 年人口为基数，我国人均耕地面积为 0.098 hm²，不足世界平均水平的 50％。全世界 50％以上人口的生存依赖于合成氮肥施加带来的作物产量增加，我国 50％以上的粮食增产依靠大幅增加肥料施用。为了应对人口增长与人均耕地不足背景下的粮食高产需求，我国出台了肥料补贴政策以鼓励施肥，肥料作物价格偏低且呈逐步下降趋势。粮食高产需求驱动及相关的肥料作物价格偏低共同导致了肥料施加过量，从而一定程度上增加了化肥在降雨-径流期间的冲蚀流失潜力。

②汛期降雨集中且与作物生长同期。我国气候主要受到季风环流影响，汛期降雨常占全年雨量 60％以上，且整体呈现雨热同期的特征，而作物生长期取决于积温条件。因此，作物生长期常在降雨集中、暴雨频发的汛期。在降雨径流冲刷和淋洗作用下，肥料中的营养元素尚未被作物充分吸收，就被冲刷或淋洗到地表或地下水中，造成肥料大量流失，并间接增大了施肥量。降雨的季节性规律、汛期与作物生长期同时发生共同成为引发农业面源污染的根本原因之一。

③田间管理粗放与经验性施肥现象普遍。我国当前农业管理过于粗放，导致肥料施加不合理、流失潜力加大（林秀春 等，2013；罗文敏 等，2010；李秀芬 等，2010）。肥料施用过量，2016 年，我国单位面积施肥量达 481.7 kg/hm²，约为世界平均水平的四倍；施肥结构不平衡，我国重化肥、轻有机肥，重大量元素肥料、轻中微量元素肥料，重氮肥、轻磷钾肥的"三重三轻"问题较为突出；施肥方式不合理，国内施肥依然以传统的人工施肥方式为主，化肥撒施、表施现象较难改善；化肥利用率低，我国小麦、玉米和水稻三大粮食作物的氮肥、磷肥和钾肥平均利用率分别仅为 42％、24％和 33％。

④作物秸秆资源化利用存在困境。我国为世界第一秸秆产量大国，2018 年我国主要农作物秸秆产量达 8.57 亿 t，约占全球秸秆总产量的 18.5％。近年，我国对秸秆管理重视程度大幅提高，2008 年至 2015 年，发布了 34 份秸秆管理相关文件，促进了秸秆资源化利用率。但由于缺少完善的政策补偿机制、市场体系，且缺乏区域适宜的技术及产品，从而形成政府"热"，而参与主体"冷"的特点。依据已有研究文献（李海鹏 等，2009；虞慧怡 等，2015；孙秀秀 等，2015），目前田间焚烧和废弃等未利用的作物秸秆量仍达 2.15 亿～3.14 亿 t，成为形成农田面源污染的重要因素之一。

⑤岸坡非法围垦种植现象严重。随着我国城市化进程加快，城市规模不断扩大，农田资源日益紧张，加之人们对土地的渴望强烈，且河道岸线管理不完善，

导致各地岸线违种现象普遍。农作物根系较弱，固土效果较差，在雨期容易引发水土流失；且作物收获后，岸坡土壤直接暴露于外部，极易随雨水径流入河，导致水体污染。

（2）畜禽养殖污染

畜禽养殖污染主要来自畜禽养殖场产生的尿液、全部粪便或残余粪便和饲料残渣、冲洗水，以及工人生活、生产过程中产生的废水。根据 2016 年我国农业面源污染氮磷排放量统计结果分析，畜禽养殖污染氮排放量占农业面源污染磷排放量的 38.8%；磷排放量占农业面源污染磷排放量的 48.1%，为磷排放的第一大来源。畜禽养殖污染形成的直接原因是养殖规模高速增长而相应污染处置能力不足，导致牲畜粪便及其清洗用水未经充分处理甚至未处理就排入水体。

畜禽养殖污染形成的根本原因有以下三点（刘增进 等，2016；桂平婧 等，2016；刘越 等，2015；宋大平 等，2012）。

①部分地区畜禽养殖缺乏顶层规划加之监管薄弱导致畜禽养殖行业管理混乱。在顶层规划层面，部分基层管理部门未科学划定禁养区、限养区与适养区或未按划定区域严格管理；畜禽养殖行业排污许可制度尚未落实，排污许可证办理与排污费征收滞后，以致违法成本低廉。此外，畜禽养殖面广量大、基层管理人员不足，成为畜禽养殖排污监管薄弱等问题产生的根源。顶层规划缺乏与监管薄弱共同导致畜禽养殖行业管理混乱、粪污肆意排放，污染水体。

②环保理念落后与技术指导缺乏导致污染处置能力不足。在养殖户、养殖小区和规模化养殖场大幅增加的同时，其相应的污染处置能力不足问题愈发突出。据调查，农户对如何养殖牲畜具备理论与实践经验，但对养殖污染处置问题常较被动，环保理念落后且缺乏相应技术指导；在规划建设畜禽养殖场前未经过科学论证；建设前期常未经污染蓄滞空间测算，污染处置与资源化利用考虑不足。因此，常出现蓄滞空间不足、污染处理设备能力不足或污染消纳空间不足等问题。无处消纳的粪污、处理不彻底的污水或未经腐熟的还田均会对周边水体带来一定的污染。

③多主体间严重脱节导致农户无法为污染找到出路。农户无法为污染找到出路是污染问题难以解决的关键。无论是堆肥还田还是沼气发酵，均需匹配土地空间或上下游产业链利用其产生的有机肥料或沼渣沼液。因畜禽养殖业发展与其他行业发展（种植业、饲料加工、有机肥生产等）严重脱节，使粪污资源化利用存在诸多困境，主要体现在农田仅在施肥季节需肥料，农业用地紧张导致畜禽粪便无法及时还田，或规模化养殖场粪污量过大导致周边地区无法消纳，而外运消纳费用高，且粪污堆肥臭味大、劳动效率低及劳动强度大，农民使用积极性不

高,此外,缺乏相应激励机制来帮助协调上下游产业、整合各行业及科学指导粪污资源的循环利用。

（3）水产养殖污染

水产养殖污染主要分为池塘养殖、水库养殖、稻田养殖及湖泊养殖,其中,水库、湖泊养殖多为围网。池塘养殖大多规模较小、地域分散、需要季节性换水,废水排放时间比较集中,污染主要伴随着连续或脉冲式排水过程产生,养殖废液（包含饵料与排泄物）未经处理或经简单处理后排放,会污染水体;围网养殖污染主要在降雨径流过程中产生,污染物溢流造成周边水体污染（陈守越,2011）。根据2016年我国农业面源污染氮磷排放量统计结果分析,水产养殖污染氮排放量占农业面源污染氮排放量的4.5%,磷排放量占农业面源污染磷排放量的8.1%,但水产养殖带来的污染,最直接作用于水体,风险极高。水产养殖污染的成因主要体现在以下三个方面。

①局地水面开发利用过度现象显著。我国大部分池塘养殖主要集中在长三角以及珠三角地区,覆盖江苏、广东、湖北、湖南、安徽、江西和山东七省,局部地区水面开发利用过度现象显著,尤其是平原水网地区。据调查,以江苏兴化水产养殖为例,河蟹、青虾和克氏原螯虾的养殖面积分别占全市水域面积的86%、68%和32%,其水面开发利用过度,局地水环境污染影响不容忽视;部分村民侵占公共河道水域,将天然河道围成自家门口的池塘,用于水产养殖,阻碍河道连通,污染了水体。

②高密度养殖情况严重且养殖户污染防治意识薄弱。长期以来,我国水产养殖污染及其带来的影响被严重忽视。基层单位或水产养殖户往往仅强调水产养殖富民增收,许多养殖户采取高密度养殖精养鱼类、甲壳类等水产,却忽视了养殖污染的防治。高密度养殖导致鱼类养殖中饵料及排泄物氮磷含量大幅增加,研究表明水产养殖中氮、磷有效利用率分别为30%和14%。由于养殖户的水产养殖污染防治意识薄弱,大量养殖排水未经任何处理或经简单处理便排入周边水体,对水环境造成严重威胁。

③养殖散户过多导致污染防治难以有效落实。规模化养殖常易实现工厂化或循环水养殖,从经济投入与实际操作可行性上,易于做到养殖废水的治理与达标排放。而面广量大的分散养殖相对净水成本高,购置污染处理设备难度大,净化措施不健全,也很难做到牺牲部分养殖面积用于生态净化。对这些分散养殖,渔业或环保部门排污监测与管理难度大,人手与经费相对缺乏。在基本没有净化设备、生态修复空间等措施条件下,再加上监测与有效管理的缺乏,分散养殖的养殖废水排放往往无法确保能达到排放标准。

1.2.3.2　水环境污染造成的影响

水环境污染严重影响着生活生产与生态环境。一是严重威胁人畜饮水和生命健康。饮用水源地检出的新型污染物不断涌现,如标准外的农药、高氯酸盐、全氟化合物、亚硝胺类、内分泌干扰物、抗生素等新型污染物(霍守亮 等,2022),区域水生态、人体健康和饮用水安全存在风险;中国环境科学研究院等研究机构在长江、沱江、松花江、珠江流域的野生鱼类和甲壳类生物体内检测出多环芳烃、汞、镉等物质;绿色和平组织在长江野生鱼类体内检测出壬基酚等环境激素类物质。我国不少化工、石化等重污染行业布局在江河沿岸,据统计,2012 年全国排查的 4 万多家化学品企业中,12% 距离饮用水水源保护区等环境敏感区不足 1 km(周生贤,2013),由于一些企业建厂早、设备陈旧、管理落后,有毒有害物质检出频繁,水污染事故安全隐患大,对饮用水源地造成潜在威胁。二是造成行业用水得不到保障,制约区域经济发展。水环境受到污染后,工业用水必须投入更多的处理费用,造成资源、能源的浪费;食品工业用水要求更为严格,水质不合格,会使生产停顿,使得工业企业效益低下。农业使用受到污染的水源进行灌溉,会导致作物减产,品质降低,甚至使人畜受害,大片农田遭受污染,降低土壤质量。水环境污染将严重危及工农业的正常发展,进而危害到区域的经济发展以及居民生活质量。三是爆发重大环境公害事件的风险较大。我国局部地区经历过重污染企业畸形发展时期,对区域内群众健康形成威胁。2013 年,中国疾病预防控制中心研究团队发布《淮河流域水环境与消化道肿瘤死亡图集》,表明淮河流域重污染地区和消化道肿瘤高发区的分布高度一致。相当一部分中小企业污染治理水平低下、管理方式粗放,部分地区历史遗留污染问题突出,有可能导致爆发重大环境公害事件。

1.2.3.3　水环境污染的演变过程

我国水环境质量状况经历了新中国成立之初基本清洁、20 世纪 80 年代局部恶化、90 年代全面恶化的变化过程,"有河皆污,有水皆脏"是 90 年代初期我国水环境状况的真实写照(徐敏 等,2019)。水环境影响因素由单一生活污水大量排放形成病原微生物污染,发展为病原微生物污染、重金属、有毒化学品和营养元素超量共同作用的混合型问题。水污染呈现由常规污染转为复合型污染,污染重点由工业转为生活、农业,污染核心区向西部、农村及流域上游转移,以及面源污染加重等演变特征(王毅,2007)。

废污水排放量呈现持续增长的态势,总废污水排放量从 1980 年的 239 亿 t 增加到 2002 年的 439.5 亿 t,2020 年增至 849.1 亿 t。近年来,国家大力开展污染整治工作,2002—2020 年中国河流环境质量得到明显改善,Ⅰ～Ⅲ类水占比由 29.1% 提升至 87.4%，劣 V 类水占比由 40.9% 下降至 0.2%（吴雅琼 等，2011；杨传玺 等，2023）。《2022 中国生态环境状况公报》显示长江流域、珠江流域、浙闽片河流、西北诸河和西南诸河水质为优，黄河流域、淮河流域和辽河流域水质良好，松花江流域和海河流域仍为轻度污染。

局部区域、重点流域的污染形势尚未得到根本逆转。根据《重点流域水污染防治规划（2016—2020 年）》，我国约有五分之一的湖泊（尤以太湖、巢湖和滇池三湖污染最为严重）呈现不同程度的富营养化，约 2 000 条城市水体存在黑臭现象，氮、磷等污染问题日益凸显。湖库富营养化形势依然严峻。根据《2022 中国生态环境状况公报》，开展水质监测的 210 个重要湖泊（水库）中，Ⅰ～Ⅲ类水质湖泊（水库）占 73.8%，比 2021 年上升 0.9 个百分点；劣 V 类水质湖泊（水库）占 4.8%，比 2021 年下降 0.4 个百分点。主要污染指标为总磷、化学需氧量和高锰酸盐指数。在 204 个监测营养状态的湖库中，轻度富营养状态湖泊（水库）占 24.0%，中度富营养状态湖泊（水库）占 5.9%，其余湖库为中营养或贫营养状态。全国湖库水质总体进一步改善，但藻类生物量逐年升高；太湖、巢湖以及滇池的氮磷含量逐渐降低，但水华发生频率和范围未明显改善（霍守亮 等，2022）。

点源污染从工业污染为主向生活污染为主转变。从废污水排放组成来看，城市生活废水排放量和工业废水排放量的排放规律是不一致的。在水环境治理过程中，结合我国工业结构的不断调整和优化，加强了对工业污染的控制，使得工业废水的年排放量变化不明显，1985—2008 年排放量变化于 153 亿～268 亿 t，但占工业废水与生活污水之和的比例由 75% 逐年下降至 41% 左右，至 2020 年，工业废水排放量进一步降低（吴雅琼 等，2011；杨传玺 等，2023）。与此同时，随着城市人口的增加和人们生活质量的提高，生活污水的排放量从 1985 年的 84.1 亿 t 增至 2008 年的 345.9 亿 t，2022 年的 659.8 亿 t，逐渐成为我国点源废污水排放的主体，其所占比例由 1985 年的 24.6% 增至 2008 年的 58.8%，2022 年的 76%。

面源污染占比加大。近年来的水问题治理经验教训表明，在工业污染等显性污染得到有效控制以后，影响河湖水质及其生态的农业面源污染、城市初期雨水污染以及农村生活污水等污染所占比重日益加大，特别是在我国东部水网地区，由于水系密布、水动力微弱、农业和农村面源污染面广量大、乡村污水处理率低、初期雨水直排等问题并存，面源污染已开始超越点源污染，成为主要的水污染源，导致水环境整治和水生态修复任务艰巨，反弹风险高。

单一污染向复合型污染转变。随着社会经济和工农业生产的不断发展，各种新型化学物质产生及排放,河流水质污染也从单一污染转向复合型污染,从一般污染物扩展到有毒有害污染物。我国部分流域已出现一些新型污染物,如持久性有机污染物、抗生素、微塑料、内分泌干扰物、重金属等,这些污染物在环境中难以降解,具有累积性,水安全风险不断增加。此外,污染源之间也已经形成点源与面源污染共存、生活污水排放和工业污水排放彼此叠加等复合型污染态势。

氮磷营养盐上升为首要污染物。1990—2016 年,全国地表水高锰酸盐指数和氨氮浓度分别从 10.47 mg/L 和 1.89 mg/L 下降到 3.54 mg/L 和 0.68 mg/L,但是氮、磷等营养物质控制成效却不明显,总磷已成为长江经济带以及重点湖库的首要污染物(秦昌波 等,2019)。由于营养盐过量造成的湖泊富营养化问题十分突出,适合蓝藻生长的营养环境短时间内不会改变,大面积暴发"水华"风险长期存在。

1.2.3.4 水环境污染治理历程

自改革开放以来,我国经济发展迅速,集中体现了欧美发达国家在过去百年工业化进程中的不同阶段上出现的全部水污染问题,当前我国经历的水污染问题比历史上任何一个时期都要严重。因此,本节重点回顾改革开放以来水环境污染治理历程及其主要特点,在进行广泛的文献调研过程中,发现已有研究做了系统而深入的梳理(徐敏 等,2019),本节以此作为重点参考。

(1) 1995 年以前以点源为主的治理阶段

20 世纪 50—60 年代,恢复国民经济是当时的主要目标。经济发展的核心是工业化,一味追求"高产值"导致水环境问题开始产生并逐渐恶化。20 世纪 70 年代以前,我国仅有几个城市建设了约 10 座污水处理厂,采用一级处理工艺,每日处理规模仅数千吨,污水处理技术和管理水平落后。

20 世纪 70 年代,我国水污染防治事业正式起步。1972 年大连湾涨潮退潮黑水黑臭事故和北京官厅水库污染事故,为中国水环境保护敲响了警钟。我国开始认识到工业发展所造成的水体污染的严重性,对渤海、黄海、官厅水系、白洋淀、蓟运河、鸭儿湖、淄博工业区等环境污染严重的河流、海湾和城市进行重点治理。

20 世纪 80 年代,是我国经济社会形势发展迅猛的时期,是我国水污染防治工作发展最快的时期,也是我国构建水环境管理体系的重要时期,环境保护相关法律法规、政策、制度等管理体系逐步形成。1984 年《中共中央关于经济体制改革的决定》提出城市"环境的综合整治",把城市水环境管理推进到一个新阶段。同年,我国首次出台了《中华人民共和国水污染防治法》(以下简称《水污染防治法》），开展了历时两年半的全国工业污染源调查，化工、冶金、能源、轻工、建材等工业部门逐步关注工业污染问题，包括制定和实施产业政策、抓重点污染源（污染物排放量占全国总量85%的9 000家企业）的污染治理工作，限期治理、产业政策实施、重点污染源整治等工作取得了进展，但在国家层面没有充分重视城镇生活污染和流域、区域的水环境问题。1986年国务院出台的《关于防治水污染技术政策的规定》提出，根据城市水环境恶化状况推进一批城市污水治理的技术政策，近期一般以一级处理为主，在有条件和实际需要的地方，可以采用二级以上的处理工艺。同时规定，对工矿企业和乡镇企业防治水污染提供技术政策，要求合理调整工业的结构和布局，切实防治环境污染和破坏。1989年第三次全国环境保护会议强调了要向环境污染宣战、要加强制度建设，确定了"三大政策"和"八项制度"，把环境保护工作推上了一个新的阶段。虽然我国政府已经意识到我国工业化过程中希望能避免"先污染后治理"的过程，环境保护工作在经济社会发展中的地位逐渐受到重视，但还缺乏正确处理经济建设和环境保护关系的经验，重点是强调了要依法采取有效措施防治工业污染。

从20世纪90年代初至1995年，进一步明确关、停、并、转的对象，对浪费资源和能源、严重污染环境的企业，特别是小造纸、小化工、小印染、小土焦、土硫磺等乡镇企业，必须责令其限期治理或分别采取关、停、并、转等措施；并对污染企业明确提出了限期治理要求。1992年，联合国环境与发展大会后，我国率先制定可持续发展行动计划《中国21世纪议程》，确立了中国的可持续发展战略。总体上，这个阶段以单纯治理工业污染为主，要求工矿企业实施达标排放，但同时我国环境监管能力较弱，工矿企业达标情况并不乐观。此时，我国掀起了新一轮的大规模经济建设，重化工项目沿河沿江布局和发展对水环境造成的压力不断加大，1994年淮河再次爆发污染事故，流域水质已经从局部河段变差向全流域恶化发展，开启了我国必须在流域层面开展大规模治水的历史阶段。

（2）"九五"至"十二五"期间重点流域规模治理阶段（1996—2015年）

①"三河三湖"水污染防治与"九五"计划。截至1995年，城市污水处理厂共计153座，污水处理能力为27.4亿t/a，城市污水处理率约为23.6%。1996年，我国出台了《污水综合排放标准》（GB 8978—1996），同年修订了《水污染防治法》，明确了城市污水集中处理原则，提出了重点流域水污染防治规划制度。《国民经济和社会发展"九五"计划和2010年远景目标纲要》明确了淮河、海河、辽河（简称"三河"），太湖、巢湖、滇池（简称"三湖"）为国家重点流域，也就是"33211"工程。自此，大规模的流域治污工作全面展开。同时，提出环境质量管理目标责任制和推进"一控双达标"，即污染物排放总量控制、工业污染源

排放污染物达标、空气和地面水环境质量按功能分区达标。化学需氧量、总氮、总磷为污染物总量控制指标,总量控制目标值的确定采用超前于当时历史阶段的容量总量思路,依据流域水质目标,反推区域最大允许排污总量后,再确定总量控制目标值并将其分解到各省和各控制单元。按照"质量—总量—项目—投资"四位一体思路,确定纳入计划的治理项目及投资。国务院于1996年批复实施淮河流域"九五"计划,这是最早批复的流域水污染防治计划,其他流域水污染防治计划分别于1998年(太湖、巢湖、滇池)和1999年(海河、辽河)批复。由于"九五"计划目标偏乐观、可达性论证不足,且计划实施时间仅2~3年,"九五"计划目标在2000年未能如期实现。"九五"期间,结合国家产业政策要求,依靠国家行政和执法,关闭了8万多家严重浪费资源、污染环境的小企业,防止不符合产业政策的小企业污染和破坏环境。这个历史时期我国的水污染防治工作偏重于工业污染防治,城市生活污水处理和流域区域污染源的综合防治尚未受到重视。

②"三河三湖"、三峡库区及其上游等流域水污染防治"十五"计划。"九五"计划的目标年是2000年,但由于国务院批复时间晚,"十五"计划决定继续推进实施"九五"计划。按照"九五"计划治污思路,弱化容量总量、采用目标总量控制方法,确定污染物入河总量控制目标。与"九五"计划不同的是,淮河和太湖流域适当调整了流域规划范围,并增加了控制单元和水质目标断面的数量;决定在"十五"期间优先实施"九五"项目,同时根据当时流域区域水环境状况做了补充,将部分项目纳入"十五"计划。2000年出台了《中华人民共和国水污染防治法实施细则》,2002年出台了《地表水环境质量标准》(GB 3838—2002)等法律法规文件。

③"三河三湖"、三峡库区及其上游、松花江、黄河中上游等流域水污染防治"十一五"规划。"九五""十五"两期计划实施后,全国地表水水质有所改善,全国Ⅰ~Ⅲ类水比例和劣Ⅴ类水比例呈稳中向好的趋势。但根据"九五"和"十五"计划的实施情况评估发现:两期计划的水质目标过于超前、对水污染状况的治理难度评估不足。为此,"十一五"规划("十一五"起,由"计划"修改为"规划")强调了规划目标指标的可达性,分析规划基准年的排污状况和基数,并加强2006—2010年污染物新增量的预测,宏观测算规划实施所需的污染治理投资。总体上,"十一五"规划提出了要基于技术经济可行的流域水质提升需求,制定"十一五"可达的总量控制目标和水质目标,力争在规划的5年期内完成有限目标,优先解决集中式饮用水水源地、跨省界水体、城市重点水体等突出环境问题。与"九五""十五"计划最大的不同是,"十一五"规划首次明确了"五到省"原则,即"规划到省、任务到省、目标到省、项目到省、责任到省",依据《水污染防治法》中

"地方各级人民政府对本行政区域的水环境质量负责",突出水污染防治地方政府责任,中央政府进行宏观指导,重点保障饮用水水源地水质安全,实施跨省界水质考核和协调解决跨省界纠纷问题。进入21世纪后,我国发布了《国务院关于落实科学发展观加强环境保护的决定》,强调要把环境保护摆在更加重要的战略位置,统筹考虑社会经济、人口、资源与环境保护发展的关系。进入21世纪以来的10年,是我国城镇污水处理事业的快速发展时期,随着中央和地方各级政府的不断重视,城镇污水处理工程建设的速度明显加快,污水处理等级也普遍由三级排放标准和二级排放标准逐步提升到一级排放标准及再生水水质标准。"十一五"期间,全国污水处理厂数量以每年8%的速率增长,县城污水处理厂数量年均增长率超过30%。到2009年我国设市城市已建城镇污水处理厂1 215座,处理能力达9 052万 m³/d。以"工程减排、结构减排、管理减排"为切入点,切实推进化学需氧量减排,加大产业调整结构力度,仅2008年就淘汰和停产整顿污染严重的造纸企业1 100多家,淘汰了一批造纸、化工、印染、酒精等落后产能。我国在2008年提出"让江河湖泊休养生息、恢复生机",不仅是治理江河湖泊的一项政策措施,更是站在生态文明的高度,指导新时期我国治水治污的重大战略思想。

④重点流域水污染防治"十二五"规划。"十二五"期间,国家和广大人民群众对环境保护的要求和需求越来越高。2011年第七次全国环境保护大会提出了"切实解决影响科学发展和损害群众健康的突出环境问题"要求。2012年全国污染防治工作会议提出的"由粗放型向精细化管理模式转变、由总量控制为主向全面改善环境质量转变"思路直接推进了"十二五"规划在精细化管理方面的突破。"九五""十五"控制单元的分区体系在"十二五"规划中有了进一步的深化演变,即对8个重点流域建立了"流域-控制区-控制单元"的三级分区体系,把控制单元作为"质量—总量—项目—投资"四位一体制定治理方案落地的基本单元,先分优先、一般两类控制单元,优先单元再分水质改善、生态保护和污染控制三种类型实施控制单元的分级、分类管理。与前三期计划/规划不同的是:"十二五"采用的是水污染物总量控制和环境质量改善双约束的规划目标指标体系,在全国层面实施总量控制目标考核、重点流域层面实施规划水质目标完成情况和规划项目实施进展情况的考核;确定了饮用水安全保障、工业污染治理、城镇生活污染治理、环境综合整治、生态恢复和风险防范等六方面的规划任务、骨干工程项目6 007个,估算投资3 460亿元。

（3）"3·14"讲话以后系统治理阶段

①2014年,习近平总书记发表"3·14"讲话,提出了"节水优先、空间均衡、

系统治理、两手发力"的治水思路。2015 年,中央政治局常务委员会会议审议通过《水污染防治行动计划》,国务院印发实施《水污染防治行动计划》(以下简称"水十条"),使水污染治理实现了历史性和转折性变化,其最大亮点是系统推进水污染防治、水生态保护和水资源管理,即"三水"统筹的水环境管理体系,为健全污染防治新机制做了有亮点、有突破的探索。"水十条"设置了 10 条 35 款 76 段,每项工作都明确了责任单位和部门。"水十条"前三条分别为全面控制污染物排放、推动经济结构转型升级和着力节约保护水资源,坚持污染减排和生态扩容"两手抓",体现系统治水;第四至六条分别为科技支撑、市场驱动、严格执法等三方面的举措,提升防治能力;第七至八条以环境质量目标管理、排放总量控制、排污许可等强化水环境管理制度建设,全力保障水生态环境安全,以饮用水安全保障、"好水"保护、黑臭水体治理、海洋环境保护、水和湿地生态系统等为重点,着力提升民众生活质量;最后两条分别落实政府、企业和社会等三大主体的责任义务。同年,原农业部(现农业农村部,下同)印发了《农业部关于打好农业面源污染防治攻坚战的实施意见》(农科教发〔2015〕1 号)。2016 年,中共中央办公厅、国务院办公厅印发了《关于全面推行河长制的意见》。2017 年,国务院原总理李克强在政府工作报告中提到,推进海绵城市建设。2022 年,住房和城乡建设部、生态环境部、国家发展改革委、水利部发布《关于印发〈深入打好城市黑臭水体治理攻坚战实施方案〉的通知》(建城〔2022〕29 号)。我国已将水污染治理工作当作系统化、常态化的一项长期任务。

②重点流域水污染防治"十三五"规划。"水十条"是当前和今后一段时期的纲领性文件,为落实"水十条"关于七大重点流域和浙闽片河流、西南诸河、西北诸河等水质保护的要求,2017 年 10 月,原环境保护部(现生态环境部,下同)、国家发展改革委、水利部联合发布《关于印发〈重点流域水污染防治规划(2016—2020 年)〉的通知》(环水体〔2017〕142 号),该规划的定位是落实和推进"水十条"的实施。与往期规划相比,"十三五"规划具有以下几方面的特点:一是深化、细化"水十条"相关要求,依据"水十条"第二十九款"逐年确定分流域、分区域、分行业的重点任务和年度目标"和水质"只能更好、不能变坏"等要求和原则,确定全国 1 940 个断面作为评价、考核断面,与 31 个省级人民政府签订水污染防治目标责任书。二是"十三五"规划范围第一次覆盖全国国土面积,流域边界与水利部门的全国十大水资源一级区边界衔接。三是流域分区管理体系进一步深化细化,在"十二五"规划以县级行政区为基本单元的基础上,"十三五"规划进一步精确到乡镇级行政区为基本单元,将全国划分为 1 784 个控制单元,并与 1 940 个考核断面建立对应关系。四是规划项目实施动态管理,规划文本中不再具体

列出项目清单,由各地根据水环境质量改善需求,自主、及时实施中央和省级水污染防治项目储备库中的项目。

（4）水环境污染防治转变的特点

我国水污染防治工作的关注对象从"单纯减污治污"向"社会-经济-资源-环境的全面统筹和系统治理"转变,从"治污为本"向"以人为本、生态优先"转变。污染防治思路从"重视点源污染治理"向"流域区域环境综合整治"发展,从"侧重末端控制"向"管理减排、结构减排和中、前端的全过程控制"发展,从"分散的点源治理"向"污染物集中控制与分散治理相结合"转变。责任落实方面,越来越强调环境目标责任制,从以前的"有总量、无控制""有目标、不达标"向"一岗双责、党政同责、企业担责"转变。

①四位一体的总体思路。"质量—总量—项目—投资"四位一体技术路线一直是重点流域五期计划/规划的治污思路。在各期计划/规划文本中,"质量"表现为列入计划/规划中的规划断面并对断面设置水质目标;"总量"表现为流域总量控制目标并分解到相关省份;"项目"是为落实规划目标和任务而设置各种类型的水污染防治项目,不同阶段水污染防治项目的类型有不同的侧重;"投资"是实施各种治理项目所需投入的资金。以淮河流域为例,"质量—总量—项目—投资"四位一体分析如表1-1所示。虽然"十三五"规划未明确给出总量控制目标和规划项目列表,但在实际水环境管理中,对于未完成《水污染防治目标责任书》规定的地表水优良比例和劣Ⅴ类断面比例的省份,对总量控制目标实施考核;规划项目建立中央和省级项目库,由各地自主实施。

表1-1 淮河流域"五期"计划/规划的质量—总量—项目—投资分析

计划/规划	质量（目标）	总量（控制目标）	项目（清单）	投资
"九五"	为实现水体变清目标,确定饮用水源地、跨省界和城镇排污控制的82个断面进行水质监控考核	1997年全流域COD最大允许排放量为89万t,2000年为36.8万t,分解到省和控制断面	备选项目303个,优先控制单元项目114个	总投资约166亿元;按照"谁污染、谁治理"原则,主要由有关地方和企业负责,国家补助资金约13.13亿元
"十五"	淮河干流和主要支流水质进一步好转,南水北调东线工程水质达Ⅲ类	流域COD和氨氮排放量分别控制在64.3万t和11.3万t,分别比2000年削减39.3%和25.7%,任务分解至规划区和省	9类项目488个,城市污水处理161个、结构调整131个、工业污染防治116个、流域综合整治29个、截污纳管15个等	总投资255.9亿元,其中《南水北调治污规划》支出108.3亿元,其他资金由地方和国家支持

计划/规划	质量(目标)	总量(控制目标)	项目(清单)	投资
"十一五"	南水北调东线工程输水安全得到保障,饮用水源地、跨省断面水环境明显好转	流域 COD 和氨氮排放量分别控制在 88.4 万 t 和 11.4 万 t,分别比 2005 年削减 15.2% 和 18.6%,任务分解至省	规划项目 616 个,工业治理 248 个、城镇污水处理 203 个、区域综合整治 165 个	总投资约 316.5 亿元;其中 42.34 亿元列入《南水北调治污规划》
"十二五"	淮河干流水质稳定达到Ⅲ类;南水北调东线输水干线水质到 2012 年底达到Ⅲ类;贾鲁河等 8 条支流水质基本消除劣Ⅴ类;主要入海河流水质有所改善	COD 总量控制目标为 246.2 万 t,比 2010 年削减 11.2%。氨氮总量控制目标为 26.6 万 t,比 2010 年削减 12.0%,分解至省	淮河流域 883 个项目	投资 321 亿元
"十三五"	达到或优于Ⅲ类断面比例 60%,劣Ⅴ类断面比例低于 3%	地表水Ⅰ~Ⅲ类比例和劣Ⅴ类比例未达到年度目标要求的省份,进行总量控制目标考核	建设中央和省级项目储备库,项目由各地自主推进实施	依据水污染防治项目库,汇总项目投资

②逐步扩大的治理范围。水污染严重、水环境敏感、水污染突发事件是"九五"至"十二五"时期我国确定国家重点流域的主要依据,重点流域个数和覆盖的国土面积不断增加。"九五"时期仅有"三河三湖"6 个,"十五"时期增加了三峡库区及其上游流域,共有 7 个,"十一五"时期增加了丹江口库区及上游、松花江和黄河中上游流域,共有 10 个,其中太湖流域水环境综合治理方案由国家发展改革委主持编制。"十二五"时期与"十一五"时期相同,也有 10 个重点流域,其中太湖流域和丹江口库区及上游流域的水环境综合治理方案分别由国家发展改革委和国务院南水北调工程建设委员会办公室牵头另行编制确定。但是,到"十三五"时期,规划范围第一次覆盖全国十大水资源一级区,"十二五"规划的太湖、巢湖、滇池、三峡库区及其上游、丹江口库区及上游、长江中下游等流域按照汇水关系一列入长江流域,黄河、松花江、淮河、辽河、海河等流域边界与水资源一级区衔接,流域范围边界略有增加或调整。

③逐步推进的治理程序。优先保护高功能水体和水质良好水体、限期改善污染严重水体水质、逐步恢复水体使用功能,是各个五年计划/规划水质目标确定的重要经验。优先保护饮用水源高功能水体,如"加强饮用水水源地环境监管、让人民喝上干净的水"是松花江"十一五"规划的第一要务,将 35 个集中式饮用水水源地列为规划的水质目标;高要求保护Ⅰ~Ⅲ类优良水体,南水北调东线和中线、三峡库区以国家战略性饮用水源的高功能目标采取严格的措施强化保

护；限期改善污染严重水体水质，经过"九五"至"十二五"四期重点流域大规模治污，海河流域由重度污染改善为中度污染，淮河、辽河流域由重度污染改善为轻度污染，太湖湖体、巢湖湖体由中度富营养改善为轻度富营养，滇池由重度富营养改善为中度富营养，逐步恢复流域总体使用功能。发达国家经验表明，水环境治理是一个长期的过程，莱茵河从 1970 年左右开始治理，2000 年恢复到了 1900 年水平，琵琶湖经历两个阶段约 35 年的治理，2017 年我国 1 940 个国控地表水断面中劣 Ⅴ 类 161 个，占 8.3％；相比 1998 年劣 Ⅴ 类断面比例下降 25.6 个百分点，由此推断要消除丧失使用功能的水体在我国还需要一段时间。

④分区控制的治理体系。我国自"九五"计划开始就建立起了控制单元分区管理体系。例如，海河"九五"计划依据水系特征分为 9 个规划区，再按自然汇流特征和城市化及工业化区域、对应敏感保护目标划分为 39 个水污染控制区，最后按水环境特征和城镇排水口分布及行政区界来划分水污染控制单元，全流域共划分为 137 个控制单元，并确定 180 个控制断面。"十五"计划结合实际管理需求进一步完善了"九五"分区体系。淮河流域"十五"计划根据江苏、山东在南水北调东线工程治污需求，将控制单元由"九五"计划的 100 个调整为 111 个；海河流域由 137 个控制单元调整为 144 个。在制定规划方案时，以控制单元为空间载体，确定化学需氧量和氨氮的排污总量和入河总量，并由此制定水质目标和总量控制目标。"十二五"规划在 8 个流域全面建立流域-控制区-控制单元三级分区体系，根据水资源分区、自然汇流特征和行政区界，以县级行政区为基本单元，划分了 37 个控制区、315 个控制单元。依据各控制单元污染状况、质量改善需求和风险水平，确定 118 个优先控制单元，分水质维护型、水质改善型和风险防范型三种类型实施分类指导，有针对性地制定控源减污、生态修复、风险防范等措施。"十三五"规划中形成的流域、水生态控制区、水环境控制单元的三级分区第一次覆盖全国国土面积，共划分 341 个水生态控制区、1 784 个控制单元，其中包括 580 个优先控制单元和 1 204 个一般控制单元，因地制宜地采取水污染物排放控制、水资源配置、水生态保护等措施。与"十二五"规划相比，控制单元总个数增加了约 4 倍，流域分区、分级、分类的针对性管控措施进一步强化，精细化管理水平进一步提升。

⑤逐步完善的考核体系。随着规划编制和实施管理体系的完善，规划实施情况的考核体系也逐步趋于完善。"九五"是我国重点流域规划编制与实施的探索时期，对规划的实施还没有引起足够的重视，在"十五"计划编制时也没有对"九五"计划的实施情况进行客观评估和总结。"十五"末原国家环保总局（现生态环境部，下同）评估"十五"计划项目实施进展和资金完成情况，评估结果被纳

入各流域水污染防治"十一五"规划文本。对各省级行政区的重点流域专项规划实施情况的评估与考核工作首先在淮河流域试行实施。2005 年原国家环保总局发布了《淮河流域水污染防治工作目标责任书(2005—2010 年)执行情况评估办法》和《关于印发〈淮河流域水污染防治工作目标责任书评估指标解释〉的通知》(环办函〔2005〕241 号)。2006 年原国家环保总局对淮河"十五"计划实施情况进行了总结评估,并在之后的 3 年连续开展年度评估,加速推进了流域规划的落实。2009 年国务院印发《国务院办公厅关于转发环境保护部等部门重点流域水污染防治专项规划实施情况考核暂行办法的通知》(国办发〔2009〕38 号)。同年,原环境保护部印发《环境保护部办公厅关于印发重点流域水污染防治专项规划实施情况考核指标解释(试行)的函》(环办函〔2009〕445 号),标志着重点流域规划实施情况的评估与考核工作进入制度化阶段。"十一五"时期,原环境保护部主要考核重点流域的高锰酸盐指数和化学需氧量指标,淮河增加氨氮指标,"三湖"增加总氮、总磷指标;受当时监测能力的限制,对《地表水环境质量标准》(GB 3838—2002)表 1 中的其他指标不予考核。"十二五"时期,原环境保护部主要依据《关于印发〈地表水环境质量评价办法(试行)〉的通知》(环办〔2011〕22号),考核《地表水环境质量标准》(GB 3838—2002)表 1 中除水温、总氮、粪大肠菌群以外的 21 项指标,关注水环境质量的全面改善。15 年间考核断面数量逐步增加,"十一五"期间有 157 个,"十二五"期间有 423 个,"十三五"期间增加到1 940 个。

"水十条"实施后,"十三五"时期建立了质量优先、兼顾任务的考核体系。2016 年 12 月,原环境保护部联合 10 部委发布《关于印发〈水污染防治行动计划实施情况考核规定(试行)〉的通知》(环水体〔2016〕179 号),确立了以水环境质量改善为核心、兼顾重点工作的考核思路。水污染防治计划实施情况考核由原环境保护部统一协调和负责组织实施,按照"谁牵头、谁考核、谁报告"原则和"一岗双责"要求,明确各牵头部门负责牵头任务的考核,并由原环境保护部汇总作出综合考核结果。水污染防治重点工作对"水十条"所有可以量化的目标进行了筛选,重点选择了对水环境质量改善效果显著的任务措施,包括工业污染防治、城镇污染治理、农业农村污染防治、船舶港口污染控制、水资源节约保护、水生态环境保护、强化科技支撑和各方责任及公众参与等 8 项指标 20 款。对各省进行考核综合评分时,首先以水环境主要指标的评分结果划分等级(优秀、良好、合格、不合格);然后以任务评分进行校核,任务评分大于 60 分(含),水环境主要指标评分等级即为综合考核结果;任务评分小于 60 分,水环境主要指标评分等级降一档作为综合考核结果。

1.2.3.5 水环境污染治理措施

水环境评价是其治理的重要基础,而水环境监测是水环境评价的基本前提。我国水环境监测范围已基本实现各大流域全面覆盖(于强,2008),涉及的主要类型有大江大河、湖泊湿地及重点工程等。太湖天地一体化监测系统采用卫星技术,通过卫星图像监测太湖水质、蓝藻等情况(牛志春 等,2012);内蒙古乌梁素海湿地水质管理系统,主要监测水体 pH 值、温度、溶解氧等(赵锁志,2013);巢湖流域在线监测系统,主要监测水体浑浊度、电导率等(王晶,2012);引滦工程水质仪器选用 PLC,监测水温、流量等(张晨 等,2011)。

由于水环境具有高度空间变异性,且水质监测站点通常十分有限,水环境模拟仍然是目前掌握水质时空分布的重要手段之一。水环境数值模拟模型按照变量的确定性,可分为确定性模型、混合性模型、随机性模型;按照模拟空间性质,可分为零维、一维、二维和三维模型;按照评估水域,可分为河流、湖泊、海洋与河口模型;按照对水质变化机理的刻画程度,可分为黑箱、白箱和灰箱模型;按照模型参数的性质,可分为物理模型、化学模型与生物模型等。目前使用较广泛的模型有神经网络模型、MIKE 系列模型(MIKE 11,1993;MIKE 21,1996;MIKE 3,1996)、EFDC 系列模型(陈异晖,2005)、WASP 模型(Ditoro D,1983)和 QUAL 系列模型(彭泽州 等,2007;冯启申 等,2010)等。

基于水环境监测与模拟数据,重点围绕水质、底泥和污染程度评价三个方面,采用单项指标评价、多项指标评价或综合评价方法开展水环境评价。自然界中水环境是自然界水所处的周边环境条件,包括物理、化学及生物条件的总和,单一的水质评价并不等同于水环境评价。水量条件决定了相同污染负荷下的水质浓度,水动力条件决定了水的运动方向和水质的发展方向。为全面反映水环境质量状况,在当前各类水环境治理实践和河湖健康监测中,隐藏在水质背后的水量和水动力条件评价逐渐受到重视。

除了水环境现状评价这种直接评价以外,还有通过核算现状水质与水环境阈值间差距来计算水环境容量的间接评价。我国对水环境容量的研究从单纯地反映水体对污染物的稀释自净能力扩展到了广义的总量控制、负荷优化分配的水体纳污能力,逐渐实现了从污染源管理、浓度管理、目标总量控制到水质管理、总量管理、容量总量控制的过渡。已有研究基于河网水质数学模型,引入节点污染物允许排入量的概念,在求得各河段、节点允许排放量的基础上建立了大型河网非稳态水环境容量的"节点—河道—节点"计算模式(郑孝宇 等,1997)。

近年来,我国愈来愈重视因经济迅速发展和快速城镇化带来的水环境问题,科学家和工程师们通过不断研究和实践,丰富和完善了水环境综合治理理论和技术体系(HAN et al.,2016)。我国目前水环境治理的技术措施主要分为控源截污、内源治理、调水引流和生态修复四类。巢湖治理经验体现在健全了治理相关法规制度,编制了治理规划和实施方案,践行控源截污、系统治理,提高污水处理厂排放标准,综合治理河道,适量增加蓝藻打捞量,实施规模调水和生态清淤,大规模修复芦苇荡等(朱喜 等,2016)。太湖通过实施生态清淤、引江济太、岸线修复、重构水生生态、河湖连通等措施开展水环境综合治理(林锋,2017)。

1.2.4 水生态问题演变及保护修复

1.2.4.1 水生态问题特征及成因

水生态损害指水生态系统的结构或功能完整性遭到破坏,危及水生生物的生存、人类社会的正常发展。水生态要素包括水文情势、河湖地貌形态、水体物理化学特征和生物组成等,且各生态要素交互作用,形成了完整的结构并具备一定的生态功能,这些生态要素各具特征,对整个水生态系统产生重要影响,任何生态要素的退化都会影响整个生态系统的健康。新老四大水问题中,水灾害、水资源问题由来已久,治理经验和成就相对丰富;水生态问题与其他三类水问题紧密相关,受到水旱灾害冲击,或是水资源分配不均,抑或是水污染问题的直接或间接影响,在治理水生态问题之前要优先解决好与其相关的前三类水问题。

我国江河湖泊数量众多,水生态类型丰富多样。随着我国经济社会快速发展,我国不同区域出现了众多不同的水生态损害问题,如江河源头区水源涵养能力降低,绿洲和湿地萎缩、湖泊干涸与咸化、河口生态恶化,闸坝建设导致生境破碎化和生物多样性减少,地下水下降造成植被衰退、地面沉降等,已严重威胁水资源可持续利用。根据 2010—2016 年全国重要河湖健康评价成果,全国评价的36 个河湖水体中,属于不健康及亚健康的占 60% 左右,全国重要河湖生态状况整体偏差(彭文启,2019)。我国水生态损害进程加快,具有不可逆转性,连锁副作用强。目前,我国水域生态系统正遭受严重改变和损害,这种变化和破坏的程度显然大于历史上任何时期,而且受到损害的速率远远大于其自身的及人工的修复速率(张鑫、蔡焕杰,2001)。生态环境损害一旦形成,导致许多本来具有较高稳定性的优良生态环境发生逆性变化,退化为脆弱生态环境,将造成长时间难以逆转的困境。近年来大力开展的生态修复措施,仅能降低生态损害带来的损失,难以恢复原来的生态面貌,如水生生物灭绝后难以逆转。以生态损害为代价得到的经济增长和发展,将需要付出更大的代价进行生态修复,得不偿失。由于地理气候等自然因素,我国各地生态环境本底值存在较大差异,如北方干旱半干旱区、南方丘陵区、西南山地区、青藏高原区及东部沿海水陆交接地区属于典型的生态脆弱区,这些区域发生生态损害的可能性较高,在开发利用与环境治理时需特别注意。

传统的水生态损害主要由于洪旱与地震等自然灾害带来的冲击。山洪、山地水土流失、农田土壤侵蚀、水流冲刷岸坡垮塌等,对区域生态产生巨大冲击,可严重影响生态系统的质量和稳定性,造成水生态环境质量受损。干旱缺水,如枯季河床外露、生态基流不足等会使水生生物多样性遭到破坏,岸边带出现生态退化,植被结构失调、栖息地缩减、生物量减少等一系列生态系统退化问题,导致河流自净能力降低。地震等其他自然灾害对水生态的损害也是致命性的,需要花费自然界和人类漫长的时间才能得以修复。

涉水工程建设统筹考虑不足引发负面生态影响(何大华 等,2018;张陵,2015)。筑坝修堤虽必要,但其影响河流纵向和横向的连续性、自然的水文过程,导致河流物理变化,如河流长度缩短、裁弯取直、浅滩和深潭消失、沿河的洪泛平原和湿地消失、沿河两岸植被减少等,改变了河流的水力和生物特性,导致水生态系统退化。截至 2021 年底,我国水库总数已由 1949 年前的 1 200 多座增加到 97 036 座,总库容从 200 亿 m^3 增加到 9 853 亿 m^3(褚明华 等,2023)。部分水库水坝的生态调度仍未纳入其常规调度管理,使得水库水坝运行对下游河道产生严重影响,导致河道的水文条件、水环境容量以及生态系统发生重大改变,对水生态系统造成严重破坏。尤其是南方山区中小流域大量径流式电站不保证下泄足够的生态流量、水电站运行缺乏生态调度管理等,在巨大发电经济效益的驱使下,下游生态利益受损严重。同时,部分忽略鱼道而设置的水库大坝,导致水生生物多样性降低。

流域水资源开发利用不合理导致河流生态系统功能严重退化(何大华 等,2018)。河流水资源过度开发和利用,将引起河流的生态环境可用水量急剧减少,甚至出现长时间断流致使水生态损害。长江、黄河、珠江等流域梯级开发规模庞大。长江上游规划的水库总库容达到径流量的 61%,仅金沙江干流就将建设 26 个梯级电站,平均间距不到 90 km,总库容达到来水量的 83%(刘京徽,2013)。黄河干流龙羊峡、刘家峡、三门峡、小浪底四座骨干型控制工程对下游水沙关系造成不利影响。作为世界上泥沙量最多的河流,未来黄河进一步加大梯级开发力度时,亟须整体考量对流域生态安全的长期影响。同时,一些大型调水工程的建设对区域生态环境的影响不容忽视。

水域岸线生态空间被人为侵占和破坏。城市开发建设过程中,"乱占、乱建、乱采、乱堆"问题普遍,非法挤占水域、滩地,未经许可和不按许可要求采砂或建设涉河项目,倾倒、填埋、贮存、堆放固体废物,甚至人为截断自然河流、填埋湖库等,严重影响河湖水生态健康。水域岸线混凝土硬化、建设堤防边坡等削减了岸边生态屏障功能,人为割断了河道与陆域空间之间的生物联系,切断了水生生物和微生物等的联系,不仅影响水生生物的完整性和水生生物的栖息地,致使河流生态系统退化,而且加重了面源污染。湿地、海岸带、湖滨、河滨等生物生存空间不断减少,第二次全国湿地资源调查显示,近十年来我国湿地面积减少了339.63 hm²,其中自然湿地面积减少了337.62 hm²,减少率为9.33%。此外,河流、湖泊湿地沼泽化,河流湿地转为人工库塘等情况也很突出。

水污染排放问题突出导致的水生态损害。大量废污水未经处理或低标准处理后直接排入河流导致生态水质恶化,特别是城市附近河段,成为废污水排放的"下水道",出现城市黑臭水体、破坏城市保护水域和湿地生态系统等情况,影响地区供水安全,也影响下游地区用水安全和水生态系统安全。

1.2.4.2 水生态问题造成的影响

湖泊湿地萎缩削弱了水文与气候调节功能。湖泊、沼泽等湿地对河川径流起到重要的调节作用,可以削减洪峰、推迟洪水过程,从而均化洪水,减少洪水造成的经济损失。水生态系统对稳定区域气候、调节局部气候有显著作用,能够提高湿度、缓解城市热岛效应、诱发降雨,对温度、降水和气流产生影响,可以缓冲极端气候对人类的不利影响。但是随着湖泊、沼泽等湿地的萎缩,相应的水文调节作用被削弱,增加了区域水患发生概率,气候调节作用也大幅度降低,显著影响城市居民的生活幸福感。

水量不足削弱了水沙输送、水质净化功能,破坏了生物栖息地的完整性。河流具有输沙、输送营养物质、淤积造陆等一系列的生态服务功能,河水流动能冲刷河床上的泥沙,达到疏通河道的作用。水提供或维持了良好的污染物质物理化学代谢环境,提高了区域水环境的净化能力,同时也为生物提供了生长繁殖的重要栖息地。河流断流或水量减少等,将导致泥沙沉积、河床抬高、湖泊变浅,使调蓄洪水和行洪能力大大降低;水量减少使得河湖水环境容量大幅度降低,水质净化功能受损,同时还会危害水生生物生长的栖息地环境,造成生物生长繁殖受限,生物多样性大幅度降低甚至物种灭亡。

水体遭受污染影响水生物多样性与休闲娱乐和文化功能。破坏水生态环境所带来的不仅是对人类生产、生活造成人身和财产上的损失,而且会冲击地区资源生态体系,造成区域性生态平衡紊乱,生物多样性锐减,水资源短缺加剧等一系列自然灾难。水作为一类自然风景的"灵魂",其娱乐服务功能是巨大的;作为一种独特的地理单元和生存环境,水生态系统对形成独特的传统、文化类型影响很大。一旦水生态遭受损害,对于当地居民以及旅游者来说,其休闲娱乐、文化价值都被大幅度削弱,严重影响区域人民生活幸福感和经济社会的发展。

1.2.4.3 水生态问题的演变过程

我国生态系统整体质量和稳定性状况不容乐观。我国河流、湖泊、湿地等资源分布不均,水生态系统总体比较脆弱,加之历史上长期过度开发索取,使其受到不同程度的损害。同时,随着人类活动的加剧,水生态损害的内涵逐渐延伸,从传统的水土流失等生态问题延伸至河道断流、湖泊萎缩、生物多样性指数下降、生态用水保障不足、自然水体生境改变等新兴生态问题。

水土流失持续好转,但总体依然严重。动态监测结果显示,经过多年水土保持工作的开展,我国的水土流失状况持续好转,水土流失实现面积强度"双下降"、水蚀风蚀"双减少"。水利部 2022 年度全国水土流失动态监测结果显示,全国水土流失面积下降到 265.34 万 km^2,与 2011 年第一次全国水利普查数据相比,减少了 29.57 万 km^2,水土保持率从 2011 年的 68.88% 提高到 72.26%,中度及以上侵蚀占比由 53.08% 下降到 35.28%,水土流失呈现出高强度向低强度转化的趋势。但全国水土流失面广量大,全国几乎每个省不论山区、丘陵区、风沙区还是农村、城市、沿海地区都存在不同程度的水土流失问题,其分布之广,强度之大,危害之重,在全球屈指可数(田卫堂 等,2008)。因此,仍要坚持系统观念,打好预防保护"控增量"、综合治理"减存量"、强化管理"提质量"组合拳,持续改善全国水土流失状况。

河湖生态用水保障不足问题日益突出。南北方不同流域间生态水量保障程度存在较大差异。北方流域,如海河、辽河流域水资源开发利用率高,生态用水被挤占严重,河流动力学功能基本消失,呈现"静滞河流"特征;南方流域水利水电工程节制程度高,生态调度考虑少,自然水文节律变异及生态水文功能退化问题普遍。2018 年,水利部水资源管理司组织对八大流域综合规划中明确生态流量或水量目标的 130 个重要河湖 180 个控制断面的评估结果显示,参评的 180 个控制断面中,综合评价为"满足"的断面有 73 个,占控制断面总数的 40%;"基本满足"的断面有 43 个,占 24%;"不满足"的断面有 64 个,占 36%。重要河流的 154 个控制断面中,综合评价为"不满足"的断面有 51 个,占 33%,分布在淮河、海河、黄河、珠江和长江流域,占本流域河流断面总数的比例分别为 57%、56%、36%、22% 和 20%;重要湖泊及湿地的 26 个控制断面中,生态水量满足状况综合评价为"不满足"的断面有 13 个,占 50%,主要分布在北方地区的松花江、辽河、黄河、海河流域(张建永 等,2023)。

水生生物多样性指数逐渐下降。我国水生生物多样性极为丰富,具有特有程度高、孑遗物种多等特点,在世界生物多样性中占据重要地位。我国江河湖泊众多,生境类型复杂多样,为水生生物提供了良好的生存条件和繁衍空间,尤其是长江、黄河、珠江、松花江、淮河、海河和辽河等重点流域,是我国重要的水源地和水生生物宝库,维系着我国众多珍稀濒危物种和重要水生经济物种的生存与繁衍。近年来,由于栖息地丧失和破碎化、资源过度利用、水环境污染、外来物种入侵等原因,部分流域水生态环境不断恶化,珍稀水生野生动植物濒危程度加剧,水生物种资源严重衰退,已成为影响生态安全的突出问题。

河道整治与大坝修筑等工程措施导致的水生态问题日益显现。河道裁弯取直在缩短水流停留时间的同时,也大幅减少了生物多样的栖息地环境,河岸衬砌和硬化造成水生生物生境的破坏,建闸和采用拦网、栅栏及电网阻隔河流生物通道,大规模的围湖造田活动导致湖泊面积减小,填湖造地对水环境造成极大的破坏,城市开发建设挤占水域,甚至人为截断自然河流、填埋湖库。据《中国经营报》报道,21 世纪 80 年代以来,仅武汉湖泊面积就减少了 226.78 km^2。修筑大坝以后河流变湖库,生境变化导致生物物种变化,鱼类组成会出现明显更替,如三峡库区蓄水前后流水型鱼类资源显著下降。水库水流流速变缓,水体自净能力减弱,导致富营养化及藻类水华现象发生率增加。大坝下游清水下泄冲刷河道,导致局部河道河势变化较大,可能导致崩岸塌岸问题。水库蓄水导致大坝下游的水文过程改变,水的流量、流速、流态发生时空变化,河流断流是水文过程改变最严重的情况。华北地区是水文过程改变影响最大的区域,断流问题比较普遍。

1.2.4.4 水生态保护与修复的历程

我国生态保护修复起步相对较晚,但发展迅速。其中,1997—2006 年以生态建设与重点治理为主,2007—2011 年以生态空间和生态功能保护恢复为主,2012 年至今则以山水林田湖草沙系统保护修复为主(王夏晖 等,2021)。河流生态修复作为生态保护修复的重要内容,近年来也取得了长足进步。

1999—2005 年为我国河流生态修复的萌芽阶段。该阶段主要是学习国外河流治理的管理理念和生态修复的技术成果,并形成针对我国河流现状、治理目标及面临问题的学术见解。其中,具有代表性的有 1999 年刘树坤提出的"大水利"理论,认为河流的开发应强调流域的综合整治与管理,同时注重发挥水的资源功能、环境功能和生态功能,其系列报告中包括比较细致的生态修复思路、步骤、方法和措施等,为我国河流生态修复研究提供了参考(刘树坤,1999);2003年董哲仁提出的"生态水工学"理念,分析了以传统水工学为基础的治水工程的弊病和对河流生态系统的不利影响,认为在水利工程设计中应结合生态学原理,保证河流生态系统的健康(董哲仁,2003);2004年王超和王沛芳则比较全面地提出了水安全、水环境、水景观、水文化和水经济五位一体的城市水生态系统建设模式(王超、王沛芳,2004);2005年赵彦伟和杨志峰提出了评价河流生态系统健康的指标体系和量化方法(赵彦伟、杨志峰,2005)。2004年,水利部印发了《关于水生态系统保护与修复的若干意见》(水资源〔2004〕316号),首次从国家层面提出了水生态保护与修复的指导思想、基本原则、目标和主要工作内容,标志着我国水生态保护与修复工作进入崭新阶段。

2005年至今,为我国河流生态修复理论与实践的快速发展阶段,河流生态保护与修复实践在全国遍地开花。在国家战略层面,2005年,水利部确定无锡市、武汉市等12个城市为全国水生态系统保护和修复试点;2006年起,有关省市开展了一系列河道生态整治的规范、导则、指南、评价指标和验收办法等相关法规体系建设工作,配套技术文件的出台,指导试点城市的水生态系统保护和修复工作取得新进展。2011年中央一号文件《中共中央国务院关于加快水利改革发展的决定》指出,继续推进生态脆弱河流和地区水生态修复,加快污染严重江河湖泊水环境治理;2014年,国家发改委印发《全国生态保护与建设规划(2013—2020年)》,明确提出保护和恢复湿地与河湖生态系统的要求;同年,原环境保护部印发《关于深化落实水电开发生态环境保护措施的通知》,对受水电开发影响河流的生态保护与修复工作提出了明确的具体要求,包括深化落实水电站生态流量泄放、下泄低温水减缓、过鱼、鱼类增殖放流等措施;2020年,国家发改委与自然资源部会同有关部门共同编制了《全国重要生态系统保护和修复重大工程总体规划(2021—2035年)》;同年,自然资源部办公厅、财政部办公厅、生态环境部办公厅联合印发《山水林田湖草生态保护修复工程指南(试行)》,全面指导和规范各地山水林田湖草生态保护修复工程实施,推动山水林田湖草一体化保护和修复。"十四五"时期,水生态环境保护由污染防治为主向"三水"系统治理转变,从传统理化指标水质改善向水生态健康转变。

由于我国治河工程蓬勃发展,《生态水利工程原理与技术》(2007年)、《生态水工学探索》(2007年)、《河流生态修复》(2013年)、《生态水利工程学》(2019年)以及《水生态系统保护与修复理论和实践》(2010年)等著作相继出版,为水生态系统保护与修复提供了重要的理论支撑。生态砖、鱼巢砖、生态格网、草毯、椰纤毯等生态护岸材料和设备开始在工厂生产,生态护岸构建技术与传统护坡手段脱钩,与土工合成材料相结合,同时重视水生植物的应用和施工方式的创新(林跃朝、朱晨东,2020)。

1.2.4.5　水生态保护与修复的措施

水生态监测是水生态健康评估、保护及修复的重要基础。我国在水生态监测与评价方面起步较晚,20 世纪 80 年代开始在全国范围内开展生物监测工作,颁布了《生物监测技术规程》(中国科学院水生生物研究所,1981),生物监测水平得到了初步提升;20 世纪 90 年代后期,随着经济水平的快速发展及人口的增长,水污染问题日益严重,此期间水体理化指标监测技术发展较快,但生物监测相对滞后;到 21 世纪初,我国对水生态环境的保护不断加强,2007 年党的"十七大"报告提出"建设生态文明",2008 年水利部启动了太湖、滇池、洪泽湖等湖库藻类试点监测工作,在全国范围初步构建了浮游植物监测网络;自 2010 年开始,我国水生态监测步入快速发展阶段,"十二五"以来,水利部、生态环境部、农业农村部、自然资源部和中国环境监测总站等多家部委及研究机构大力推进生态文明建设和践行长江大保护理念,在长江流域、太湖流域、松花江流域及辽河流域等全国范围内重点河湖开展了水生态监测试点工作及河湖健康评估工作,并颁布和印发了一系列水生态监测与评价标准与规范,初步构建了我国包括监测指标、技术方法、综合评价等一套比较完善的流域水生态监测方法体系,水生态监测技术得到了快速提升,有力推进了我国水生态监测逐步政策化、规范化、成熟化和系统化。

我国自 20 世纪 90 年代开始,围绕河流生态修复开展研究工作。1999 年提出了"大水利"理论框架,认为河流开发应重视流域的综合整治与管理,发挥水的资源功能、环境功能和生态功能(陈兴茹,2011)。进入 21 世纪后,河流生态修复和保护引起社会各界的重视,成为学术讨论的热点问题。"生态水工学"的概念被提出,从生态系统需求角度,分析了以水工学为基础的治水工程的弊病,探讨了修复河流生态环境的工程措施及思路,并提出了一系列理论和方法(董哲仁,2003)。河流修复生态功能分区是对河流进行适应性生态修复的必要前提和基础,可为制定生态修复目标提供科学依据(吴建寨 等,2011)。未来应制定包含河流历史及现状调查、修复目标制定、修复措施计划和实施、修复评价和监测四部分完整修复过程的技术规范(徐菲 等,2014)。

河流生态修复是一项复杂的系统工程,目前国内外相关的修复技术多种多样,分类方法也有多种。根据河流健康关键因素,将修复内容分为水量、河流形态结构、水质和水生生物四大类。水量生态修复技术主要包括生态补水、生态调度两种。河流连通性修复主要是基于近自然的原理,尽可能恢复河流横向的连通性和纵向的连续性。一般来说,河流连通性修复主要包括河道横断面结构、河床生态化及生态护岸。水质生态修复技术主要是指生物-生态修复技术,包括底泥生态疏浚、生态浮床技术、人工湿地技术等。水生生物修复技术包括利用水体中的植物、微生物和动物吸收、降解、转化水体中的污染物以实现水环境净化的修复技术,以及通过恢复水生生物资源、改善种群结构、增加物种多样性的修复技术。前者主要包括水生植物修复及水生动物的修复,后者主要包括增殖放流。

1.2.5 水问题治理困境与面临挑战

水问题的转变与社会经济发展、水文气象、自然地理、土地利用、治理成效等密切相关,当前,我国水问题错综复杂,具有一定的阶段性、复杂性等特征。阶段性体现在我国用近 40 年时间追赶发达国家的工业化城市化进程,城市洪涝问题突出,生态环境问题集中暴发,工业源与农业源污染未得到有效控制,城镇污水收集和处理设施短板依然明显,以劣 V 类水体、城市黑臭水体、水源地安全等为代表的突出环境问题整治面临长期的严峻挑战,我国水问题历史欠账的整治已进入攻坚期。复杂性体现在经济社会发展对水资源、水环境、水生态诉求不断增加,水生态环境保护形势依然严峻。同时,从长远来看,工业制造业仍将是我国经济的重要支撑,石油、化工、制药、冶炼等行业对水环境安全的风险仍长期存在。

面对严重复杂的水问题,我国制定颁布了一系列治水方针政策,各地也纷纷贯彻落实,实施了大量河道整治、堤防加固、水系连通、水体保洁、生态修复、生活垃圾处置、黑臭水体治理、农业面源污染治理、畜禽养殖污染治理等工程,解决了一部分突出问题,呈现河面整洁、岸绿景美的新气象。反思以往治理过程后发现,随着我国经济社会的快速发展,传统的治理模式已经与区域经济高速发展、一体化发展所带来的复杂的水问题形势不相适应。这种被动应对的局面使水环境保护有着强烈的治水模式转型和机制创新的要求和动力。具体体现在以下方面。

①亟须巩固提升区域防洪排涝能力。一是极端暴雨洪水频发对防洪工程体系提出了更高的要求。气候变化导致的暴雨洪水对流域防洪体系标准确定、设计施工、抢险维护等均带来不确定性。极端暴雨洪水对病险水库除险加固、蓄滞洪区管理与河道堤防养护等提出更高要求。面对极端暴雨洪水,中小河流、平原

圩区及城市防洪排涝工程建设系统性有待强化,干支流、上下游防洪治涝工程建设协调性问题更加突出。二是洪涝调度统筹体系建设尚不完善。洪涝相互联系,在一定条件下可以相互转化,在极端暴雨洪水下,不完善的洪涝调度统筹体系会导致很多问题,如防洪不考虑排涝,可能导致排涝困难,加剧内涝;排涝不考虑较高洪水位的制约,会导致外洪通过排涝通道或者排水管网倒灌入城;水库泄洪时机把握不好,暴雨时泄洪,会导致下游地区雪上加霜,加剧内涝。因此,城市防洪排涝要综合施策,做好衔接,防洪要兼顾对排涝的顶托作用,排涝要考虑高水位的影响,确保排得出,并且要蓄排结合,不能仅考虑快排,还要兼顾下游防洪压力。三是防洪排涝智能调度管理平台建设不完善,"四预"功能发挥不足。水工程防洪排涝调度方案预案体系还不完善,流域水工程防灾联合调度系统建设刚刚起步,调度规程规范和技术标准等基础支撑不够。实时调度多以单一工程为主,水库、闸坝、分洪河道、泵站和蓄滞洪区等水工程防灾联合调度运用不够,对降雨预报、洪水预报、洪水推演技术利用不够充分。流域上下游、左右岸调度信息共享不够,预报与调度结合不够紧密,调度方案科学化水平及智慧化程度不高,缺乏现代化的统一调度数字平台。四是洪涝监测预报预警及风险评估能力亟待提升。中小水库水文监测设施不完善,中西部部分地区和部分跨界河流水文监测站点存在空白。中小水库、山洪及中小河流洪水预报时效性和精度不足。服务于水情预报预警的气象及遥感监测信息应用不充分。全国仍有约 60 万平方公里(约占防洪区总面积的 55%)的防洪区未编制洪水风险图,已编制洪水风险图的部分区域由于下垫面因素变化,面临更新的需求;洪水风险区划、洪水风险实时分析及评估等基础工作尚在起步阶段。

②亟须均衡提升区域水资源保障能力。通过跨流域调水、人工增雨、海水淡化等技术,增加区域水资源总量;优化水利工程布局,实施水渠防渗技术和雨水收集技术,增加水资源供给量;交通的便捷性及经济全球化使全球范围内的农产品贸易成为现实,实施虚拟水资源的交易,缓解少水地区水资源的短缺程度;倡导节水灌溉技术、污水处理技术和水循环利用技术,提高水利用效率,使同样的水能生产更多的产品,从而缓解水资源的短缺程度。随着人类活动对水资源影响的加剧,水资源短缺问题已不再是单纯的自然资源短缺问题。水资源短缺不仅与其资源量密切相关,同时也与该区域获取水资源的能力、水资源利用效率以及区域污染排放对水资源的影响程度等有关。一些城市群为解决水资源短缺,水源水质恶化等问题,不得不采用长距离调水以满足该地区用水需求。长距离调水虽可缓解水资源供需矛盾,但系统运行维护管理复杂,一旦出现故障或遭遇自然灾害会给城市供水系统稳定运行带来风险,也增加城市潜在的安

全隐患。

③亟须持续改善河湖水环境质量。一是深入研究水污染治理方案。以往行政决策多于或替代科学论证，习惯于"应急治理、经验治理、分散治理、运动治理"，导致水污染治理难以精准施策，形成系统的科学治理方案，规划工程也常常是规模大、投资多、效果不理想。忽视水污染的科学诊断环节，使得治水矛盾把握不准或不全，如不注重控制农业面源污染、城市初期雨水污染、农村生活污水污染等的治理，使得控源截污实施不到位或不全面。二是避免水污染治理分散化。以往水污染问题治理多为单项治理、分段治理、单独治理，忽略河流上下游、左右岸、干支流的相互影响和因果关系，难以形成系统的联动治理，往往在解决一个水污染问题之后，却引发其他的水污染问题。三是避免水污染治理存在多龙治水、重复治水的问题。以往治水部门职责交叉，呈现水利、环保、城建等多龙治水的治理现状，导致低水平治理、低效而重复的投资、不尽合理的工程布局和措施。同时，政府大包大揽解决所有问题，公众水环境保护意识缺乏，导致水污染治理措施难以实施或污染治理效果不长久。四是避免水污染治理技术适用性不强。以往引水优先于或取代控源治污、盲目频繁的清淤、大量使用雨水调蓄池存储城市初期雨水、过度依赖生态修复、片面强调河岸景观建设等，导致花大量的钱只解决了少量的问题，影响政府部门的治水信心。

④亟须促进形成河湖自然生态系统。以往一些城市在水生态修复方面急功近利，采取"破坏式治污"，有4种表现。一是使用挖掘机或高压水枪疏浚底泥，无视对河床及河岸生物栖息地的损伤，底泥处置方式和地点缺乏科学论证，常常是污染搬家。二是没有防洪要求的内河甚至村镇级河流也采用混凝土、浆砌块石等固化河岸，一味滥用"生态挡墙"，割裂水陆联系，破坏河流横向连续性。追求没有生态功能的整齐划一，盲目做高工程预算，导致具有生态功能的自然岸线被人为破坏，随着考核时限临近，破坏速度和程度加剧。三是缺乏研究支撑，将景观与生态混为一谈，种草以及在"生态挡墙"外侧绿化河堤，大量投入用于"面子工程"和"形象工程"，不仅无法发挥生态功能，还造成面源污染，后续维护成本居高不下。四是认为生态修复就是在滩地上种树栽花、恢复植被和平坑。对于南方雨量相对充沛的地区，生态修复更多是引导性的措施，而这种引导性措施的核心并不在于种树栽花，而是丰富水陆边界，恢复浅滩与深潭、保护河滩低地、创造良好的生境。对于很多卵石荒滩，种植被有时候并不是生态修复，而是要不干预、少干预或按其禀赋干预，因地制宜地开展生态修复。

1.3 研究思路与关键问题

水问题之间通常具有相互关联性,洪涝问题易损害生态、影响水质,水资源短缺容易影响水环境与水生态,水生态与水环境问题之间亦会相互影响。以往研究洪涝防御、水资源均衡、水环境提升与水生态修复时,更多是考虑单独解决某项问题,而忽视了水问题治理的流域性、系统性与全局性。如建设河口湿地时易忽略其防洪影响,防洪排涝时未兼顾雨水集蓄利用,水资源开发利用时未充分考虑生态需求等。本书着眼于统筹解决新老四大水问题,探索构建一套区域水问题综合治理模式,提出治理思路、治理程序与方法、治理保障措施,形成区域水问题综合治理体系;围绕水问题治理过程中呈现的问题诊断难、工程调度难与污染控制难,提出针对性的治理思路与技术措施,攻关水问题定量诊断技术与城市河网水系优化调控技术,实践探索"低成本、易运维"的农业面源污染与农村生活污染治理技术,具体包含以下四个方面。

①剖析水问题及其治理历程。系统梳理国内外水问题演变及其治理历程,分析水问题的特点、成因及影响,探索规律性的治水经验;重点分析我国现有四大水问题的特点、成因及影响,并针对性分析各种水问题演变及治理的经验教训,从而为构建区域水问题综合治理模式打下基础。

②构建区域水问题综合治理模式。分析当前治水困境,提出"区域水问题综合治理"新模式,明确治水模式内涵。构建治理模式,重点提出由精细化调查、问题诊断、治理目标、治理方案和保障措施等组成的治水新模式的全过程治理路径和方法体系,为区域水问题治理提供理论和实践过程参考。

③攻关区域水问题综合治理关键技术。基于区域水问题综合治理模式框架,提出区域水问题综合治理技术体系。为保证对区域水问题的精确诊断和精准施策,深入研究水问题诊断技术;为科学指导工程调度,重点分析不同目标要求下工程优化调度技术方案;鉴于农业面源污染及农村生活污水污染已成为现阶段污染控制的重点及难点,为支撑污染控制实施,着重分析农业面源污染及农村生活污水治理技术,以实现对污染的高效控制。

④区域水问题综合治理的典型应用研究。依据区域水问题综合治理模式,遵循治理路径及方法,选择典型区域,对研究单元实施精细化调查,剖析区域主要水问题,针对性提出系统治理方案,验证治理模式在实际问题中的应用效果。

水问题综合治理模式的研究思路框架图如图 1-3 所示。

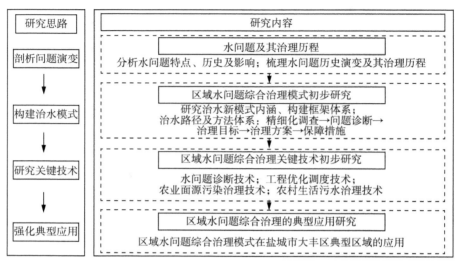

图 1-3 研究思路框架图

第 2 章

区域水问题综合治理模式与路径

基于水灾害、水资源、水环境和水生态等多重水问题治水理论与实践,融合自然科学、社会科学和人文科学,构建"区域水问题综合治理"模式,明确治水模式的内涵和框架体系,提出精细化调查、问题诊断、治理目标、治理方案和保障措施等组成的治水新模式的全过程治理路径和方法体系,为区域水问题治理提供理论和实践参考(孙金华 等,2018a;孙金华 等,2019;王思如 等,2020;孙金华等,2018b)。

2.1 治理模式主要内涵

区域水问题综合治理在不同的语境下有不同的含义,而决定其含义的核心概念是"区域"和"综合"。

2.1.1 "区域"的内涵

水是区域经济社会发展不可或缺的重要资源。水问题的产生与治理均与区域相关,只有明确研究"区域",针对性地分析水域、陆域空间联系,才能协调好水与经济发展间的关系。

当前,我国水问题治理和管理实践中,根据水本身的特点和水管理需要,主要采用了水文分区、流域分区、行政分区、水资源分区、水环境功能分区、环保督察分区、城市群分区等分区方式。

2.1.1.1 水文分区

水文分区是自然地理区划的重要组成部分,是根据水文指标对特定的研究区域开展空间上的划分与分类,常用于水文站网建设、水资源规划、水文资料及参数移植等,也是解决水文缺资料问题的重要方法(张静怡 等,2006)。

2.1.1.2 流域分区

流域是指由分水线所包围的河流集水区,是一个水系干流和支流所流过的整个地区。流域水问题治理是以一个完整的流域作为治理对象,以维护流域水生态系统结构的合理性、功能的良好性和生态过程的完整性为目标,对生态系统的诸要素采用系统的观点进行统筹管理,实现从单要素管理向多要素综合管理的转变。我国流域管理上也体现了区域环境治理的理念,各流域具有不同的"域情",水问题及治理应体现区域特性,彰显"一域一策",这里的流域也是区域环境治理中的区域范畴(曹树青,2012)。

2.1.1.3　行政分区

在当前的环境管理主导体制下,区域治理不能脱离行政区域的治理,主要表现在:地方环境保护部门具有环境执法权,而自然区域的管理机构尚不健全或赋权不足;自然区域的环境管理机构和行政区域环境管理机构存在环境管理权的划分,这种划分本身就意味着二者相辅相成,不可分离;环境治理和经济发展是融为一体的,很多环境治理的措施依赖地方政府的配合,例如产业结构调整等;自然区域内跨界环境问题的治理必须依赖地方政府的合作等。因此,区域治理常以行政区域为单元开展工作,但在必要时可突破行政区域管理桎梏,协调各行政区域之间因保护环境而发生的社会关系。

2.1.1.4　水资源分区

水资源分区是在水文分区的基础上,考虑水资源的特点确定的分区。水资源分区的原则和标准是流域与行政区域有机结合,保持行政区域与流域分区的统分性、组合性与完整性,主要用于水资源评价、规划、开发利用和管理工作的需要。水资源分区是在一个时期内相对固定并带有一定强制性的分区模式,以利于在一个相当长的时期内各项水利规划都采用统一的基本资料,也有利于不同时期规划成果的参照与比较。

2.1.1.5　水环境功能分区

水环境功能分区是结合区域水资源开发利用现状和社会需求,科学合理地在相应水域划定具有特定功能、满足水资源合理开发利用和保护要求并能够发挥最佳效益的区域(即水功能区),水功能区划是实现水资源合理开发、有效保护、综合治理和科学管理的极重要的基础性工作,是水资源保护措施实施和监督管理的依据。

2.1.1.6　环保督察分区

环保督察分区是在环保督查制度中建立的督查区域,该区域分为华北、华南、华东、东北、西北、西南等六个督查中心所辖区域,每个区域分辖若干省、市或自治区,这种区域是建立在行政区划的基础之上,管理体制也是建立在传统的管理体制基础之上的,没有体现出生态系统的管理理念。与之类似,美国国家环境保护局在全国设立 10 个大区,每个大区分辖数个不同的州,如总部设在亚特兰大的第四区就负责东南部的 8 个州(曹树青,2012)。

2.1.1.7　城市群分区

近年来我国区域经济发展迅猛,当某个经济区域发展成熟的时候,该经济区域就具有了明显的相对独立性,经济一体化的结果必然导致环境保护的一体化,城市群内各地方政府具有强烈的区域水环境保护合作愿望,并且落实于行动,区域环境保护合作协议纷纷出台以及合作平台逐渐建立。因此,成熟的经济区域必然成为区域水问题治理的区域,如京津冀、长三角与珠三角等。

我国现行的区域环境管理模式为属地管理,即各地方政府的环境主管行政部门负责本辖区环境保护工作的监督管理。虽然这样的管理模式对区域外部的问题无能为力。但对于水问题相对独立、受其他区域影响较小或自身区域水问题较周边区域更为严重的行政区域,如上游区域、水系相对独立区域、区域水问题严重的区域等,基于我国当前的环境管理行政体制,优先开展区域内部的综合治理将是一种快速、高效的治理方式(现行体制机制下开展区域间协商治理非常复杂,必将耗费大量的时间和精力,而部分区域水问题治理刻不容缓)。并且,由于自然生态区域的复杂性、层次性以及水问题治理的具体目标不同、手段不同,决定了区域在不同的场景下具有不同的表现形式,大的自然区域内包含更多的二级区域,下一级区域治理是实现上一级区域治理的一种途径。

因此,考虑到我国当前水问题治理的行政制约、现实可操作性以及区域特性、区域治理的迫切程度和预期效果等,为实现大区域的水环境治理,可优先对水问题严重且相对独立的子区域开展治理,即本书认为"区域水问题综合治理"中的"区域"可以是以一个完整的县级行政区为单位开展治理。

2.1.2 "综合"的内涵

纵观世界各国水问题,都是从单一性向综合性转变,水问题治理随之由简易防控向综合治理发展,所谓综合治理即系统治理、高效治理、合作治理和差异治理等。

2.1.2.1 系统治理

区域水问题综合治理不再以单个污染要素作为治理对象,不再就水论水,而是将区域整体作为水问题治理的目标对象。用系统论的思想方法,统筹山、水、林、田、湖、草、沙等不同资源环境要素,同时统筹水域和陆域、上下游、左右岸、不同行业、不同部门,从自然区域的水环境承载力、生态环境状况等出发,系统布局区域的产业结构、生产力以及生态保护和环境治理方式等,从各个角度体现系统治理思想。区域水问题综合治理内容包括环境治理、资源治理、生态治理以及区域经济和社会活动治理等一切涉水事务的统一治理,即以区域为基础,将区域内的生态环境、自然资源和社会经济等各个单元,视为相互作用、相互依存和相互制约的统一完整的生态社会经济系统。区域内的水要素、各自然要素、经济社会发展要素的整体作为区域水环境治理的目标。

2.1.2.2　高效治理

区域综合治理相对于传统点源治理与污染控制而言,通过区域水生态系统的整体治理提升水问题治理的效率,调整平衡各子区域之间的环境利益。区域综合治理模式应以较低的治理成本获得更高的治理效果,如已开展的区域环境总量控制较管理者开展人为的排放浓度检查、排放量检查有着更高的行政效率。因此,自然区域内的各环境主体,尤其是地方政府,必须依从和服务于自然区域的整体环境利益。

2.1.2.3　合作治理

经济社会一体化发展,要求区域内各地方政府构建横向合作机制,各部门间乃至中央和地方间建立纵向合作机制,以全面加强水环境治理的合作。合作治理主要表现在建立区域治理模式中的区域环境规划(如长江三角洲区域一体化发展水安全保障规划)、区域生态补偿(如皖浙两省就新安江流域出境水质标准的横向生态补偿机制)等系列制度,显著区别于传统环境治理中的局限于地方利益的狭隘的地方环境治理,体现了水环境治理从割裂化治理走向区域间协同治理的方向转变。

2.1.2.4　差异治理

传统的水问题治理,尤其是全国性的水问题治理,是针对全国水环境保护的普遍性问题,但是,从东部的江南水乡到西部的沙漠边陲,从北部的冰天雪地到南部的热带雨林,全国各地水问题差异很大,普遍性的水问题治理方式和标准不可能被套用于各具特色的区域水问题中。因此,区域性水问题治理要结合各地水生态环境状况、经济社会发展状况、区域发展潜质等施行差异化的治理技术。

2.2　治理模式框架体系

在研究水问题及其治理历程中,治理内容、治理思路、治理路径、治理技术路线和技术方案等是水问题治理成功与否的关键因素。为实现复杂水问题治理的实效、高效和长效,本书在研究以往治水经验和教训的基础上,提出"区域水问题综合治理"模式与框架体系。

区域水问题综合治理模式,在统筹考虑区域水灾害、水资源、水环境、水生态四大水问题治理的基础上,基于治理区域的问题导向、需求牵引,坚持"政府主导、一龙牵头、多龙协同,多规合一、整体布局、一功多能,科技引领、系统治理、精准施策"的思路;融入科学的新理念、新理论、新技术、新方法、新模式,遵循"精细化调查、水问题诊断、治理目标确定、治理方案编制"的治理路径,并以"控源截污、河道治理、工程调控、生态修复"等措施为技术路线;通过顶层设计,编制切实可行、经济合理的系统性技术方案;科学制定"工程项目化、项目节点化、节点责任化、责任具体化"分阶段实施的具体举措;建立多元化筹资及其责任机制;确保水治理实效、高效和长效。具体治理模式如图 2-1 所示。

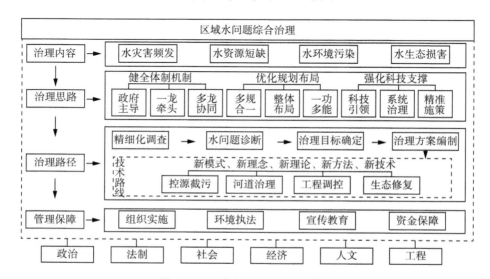

图 2-1 区域水问题综合治理模式

2.2.1 治理内容

水灾害、水资源、水环境和水生态四大水问题相互交织、耦合和影响,使得水问题治理日益复杂。如水灾害中的洪水冲击加剧了水土流失和氮磷污染入河,水资源丰枯不均导致水环境容量波动剧烈,进而影响水环境质量及其稳定性,同时两者亦会破坏水生态结构和功能的完整性,催生水生态问题;反过来,水环境问题的持续恶化,使得优良水质日益紧缺,引发水资源保障问题,水环境恶化也导致水生生物生长环境的恶化,导致生物多样性降低,引发水生态损害,生物多样性的降低反过来使得水体自净能力降低,继而进一步加剧水环境污染。综上,水灾害与水资源问题会影响水环境与水生态问题,水环境问题将导致水资源短缺和水生态损害,水生态损害能加重水环境污染。忽视四大水问题之间的关联和因果关系开展水问题的治理,往往只能解决次要矛盾或主要矛盾的次要方面,难以实现根本性治水。

当前,新的三大水问题已经上升为我国治水矛盾的主要方面,促使我国水问题治理内容从解决单一的水灾害老问题升级为统筹解决水灾害、水资源短缺、水生态损害、水环境污染等新老水问题,治水目标相应地已经从人民群众对除水害兴水利的需求,转化为人民群众对优质水资源、水生态和水环境的需求。因此,要统筹考虑水灾害、水资源、水环境、水生态四大水问题之间的联系,只有集中力量找出四大水问题的主要矛盾以及矛盾的主要方面,抓住解决复杂问题的关键,才能适应治水主要矛盾变化的需要,增强治水的针对性、有效性,路径的科学性。

2.2.2 治理思路

2.2.2.1 健全体制机制

治理体制机制决定了水问题综合治理的主体与权责。如泰晤士河的治理成功,关键原因并不是采用了最先进的技术与工艺,而是开展了大胆的体制改革和科学管理。我国现行的区域水问题管理模式为多部门管理,存在部门之间权限不清、管理机构重叠、部门管理职能交叉、管理错位等诸多不合理之处。当前这种部门管理方式存在明显局限:一是多个部门与水问题直接相关,每个部门可能提出的解决思路与方案多基于自身的部门利益,结果导致社会资源难以优化配置,造成不必要的浪费;二是水环境保护部门的地位相对弱势,在地方政府的管理体系中,以经济建设为中心的发展思路使得部分经济主管部门成为强势部门,这些部门的行政资源较多,话语权也相对较大,而环境管理部门的相对弱势不利于环境问题的解决;三是部门之间的协调机制缺乏,容易导致决策的片面性,有时不同部门的政策可能存在冲突,这使得难以从环境、经济、社会效益整体角度出发综合作出科学决策并施行。

面对我国日益复杂的水问题以及传统行政体制的"多龙治水""环保不下水,水利不上岸"等条块分割的管理弊端,我国正在实现以被动式水治理和运动式水治理为特征的传统水问题治理模式,向主动性治理和科学性治理的现代水问题治理模式转变,开展了一系列体制改革和战略举措。例如,生态环境部的设立解决了部门职责交叉的问题,实现了水生态环境保护领域地上和地下、岸上和水里、陆地和海洋、城市和农村统一监管的"四个打通",破解了"九龙治水"的局面,为完善水生态环境管理体制机制、打好碧水保卫战提供了重要机遇。此外,水务一体化机构改革、全面推行河长制、湖长制等，也改变了长期存在的一水多治与运动治理、分散治理的行政制约，理顺了水问题治理保护体制机制等行政层面的突出问题，加强了政府治理与监管，完善了水治理体系。

当前，水问题尤其是水环境水生态等问题产生的根源多在于经济活动而不是自然环境本身，因此，水问题与经济、社会等多方面相互交织，水问题的解决仅仅依靠环境保护或水利行政主管部门是远远不够的，需要涉水的多个行政管理部门的协同合作。并且，考虑到水是公共物品，政府既不能缺位、更不能手软，政府必须起主导作用。因此，建议采取"政府主导、一龙牵头、多龙配合"的治理体制模式开展区域水问题综合治理，即政府通过整合地方主管经济、环境以及社会等行政管理部门，共同防治水问题尤其是水环境问题、改善水环境质量而进行综合决策的环境治理模式。通过整合与环境直接或间接相关各部门的职能，建立信息沟通和共享机制，在地区发展规划制定、信息共享、违法行为协查等方面建立协调机制。这种整体协调制度的建立，使得环保部门与其他部门之间的沟通较为顺畅，可以有效应对与社会经济高度耦合的环境问题，有利于环境问题的最终解决。相对于传统的部门治理，整合治理具有"统筹兼顾环境—经济—社会效益、最大限度避免决策片面性、通过协作保障环境政令顺畅实施"等特点。

2.2.2.2　优化规划布局

"规划"是对未来发展愿景及其实现路径的全盘考量与行动方案。编制规划是地方水治理体系的重要内容，但在现行规划体系中，各类规划如城市防洪规划、城市水系规划、水利发展规划/水安全保障规划、水系整治工程规划、城乡供水规划、污水/排水专项规划、农村生活污水/污染治理规划、水系连通规划、水土保持规划等，分属于水利、环保、城建等不同部门集权管理，自成体系、不协调的现象十分突出，规划意图难以落实，有碍地方社会的健康和有序发展。以往水问题治理只注重花少量经费按既定模式完成"一河一策"方案编制，不重视安排适当经费开展系统科学的区域水问题综合治理规划，主要措施和大量经费用在末端治理、应急治理和表相治理层面，出现投资巨大、工程颇多，但黑臭水体不断反弹、江河湖库水质改善不明显等现象。

因此，在现行规划编制、审批和管理体制下，为减少规划"各干各事"的困境，建议采取"多规合一、整体布局、一功多能"的模式开展区域水问题治理，即在充分认识水问题复杂性的基础上，把水问题治理与区域内社会经济发展、产业结构调整、基础设施建设、体制机制创新等紧密结合并共同谋划，开展顶层设计。围绕区域人口与资源环境承载力、产业特性、经济发展目标，充分融合、协调已编制规划的重要目标要求等,构建"多规合一"的"区域水问题综合治理规划/区域水问题综合治理系统实施方案",以协调和指导各类子规划内容。规划重点开展系统、科学的中长期水问题治理研究,从地区的产业发展规划或战略,到企业层面的生产、污染物排放,再到污染物末端治理控制、再资源化的全过程进行"整体布局",规划建设综合性治理工程,强调"一功多能",体现出综合治理多管齐下的特色。

2.2.2.3　强化科技支撑

目前,部分区域对待水问题治理,采取的治理模式多是套用其他地区的成功治理经验直接开展工作,忽略科学技术在区域水问题关键症结诊断方面的作用,简化甚至省略区域水问题诊断工作,治水矛盾把握不准或不全,难以做到精准施策,导致治水措施实施不到位或不全面。同时,由于未理清各类水问题之间的逻辑关系,采取的治水措施多是"头痛医头、脚痛医脚"式的分散治理,可能在解决一个问题的同时又引发了另一个问题。

为提升水问题治理效率,各地开始将立竿见影的功利性思维转变为近远期兼顾、标本兼治的科学思维,强调系统观念在水问题治理中的重要地位,统筹山水林田湖草沙生态系统治理与保护。以浙江和江苏为代表的地方系统治水方案或行动逐步出台,如浙江省首先提出"治污水、防洪水、排涝水、保供水、抓节水"系统治水方案,《江苏省生态河湖行动计划(2017—2020 年)》提出了从水安全保障、水资源保护、水污染防治、水环境治理、水生态修复、水文化建设、水工程管护、水制度创新八个方面开展河湖生态化建设的系统治理思路。这些是我国治水理念提升和治理体制完善的重要基础,这些理念与思路,均以科学技术为支撑,在流域治理规划基础上实行区域水问题综合治理,是实现新时期治水目标的必经之路。

因此,建议采取"科技引领、系统治理、精准施策"的区域水问题综合治理工程模式,从系统工程和全局角度寻求新的治理之道,统筹兼顾、整体施策、多措并举,全方位、全地域、全过程开展水问题综合治理,不能再是头痛医头、脚痛医脚,各管一摊、相互掣肘。具体来说,就是统筹考虑区域水灾害频发、水资源短缺、水环境污染、水生态损害四大水问题,兼顾水文化、水景观等,强化国内外先进涉水技术的科技支撑,从源头诊断区域水问题的突出症结,理清不同问题的因果关系,抓住重点,开展系统治理工程。同时改变治水重点,以"量质并举、注重水质,标本兼治、注重生态,城乡同治、注重城市,建管并重、注重管理"为治理重点,以"控源截污、河道治理、工程调控、生态修复"等工程措施和非工程措施为技术路线,通过精准施策达到标本兼治的目标。

2.3 治理路径与方法体系

笔者团队基于提出的"区域水问题综合治理"新模式理念框架以及治水实践经验,提出由精细化调查、水问题诊断、治理目标确定、治理方案编制等措施和保障体系组成的全过程治理路径和方法体系,为区域水问题综合治理实践提供参考。具体治理路径及方法体系如图 2-2 所示。

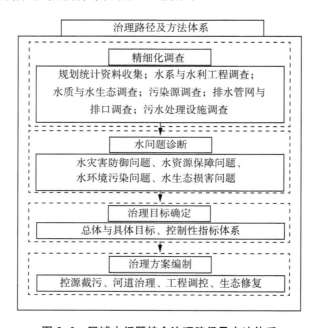

图 2-2 区域水问题综合治理路径及方法体系

2.3.1 精细化调查

围绕区域防洪排涝、水环境提升、水生态修复和水资源保障的具体要求,对区域水系与水利工程、水质与水生态、排水管网与排口、污水处理设施以及点源、面源和内源等各类污染源和治理情况进行精细化调查,为区域水问题诊断奠定数据基础。

2.3.1.1 规划统计资料收集

针对区域突出的水问题,尽可能细致地收集梳理其治理所需的前期资料,包括规划方案、统计资料、图形资料等资料类型,涉及区域自然地理、社会经济状况、水资源利用保障情况、水环境与水生态健康现状等。具体资料收集清单如表2-1 所示。

表 2-1 资料收集清单

资料类别	资料名称
规划方案	①水利局:水资源综合规划、水资源中长期供求计划、防洪规划、治涝规划、水系规划、水利发展规划/水安全保障规划、水系整治工程规划、城乡供水规划、水系连通规划、水土保持规划、饮用水水源地安全保障规划、相关流域综合规划、河流岸线利用管理规划等; ②生态环境局/住建局:污水/排水专项规划、农村生活污水/污染治理规划、海绵城市规划、中小河流治理规划、河道水环境整治规划、水生态系统保护与修复规划、"一河一策"行动计划、生态环境保护规划、湿地规划等; ③其他部门:城市总体规划、土地利用规划、国土空间规划、农业节水发展规划、生活垃圾分类和治理规划等
统计资料	①统计年鉴; ②水文年鉴、水文手册; ③水资源公报、生态环境质量公报; ④土地利用资料等
监测资料	①长时间序列降水、水位、流量、含沙量、水质、蒸发量等监测数据(如近 10 年); ②长时间序列各乡镇需水量、实际供水量月尺度资料(如近 10 年); ③工业企业名录(在线监测企业及零散的中小企业)、污染控制、污水处理设施建设情况、排污口排污量以及出水水质等
图形资料	①水系图; ②供排水管网图; ③行政区划图; ④水文站点布局图等

2.3.1.2 水系与水利工程调查

水系调查的内容包括:河道坡降、水量、水深、流速、流向、地形、水位高差、河湖连通性和水域功能(饮用水水源、景观用水、工业用水、灌溉用水、养殖等)等。根据治理方案中工程调控措施的需要,测量河道断面,一般采用全站仪与 RTK 相结合的方式。根据工程测量规范和河道具体测量要求,结合区域河道特点,控制断面间距在 200 m 以内,若遇断面变化较大应增加测量断面,如河道缩窄处、弯道较大或支流入汇处,若遇过河建筑物(坝、桥等),应增加测量 3 个断面,即过河建筑下游断面、过河建筑上游断面、过河建筑物本身的横剖面断面。同时控制每个断面的测点间距小于 5 m。测量成果包含河道横断面图(含过河建筑物剖面图)、河道纵断面图、断面位置和数据(EXCEL 或 CAD 格式)等。

水利工程调查的内容包括:防洪工程,排涝抗旱工程,城镇供排水工程,防止水土流失和水质污染、维护生态平衡的水土保持工程和环境水利工程,将水能转化为电能的水力发电工程,改善和创建航运条件的航道和港口工程,以及同时为防洪、灌溉、发电、航运等多种目标服务的综合利用水利工程,等等。同时,调查内容还包括水利工程调度规则或调度方案等信息。具体水利工程调查内容如表2-2所示。

表 2-2 水利工程调查内容

序号	水利工程类别	调查内容
1	水库工程	大、中、小型水库库容、特征水位等
2	水闸、泵站、塘坝、堰等水利工程	工程参数、所在乡镇、工程名称、闸孔总净宽、水闸类型、设计流量(装机流量)、流向、经纬度、日常的调度运行管理规程方案等
3	供水工程	自来水供水工程、自备水源工程、再生水利用工程、农村安全饮水工程,以及供水工程供水能力、农业、工业、生活节水潜力和节水措施相关资料
4	堤防护岸工程	堤防建设位置、长度、时间、现状是否达到防洪排涝标准等
5	灌区及灌溉工程	灌区面积、灌渠的覆盖范围、配套支渠建设情况、渠道和渠系建筑物完好率、提水工程等内容

2.3.1.3 水质与水生态调查

水质调查:收集区域内国考、省考、市考、小康等考核断面历史及现状长序列水质监测数据。当数据难以满足区域水问题诊断需求时,补充开展区域内重点水体水质监测工作,采样布点、监测频率可按照《地表水和污水监测技术规范》(HJ/T 91—2002)的要求开展,监测指标及测定方法参照《地表水环境质量标准》(GB 3838—2002)。

水生态调查:参照《水生态监测技术指南 河流水生生物监测与评价(试行)》(HJ 1295—2023)和《水生态监测技术指南 湖泊和水库水生生物监测与评价(试行)》(HJ 1296—2023)标准规定的河流、湖泊和水库水生态监测中水生生物监测的点位布设与监测频次、监测方法、质量保证和质量控制、评价方法等技术内容进行水生态调查,河流调查内容包括着生藻类、大型底栖无脊椎动物、鱼类等,湖库调查内容包括浮游植物、浮游动物、大型底栖无脊椎动物、鱼类、大型水生植物等。此外,根据工作需要,可参照《河流水生生物调查指南》(科学出版社,2014年)、《淡水浮游生物调查技术规范》(SC/T 9402—2010)、《渔业生态环境监测规范 第3部分:淡水》(SC/T 9102.3—2007)、《湖泊水生态监测规范》(DB 32/T 3202—2017)等相关规范补充调查。

同时,对于河湖岸线利用情况(岸线是否存在乱占乱建、乱围乱堵)、护岸建设情况(护岸类型、护岸生态性等)以及岸线管理防控现状等进行调查;对于湿地生境保护现状进行调查,包括现状条件下河流湿地(包括永久性河流、洪泛平原湿地)和人工湿地面积(包括库塘、水产养殖场、运河/输水河)及其面积占比;湿地保护体系建设情况,包括重要湿地建设、湿地自然保护区建设、湿地公园建设、水产种质资源保护区建设、饮用水水源保护区建设、湿地重要物种及其生境保护。

此外,对于水土流失严重的区域,补充开展水土流失调查。主要应掌握的指标包括:影响水土流失的自然因素,涵盖气象(如降水、风速风向、温度等)、土壤、地形地貌、植被覆盖等;影响水土流失的人为活动,涵盖土地利用、水土保持措施的类型与数量、生产建设活动扰动情况等;土壤侵蚀状况,涵盖侵蚀类型、面积、分布、强度等。区域水土流失动态监测主要采用遥感监测与野外调查相结合的方法。通过遥感解译与专题信息提取等方式,判定区域水土流失状况。具体参照《区域水土流失动态监测技术规定(试行)》进行诊断。

2.3.1.4　污染源调查

污染物按照排放方式可分为点源污染、非点源污染和内源污染。点源污染包括生活污染(城镇和农村)、工业污染等类型;非点源污染包括农田面源、畜禽养殖、水产养殖和城市径流污染等;内源污染主要指底泥污染。

①生活污染调查包括生活污水调查和生活垃圾调查。对于城镇生活污水而言,理应全部收集处理后达标排放,但由于基础设施建设不足及运行管理不当,污水偷排、漏排问题严重,因此,城镇生活污水调查的主要表现形式为对排水管网、排口及污水处理厂等的调查。对于农村生活污水,应重点调查县、乡镇及各村的人口、用水量、排水量及污水处理与出路问题,如一体化污水处理设施、化粪池等建设使用情况;同时调查区域的居住类型,如房屋是否临水而建、污水收集困难程度等。生活垃圾调查的内容主要包括:生活垃圾收集转运体系中的垃圾房、垃圾桶、村庄垃圾清运车等的数量和覆盖范围,是否能够满足区域垃圾收集处理需要;是否有效开展垃圾分类回收工作;垃圾处理方式及处理量,如焚烧发电、填埋等。

②工业污染调查包括对区域内工业企业类型、工厂企业分布、工业用水排水特征(废水类型、流量及主要污染物质)和废水处理情况等的调查。对于具体的工业企业调查,可参考《工业污染源现场检查技术规范》(HJ 606—2011)开展,主要调查内容包括:环境管理手续、生产设施、污染治理设施、污染源自动监控系统、污染物排放情况、环境应急管理。当区域面积较大,难以进行全面调查时,可开展企业抽样调查。重点抽样调查两类企业,一是用水量较大,且疑似有污水入河的企业,二是以往资料中记载有入河排污口,但第二次污染源普查资料空缺的企业。据此选取一定数量的企业进行调查,调查企业应覆盖项目范围内大部分工

业类型,如纺织业、食品加工业、其他非金属矿物制品制造业、汽车零部件及配件制造业、光电子器件制造业等。筛查排水不规范的企业。工业企业抽样调查内容如表 2-3 所示。

表 2-3 工业企业抽样调查内容

序号	调查类别	调查内容
1	企业概况	企业行业类别、规模
2	污染治理设施	污水处理设施的类型、数量、处理能力和处理工艺,设施的运行维护状态,设施的历史运行记录、运行能力及处理水量,废水的分质管理、处理效果,污泥处理与处置
3	工业废水排放情况	检查复核工业排口位置、监测点设置、排污量(数量、浓度)、排放方式、排污种类、排放标准等是否满足国家或地方污染物排放标准的要求,是否有暗管排污等偷排行为;同时对事故废水应急处置设施、废水的重复利用等进行调查
4	岸线	调查岸线占用及岸线上工业垃圾废料堆积情况
5	污染源自动监控系统	了解污染源自动监控系统组成、运行现状,系统能否及时发现企业排污,以及是否能够迅速开展现场处理工作

③非点源污染调查包括农业面源污染调查和城市面源污染调查。农业面源污染包括农田面源污染、畜禽养殖污染和水产养殖污染等。非点源污染调查内容如表 2-4 所示。

表 2-4 非点源污染调查内容

调查类别	调查内容
农田面源污染	①不同农田类型(坡耕地、旱地、水田等)的面积; ②农业种植结构(水稻、小麦等粮食作物,水果、蔬菜、花卉等); ③农药化肥施用种类、施用量及流失率(有机磷、氨基甲酸酯、菊酯类等不同农药,氮肥、钾肥、磷肥等不同肥料); ④农膜使用量、使用面积、回收率等情况; ⑤河道岸坡种植情况; ⑥沟渠、田埂等农田基础设施建设情况; ⑦农田土壤氮磷监测情况
畜禽养殖污染	①猪、牛、羊、鸡、鸭、鹅等各类畜禽养殖规模; ②粪污处理方式(还田、丢弃、交易或其他); ③是否存在违规饲养现象等
水产养殖污染	①鱼、虾、蟹等各类水产养殖规模; ②养殖水域类型,如池塘、河道养殖、河沟粗放养殖等; ③养殖废水处理方式; ④养殖投入的饲料、药物及环境改良剂等情况; ⑤是否存在违规养殖现象等

调查类别	调查内容
城市面源污染	①降雨强度、降雨量、降雨历时; ②城市土地利用类型,如居民区、工业区、商业区、城市道路等; ③大气污染状况、地表清扫频率及效果

④内源污染调查包括收集统计河道历史清淤情况,监测现状河道底泥淤积深度、污染释放情况等,底泥监测内容及相关要求如表 2-5 所示。具体采样分析内容包括:监测不同断面底泥淤积深度;监测底泥理化性质,包括水体中氮、磷、高锰酸盐指数和重金属等,底泥含水率、pH 值、氮、磷、有机质、容重、孔隙度和重金属等;监测分析底泥柱状样品释放通量,评估底泥内源氨氮、总磷、TOC 和COD 等指标的释放风险及释放强度。底泥监测结果采用《土壤环境质量 农用地土壤污染风险管控标准(试行)》(GB 15618—2018)或地区背景值进行评价。

表 2-5 底泥监测内容及相关要求

采样监测	底泥淤积厚度	表层底泥污染	底泥释放通量
点位设置	在 1 km 以下的河道上设置 1个监测点,在 1~2 km 的河道上设置 2 个监测点,在 2~3 km 的河道上设置 3 个监测点,在 3~4 km 的河道上设置4 个监测点,在 4 km 以上的河道上设置 5 个监测点	取样点和底泥深度测量相结合进行,取样点应均匀布置于整个河道,取样位置于河道断面中心处,在特殊区域(如重要断面、河流入口、水源地、水污染较重的水域)应着重考虑布置取样点	各河段取样点位置可结合底泥理化性质监测点进行取样,取样点着重考虑重点断面或污染较为严重的区域
取样或现场监测要求	监测断面垂直于河道流向,每个断面测量至少 3 个点,测量点均匀分布,近岸区域宜垂直岸边,特殊区域加密监测	河床底部沉积物采集可用抓斗、采泥器或钻探装置。将采集的河道表层底泥样置于密封袋中,立即运回实验室冷冻保存。同时用取水器采集上覆水样,置于 500 mL 专用取样塑料瓶中,运回实验室冷冻储存	淤泥样品均需要做浸出实验(水平震荡法),并测定浸出溶液中污染物指标
监测指标	淤积深度	包括颗粒级配分析、pH 值、总氮、总磷、有机质、含水率、镉、铬、汞、铅、砷、铜、锌、镍等	COD、氨氮和总磷等

2.3.1.5 排水管网与排口调查

调查区域污水排水体制、干支管网建设现状、管网改造现状,以及管网运行等情况。此外,对于污水漏损严重的地区,需进一步开展污水管网测量与检测及"十必接"调查等,以判断管网错接、混接情况。

①污水管网测量:依据提供的管网资料对区域内主干道的污水管网(含雨污合流)展开调查,测量主要检查井参数包括检查井坐标定位、检查井性质(污水、雨污合流、混接)、井盖高程、井内管道管径、材质、管底标高、水流方向、水面深

度、井底深度、淤泥厚度等。对每个检查井分类编号并留存照片,针对管道内的支管,查明管网错接、混接情况。

②污水管网监测:雨污混接调查采用溯源法,从排水管网系统下游开始向上游,按排口(泵站或污水厂)—总管—干管—支管顺序调查雨污混接点。工作环节主要包括混接预判、资料收集与现场踏勘、混接区域筛查、混接点位置探查与判定、混接水量与水质测定等。具体操作中,对已调查的污水管网(含雨污合流)进行封堵、清淤、抽水,采用管道 CCTV 监测、管道内窥镜 QV 调查、声呐扫描等监测手段对管网破损情况、贯通情况进行监测,并查明管内的错接混接情况。

③"十必接"调查:针对"机关、学校、医院、集中居住小区、非化工工业集中区、农贸市场、垃圾中转站、宾馆、饭店、浴室"十个主要区域调查雨污水排口(与主干道雨、污水管网连接点)的相关参数(与污水管网调查井参数相同),标注"十必接"名称,提供调查时的混接口流量数据、水质取样。"十必接"调查的具体内容包括:一是现场调查"十必接"对象名称,分类统计,采用档案室查阅或现场向管理单位搜集的方式,搜集"十必接"对象管网资料。二是根据资料,现场调查管网图上标明的雨水、污水总排口。三是在进行污水管网调查时,通过污水管网支管溯源工作,查明支管是否为"十必接"对象的总排口。四是在河道排口溯源过程中,部分雨污水排口为"十必接"对象的雨污排口,溯源过程中需标注"十必接"对象名称。

④入河排污口调查:对区域内河道排口的位置、数量、排水信息等各类参数进行详细调查,同时对重点排口开展溯源调查工作,为排口整治提供基础,具体内容包括:一是河道排口标定。采用围堰抽水或下水摸排的方式统计河道排口数量,并对排口进行编号,测量排口各参数:坐标定位、管径、管底标高、材质等(现场不便直接确定的,可待溯源或周边管网调查完成后确定),其中对 DN>300 mm 的有水流的管道进行水质监测及流量监测,留存排口现状照片(照片按排水口编号编辑存档)。二是排口溯源。溯源工作宜在连续三天无雨天气后进行,根据标定的河道排口逐个向上溯源。对于污水排口,需溯源至源头或溯源至主干道污水管网,因为主干道污水管网调查属于管网探查的工作;对于雨水排口,通过管内流量监测可初步判别雨水管网内的混接错接情况,若雨水管内无水流流动,说明上游雨水井内无偷排现象,若雨水管内有水流动或河道排口有水流出,说明可能存在混接现象,需溯源至污染源头;对于非雨污排口,查明原因及用途即可。

对于雨污混接的排口排查工作采用溯源调查法,即从排水管网系统下游开始向上游,按排放口、泵站或污水厂—总管—干管—支管的顺序对管道连接情况进行检查与纠正。调查过程中,首先通过观察晴天雨水排口是否有污水排出、污水提升泵站(污水厂)的进水水量是否异常增加或进水水质是否异常降低等现象,预判区域内是否存在雨污混接现象。如存在雨污混接现象,则需要系统性调查、分析区域排水系统资料,筛选可能出现的混接点。其次应进行定点探查与混接水量、水质的测定,为混接改造工程方案研究、设计及实施提供基础资料。

2.3.1.6 污水处理设施调查

对区域内所有的污水处理厂/设施信息进行调查汇总。调查内容包括污水处理厂或污水处理设施的污水收集处理覆盖范围、设计和实际处理规模、处理污水类型、处理工艺、进出水量、进出水标准、尾水排放标准和出路、运行管理方式及效果等基本情况。对调查汇总的污水厂或污水处理设施现状进行评价。了解污水厂或污水处理设施是否满足城市或村镇污水收集处理的需求,分析其可能存在的问题。需要重点调查或可能存在的问题如下。

①污水处理工艺及出水水质。由于各地建设之初对污水处理厂排放标准未做强制性要求,导致建成污水厂处理工艺简单,大多为 SBR、生物接触氧化工艺等,无脱氮除磷设施,尾水排放基本执行二级标准,目前各地正在全力推进提标升级工作,因此,需特别关注具体改造进程及改造后实际出水水质标准。此外,部分生活污水处理厂有大量工业废水排入,导致排放难以达标,需要重点关注。

②污水运行负荷。以往调查发现,乡镇污水厂普遍存在实际进水量低于设计规模的现象,且进水浓度较低。针对污水处理厂/设施负荷率低且短时间内难以大幅度提高的原因进行调查,需关注的原因包括:污水处理厂布局是否合理,是否坐落于人口流失严重的撤并老镇区等;污水收集管网配套是否完善,是否存在重建设轻养护、重主干管网轻支管等问题;已建污水管网是否存在破损、渗漏、堵塞等现象,"十必接"纳管率如何;部分污水处理厂是否规划预留一定规模空间;各镇区社会经济发展的整体水平不一致,加上老镇区项目实施需要协调解决的矛盾问题多,管网建设改造难度大、周期长,能否尽快解决运行负荷低等问题。

③污水厂/污水设施运营管理。当前污水厂多采用 BOT 运营、第三方运营等模式,但各污水厂在生产运行管理、台账管理、能耗及成本、水质及检验、安全管理等方面普遍存在不少问题。需关注的问题包括:污水厂运营管理机构是否按规范要求和实际情况配备技术和管理人员,配备人员的专业技能是否达标;厂内各项运行记录、管理台账记录是否齐全,如污水台账的工艺参数、污泥台账的污泥含水率等,是否有设备维修记录及维修计划,以及化验台账等;厂内是否有能耗记录及分析,以及处理成本一览表;污水厂是否配置化验室,是否有水质监测及工艺运行参数监测设备,化验或在线监测废液储存和处理

是否规范；是否有安全管理制度和安全检查台账，有毒有害场所安全防护和危险品储存管理是否规范；厂区内是否有污泥堆场，污泥堆场建设是否规范，是否会引发二次污染。

2.3.2 水问题诊断

根据区域现状精细化调查结果，分析诊断区域面临的水灾害、水资源、水环境和水生态问题，明确问题之间的逻辑关系，为精准施策、系统治理找准方向，提升水问题治理效果和效率。区域水问题诊断通常可采用基于监测数据的统计分析、指标评价、大数据分析等数理统计和机器学习方法，基于水文模型、水动力模型、水质模型、水生态模型等数值模型模拟法等。洪涝分析常采用模型模拟法，水资源分析采用数理统计法，水环境分析可采用输出系数法和模型模拟法，水生态分析常采用多指标评价法。本节针对常见的区域水问题给出常用的基本诊断方法。

2.3.2.1 水动力数值模拟法

防洪排涝标准满足程度是衡量区域水安全保障的重要标尺。通常情况下，根据区域规划防洪排涝标准，利用水动力数值模型，将设计暴雨作为驱动条件，模拟区域河网在设计暴雨条件下的河道水位流量过程，在暴雨过程中最高水位不超过保证水位和设计流量情况下，即可证明区域防洪排涝能力能够满足规划要求。

Infoworks ICM(Integrated Catchment Management)是由英国 Wallingford 软件公司开发的城市综合流域排水软件，是世界上最先将城市排水管网、河道一维模型和流域二维洪涝淹没模型结合在一起的独立模拟引擎的软件（黄国如等，2019；王思如 等，2022）。根据设计暴雨利用 ICM 数学模型模拟在现状的工程布局及调度条件下，区域的排涝情况及可能会出现的水灾害情况。根据模型模拟结果，提出河道拓宽、水系连通、闸泵布设、优化调度等对策建议，并转化为数值模拟情景，采用控制变量法逐一尝试不同工程措施及其组合工况的防洪排涝效果。以下简述基于 Infoworks ICM 模拟平台的一维水动力模型建模过程。

ICM 一维计算引擎采用有限差分法求解一维河网水动力模型，采用 Preissman 四点隐格式对圣维南方程组进行离散化求解。一维水动力数学模型构建包括计算区域的确定、计算模型的创建、模型参数的初选、边界条件的确定与模型率定验证。

①计算区域确定。利用 ArcMAP 软件，对 DEM 数据（如 ASTER GDEM

V2 30 m 精度)及河网水系数据进行处理分析,提取汇水区域。在平坦地区直接使用 DEM 提取汇水区域会与现实情况有较大差异,需结合道路、构筑物、坑塘和沟渠等要素,综合提取出可靠的汇水区域。具体步骤为:利用 DEM 数据初步提取出汇水区域;分析区域内及周边河网水系,河道较宽且排水较好的河道可以作为区域边界;同时,需要考虑道路的影响,因为平原河网地区道路高程常高于周边地势,对自然径流起到一定导流作用,可改变自然汇水区的面积和边界形状,相当于自然流域的分水岭;此外,河道流向也是汇水区域划分的重要影响因素,对于常年流入区域的河道,需要重点考虑其汇水状况,而对于下游河道,则可以排除在区域之外。

②计算模型创建。一是河道断面创建。断面是一维模型计算的基本单元,区域断面的创建有 3 种类型。实测断面:对于实测数据的断面,首先将断面数据整理成 Infoworks ICM 需要的格式,然后通过 ICM 软件中"数据导入中心"工具,将整理完成的河道 ID 及河道断面数据批量导入模型中。导入断面数据后,需对断面数据进行检查和修正,确保数据的准确性。概化断面:对于区域内断面比较规整,如以梯形断面为主的沟道,此类断面可根据开挖设计时的设计资料进行概化处理,在模型中通过新建线的方式根据断面设计资料进行批量处理,断面概化后需进行断面检查和修正,确保断面资料的准确性。内插断面:不同于实测断面和概化断面,它是后期一维河段构建好后,河段连接形成河网时自动线性内插生成的。此类河段需要通过 break 点对其打断处理后进行连接,在河道打断处,软件根据前后断面的数据内插出新的断面,并以前后断面的 ID 连接起来命名此内插断面。二是河段的创建与连接。在实测河道断面导入模型以及概化断面概化完成并检查修正后,需要创建河段。创建河段需依照水系底图以及影像图,画出穿越河道断面的河道中心线,然后选中河道中心线创建河段,软件会将河道中心线以及与其相交的河道断面用于创建河段。河段创建完成后,软件会依据水系底图和影像图把所有的河段连接成一个完整的河网。三是水工建筑物的添加。河网模型构建完成后,需对其添加水工构筑物。本次模型构建中所需概化的水工建筑物主要包括闸门和泵站,在模型中所有水工构筑物以"连接"的形式,设置于河段之间。对于水工建筑物,在创建对象之后,均需要输入建筑物对应的几何尺寸信息。例如,创建闸门需要选择闸门类型,然后输入闸底高程以及闸门宽度;创建泵站需要选择泵的类型,然后输入泵的启闭水位以及最大泵排流量。

③模型参数。根据《水力学手册》、《河道整治设计规范》(GB 50707—2011)等相关资料中有关人工渠道及天然河道的经验值,给不同河道的糙率赋初始值。

总体原则为高级别河道糙率小于低级别河道、断面较宽河道糙率小于断面较窄的河道,如表 2-6 所示。径流系数的取值一般综合考虑各方面的因素,若只参考《室外排水设计标准》(GB 50014—2021),则取值偏小,且未全面考虑降雨情况及区域的实际情况。因此,径流系数取值可通过模拟设计暴雨的产水量,从工程规划的经验考虑,一般会考虑偏不利因素。

表 2-6　河道糙率

河槽类别	序号	河槽情况	n 值
平原小河槽	1	无杂草,直段高水位,无裂缝和深潭	0.027~0.033
	2	同上,但多卵石和杂草	0.03~0.04
	3	无杂草,但河槽蜿蜒,有若干深潭和浅滩	0.033~0.045
	4	同上,但有若干卵石和杂草	0.035~0.05
	5	同上,但枯水期低坡和过水断面较不一致	0.04~0.055
	6	卵石特别多	0.045~0.06
	7	水流缓慢,有若干卵石和杂草	0.05~0.08
山区河槽	8	河床无植物,两岸陡峭,高水期沿岸树木丛林均被淹没,河底为砾石、卵石	0.03~0.05
	9	水流缓慢,加有大弧石的飘石	0.04~0.07
大河槽	10	水流缓慢,无漂石及灌水,断面整齐	0.025~0.06
	11	水流缓慢,不规则粗糙断面	0.035~0.10

④边界条件确定。边界包括水位边界及流量边界。

⑤模型率定验证。水动力模型率定验证的重点在于糙率和径流系数,根据给定的不同级别河道糙率和径流系数的合理取值范围,分区域、分河道率定河道糙率和径流系数参数。采用当地实测降雨、水位变化过程对模型进行率定,最终确定参数的取值。

2.3.2.2　水资源供需测算法

通过测算区域的需水量和可供水量,分析不同来水条件下现状水资源供需关系,并结合精细化调研成果,辩证分析水资源供需分析结果的可靠性,为后续提出节水、引调水工程等水资源保障措施提供支撑。在区域不同来水条件下,测算基准年河道外生活、生产、生态需水量;兼顾已有规划中关于中水回用和雨水集蓄等"开源"措施,测算不同来水条件下规划年的可供水量。按照"节水优先"思路,基于区域用水现状,考虑未来生活、农业、工业节水目标,测算区域的节水潜力。若在落实节水措施、发挥节水潜力的"节流"条件下,区域水资源使用仍难以保障,则进一步考虑外调水,直至区域水资源达到供需平衡。具体计算内容及过程如下。

（1）需水量测算

①生活需水是指城镇生活与农村生活所需的水量。通过典型调查,按人均需水标准进行估算。居民生活需水量 $W_\text{居} = \sum n_i m_i$,其中,$n_i$ 为需水人数,m_i 为人均生活需水标准。居民生活需水标准与各地水源条件、用水设备、生活习惯有关。

②生产需水是指有经济产出的各类生产活动所需的水量,包括第一产业的种植业和林牧渔业,第二产业的高用水工业、一般工业、火(核)电工业和建筑业,以及第三产业的商饮业、其他服务业等。第一产业需水包括农田灌溉和林牧渔畜需水。其中农田灌溉需水按灌区进行分析,各灌区用水累计即全区域农业用水量,可直接选用灌区内各种作物的灌溉定额进行估算,其公式为

$$W_i = \frac{1}{10^4} w_i \sum_{i=1}^{n} m_i$$
$$W = \sum W_i \qquad\qquad (2\text{-}1)$$
$$W' = W/\eta$$

式中:W_i 为某作物净灌溉水量,万 m^3;w_i 为某作物灌溉面积,亩;m_i 为某作物某次灌溉定额,$\text{m}^3/$亩;n 为某作物灌溉次数;W 为全灌区所有作物净灌水量,万 m^3;η 为农田灌溉水有效利用系数;W' 为全灌区总毛灌溉用水量,万 m^3。

第二产业需水即工业需水预测可采用万元产值增加值耗水量综合指标计算,并且包括建筑业需水部分。根据统计年鉴和水资源公报分别获得工业增加值和工业用水量,从而计算万元工业增加值用水量。第三产业需水参照第二产业需水计算方法,采用万元增加值用水量法进行计算,包括商饮业和服务业。

③生态需水包括城镇绿地需水、环境卫生需水和河湖生态需水。其中,城镇绿地和环境卫生需水采用定额法计算;河湖生态需水参考《河湖生态环境需水计算规范》(SL/T 712—2021)计算,考虑蒸发渗漏等损失量和维持多种生态功能需水量。采用如下公式计算:河道内生态需水量＝蒸散发需水量＋渗漏需水量＋Max{维持水生生态系统稳定所需水量、输沙需水量、自净需水量、景观航运需水量}。

（2）可供水量测算

可供水量包括当地地表水、浅层地下水、外调水及其他水源可供水量。可供水量的计算主要采用典型年法,当地地表水可供水量提出不同水平年 $P=50\%$、$P=80\%$、$P=95\%$ 保证率的可供水量。可供水量计算应充分考虑资源性、管理性、工程性可利用水量及需水量对可供水量的约束。

①当地地表水可供水量分为河道内蓄水工程可供水量和引提工程可供水量。其中,河道内蓄水工程可供水量应扣除河道生态基流后的蓄水量,作为可供水量计算的基数,采用复蓄系数法进行估算;引提水工程根据取水口的可引提流量、引提水工程的能力以及用户需水要求计算可供水量,计算公式为

$$W_{可供} = \sum_{i=1}^{t} \min(Q_i, H_i, X_i) \tag{2-2}$$

式中:Q_i、H_i、X_i 分别为 i 时段取水口的可引提流量、工程的引提能力及用户需水量,m^3;t 为计算时段数。

②地下水可供水量主要是指矿化度不大于 2 g/L 的浅层地下水量。地下水可供水量与当地地下水资源可开采量、机井提水能力、开采范围和用户的需水量等有关。计算公式为

$$W_{可供} = \sum_{i=1}^{t} \min(Q_i, H_i, X_i) \tag{2-3}$$

式中:Q_i、H_i、X_i 分别为 i 时段机井提水能力、当地地下水资源可开采量及用户需水量,m^3;t 为计算时段数。

③外调水可供水量即区域可从外部引调的水量,计算公式为

$$W_{可供} = \sum_{i=1}^{t} \min(Q_i, H_i, X_i) \tag{2-4}$$

式中:Q_i、H_i、X_i 分别为 i 时段取水口的可调水流量、工程的调水能力及用户需水量,m^3;t 为计算时段数。

④其他水源可供水量包括中水回用量和雨水集蓄工程可供水量等。在供水预测中,城市污水经集中处理后,在满足一定水质要求的情况下,可用于工业冷却用水、生态环境补水和市政用水(城市绿化、道路清洗等)。雨水集蓄利用主要指收集储存屋顶、场院、道路等场所的降雨或径流的微型蓄水工程,包括水窖、水池、水柜、水塘等。通过调查、分析现有集雨工程的供水量。此部分水量可依据各地的城市节约用水规划和中水利用规划进行测算。

(3)节水潜力测算

节水把供水、用水、耗水和排水等过程密切联系起来,是水资源供需分析中优先考虑的重要环节。计算节水潜力主要考虑以下三个方面:城镇节水主要依靠供水管网改造、更换节水器具以提高水资源利用效率;农业节水主要通过农业结构调整及渠道防渗、低压管灌、喷灌、滴灌等高效灌溉措施,提高农田灌溉水有

效利用系数、降低农田灌溉定额;工业节水主要通过推广节水工艺技术,发展循环用水,提高水的重复利用率,减少新水取用量。

①城镇节水潜力。城镇节水措施主要包括大力普及节水器具、降低自来水管网漏损率、提高水价、加强节水宣传、增强居民节水意识、实行计划用水定额管理、在有条件的新建住宅小区推广中水利用及雨水集蓄利用等。通过降低供水管网漏损率实现城镇节水,反映城镇供水过程。以维持现状水平年用水量不变为基础,结合规划水平年供水管网漏损率的改变,估算存量节水量。城镇节水潜力的计算公式为

$$W = W_0 \times (L_0 - L_1) \tag{2-5}$$

式中:W 为城镇节水潜力,万 m^3;W_0 为现状水平年城镇生活用水量,万 m^3;L_0、L_1 分别为现状和未来供水管网漏损率,%。

②农业节水潜力。农业节水措施主要是农业灌溉节水,大力推广节水措施,加强节水工程建设,开展节水技术研究;加强干、支渠防渗处理,提高农田灌溉水有效利用系数;调整种植结构、改进灌溉制度等。考虑综合净灌溉定额降低与农田灌溉水有效利用系数提高,计算对应现状年实灌面积灌溉用水减少的损失量,即种植结构调整后对应的农业节水潜力。农业节水潜力的计算公式为

$$W = A_0 \times \left(\frac{I_0}{\mu_0} - \frac{I_1}{\mu_1} \right) \tag{2-6}$$

式中:W 为农业节水潜力,万 m^3;A_0 为现状水平年有效灌溉面积,万亩;I_0、I_1 为现状和未来农田灌溉净定额,m^3/亩;μ_0、μ_1 为现状、未来农田灌溉水有效利用系数。

③工业节水潜力。挖掘工业节水潜力重在调整产业结构,以建立节水型工业为目标,提升工业整体水资源利用效率,加强高耗水行业的定额用水管理,推广节水工艺、技术、设备,提高用水效率,提高水的重复利用率,实现节水减排。万元工业增加值用水量反映了工业用水的综合效率,是衡量工业节水水平的重要指标。在工业增加值持续增长的情况下,区域的现有工业节水潜力受产业结构战略调整、节水技术改造、控制用水量增长、工业用水重复利用率提高等多方面综合影响,万元工业增加值用水量指标计算的节水潜力能够反映未来工业节水潜力的发展趋势。工业节水潜力计算公式为

$$W = Z_0 \times (Q_0 - Q_1) \tag{2-7}$$

式中:W 为工业节水潜力,万 m^3;Z_0 为现状水平年工业增加值,万元;Q_0、Q_1 为

现状和未来万元工业增加值用水量，m³。

2.3.2.3 水污染输出系数法

污染负荷测算可采用输出系数法和模型模拟法两种途径（Hou et al.，2017；Liu et al.，2015）。模型模拟法是水污染诊断的一个关键技术难点，将在本书第四章中着重阐述。因此，本节重点讲述被广泛采用的输出系数法。输出系数法简单方便，不依赖于大量的观测数据率定模型参数，因此在观测数据有限的条件下被广泛使用（Ding et al.，2010；Ma et al.，2011；Wu et al.，2016）。通过测算区域内生活、工业点源、农业面源及内源污染情况，明晰区域水环境污染物是否超标、超标程度及主要超标因子、超标时段等。根据水系与地形特征划分水系分区，核算各分区河道水环境容量。依据河道污染负荷、水环境容量与水质提升目标，以便提出污染削减目标及其分解方案。

（1）生活污染负荷测算

生活污染产生量的计算采用单位污染负荷法，即计算污染产生量与人口数的正比关系。收集统计各计算单元的城镇和农村人口数量，并依据城镇和农村生活污染产生系数，求出各计算单元的城镇及农村生活污水产生量、污染物产生与去除量和污染物排放入河量。具体产排污参数及计算公式可参照《排放源统计调查产排污核算方法和系数手册》（2021年）及附表《生活源产排污核算系数手册》确定，包括五大分区城镇综合生活污水的产生系数、人均综合生活用水量、折污系数、化学需氧量、氨氮、总氮、总磷产生系数，以及各省农村居民生活污水及污染物的产生系数和污染物去除率等。

①污水量测算主要包括：一是城镇生活污水产生量根据城镇生活用水量和折污系数计算。其中，人均综合生活用水量指城镇常住人口平均每人每天的生活用水量，包括日常家庭用水量和公共服务用水量（餐饮业、旅游业、其他服务业、学校和机关办公楼等用水，但不包括城市浇洒道路、绿地等市政用水）。二是城镇生活污水排放量。如果辖区内的城镇污水处理厂无再生水利用量，则城镇生活污水产生量即为排放量；如果辖区内的城镇污水处理厂配备再生水回用系统，有再生水利用量，则相应扣减。三是农村生活污水排放量根据农村常住人口和人均污水排放系数计算。

②污染物量测算主要包括：一是城镇生活污水污染物产生量按照生活污水排放量和产污系数计算，产污系数为生活污水平均浓度。二是城镇生活污水污染物去除量为各污水处理厂生活污水污染物去除量之和。三是农村生活污水污染物产生量按照农村常住人口与人均产污强度计算。

③污水及污染物排放量测算的计算方式为污染物的产生量扣减经污水处理

设施处理生活污水去除的量,需要注意以下两点:一是城镇污染物排放量不得低于本核算单元污水处理厂生活污水排污量,如低于该值,则取该值为本核算单元污染物排放量。二是在农村有条件的地区,使用监测数据校验产污强度、污染物综合去除率等系数。

(2)工业污染负荷测算

在核算现有污染物实际排放量时,优先采用实测数据,其次采用类比法和系数法。排污系数参考有关规范、行业统计数据或污染源普查数据。重点排污行业污染物的排放量计算公式为

$$\alpha_i = \frac{\sum W_{1X}}{\sum W_{1P}}$$

$$\sum W_{2X} = \sum W_{2P} \times \alpha_i$$

(2-8)

式中:α_i 为 i 行业污染物排放系数;W_{1X} 为 i 行业国控重点污染源污染物排放量,t/a,或国家统计局环境统计中 i 行业工业污染物排放量,万 t/a;W_{1P} 为 i 行业国控重点污染源废水排放量,t/a,或国家统计局环境统计中 i 行业工业废水排放量,万 t/a;W_{2X} 为 i 行业研究区域工业污染物排放量,t/a;W_{2P} 为 i 行业研究区域工业废水排放量,t/a。

(3)农田面源污染负荷测算

农田面源污染负荷测算(Johnes,1996;王少丽 等,2007;Wu et al.,2015)主要包括:一是种植业水污染物(氨氮、总氮、总磷)排放(流失)量采用产排污系数法核算,等于农作物总播种面积、园地面积分别乘相应污染物排放系数和当年度种植业含氮化肥或含磷化肥单位面积使用量(计算总氮和氨氮时用含氮化肥用量、计算总磷时用含磷化肥用量)得到。含氮化肥用量指氮肥和含氮复合肥的折纯用量;含磷化肥用量指磷肥和含磷复合肥的折纯用量。二是种植业氨的排放量核算,等于农作物总播种面积、园地面积分别乘相应的氨排放系数和当年度种植业含氮化肥单位面积使用量。具体计算系数参照《排放源统计调查产排污核算方法和系数手册》(2021 年)及附表《农业源产排污核算系数手册》确定。

(4)畜禽养殖污染负荷测算

畜禽养殖污染负荷测算(刘亚琼 等,2011;马奇涛 等,2011;郑建 等,2013;傅春 等,2012)参照《排放源统计调查产排污核算方法和系数手册》(2021 年)及附表《农业源产排污核算系数手册》、《畜禽养殖业污染物排放标准》(GB 18596—2001),核算畜禽养殖污染物产生量和排放量,主要包括:一是畜禽养殖

业水污染物产生量通过产生系数法测算,某种动物的存/出栏量与对应的水污染物产生系数相乘,得到某种动物的水污染物产生量,将该县(区、市、旗)所有种类动物的水污染物产生量加和,测算全县(区、市、旗)畜禽养殖的水污染物产生量。二是畜禽养殖水污染物排放量通过排放系数法测算,该县(区、市、旗)某种粪污处理工艺条件下的养殖量与某种粪污处理工艺下的排放系数相乘,测算全县(区、市、旗)畜禽养殖的水污染物排放量。三是畜禽养殖氨气排放量通过排放系数法测算,以该县(区、市、旗)某种畜禽的养殖量与相应的氨气排放系数相乘,将各种畜禽氨气排放量加和,测算全县(区、市、旗)畜禽养殖的氨气排放量。

(5)水产养殖污染负荷计算

水产养殖业的污染负荷计算(张大弟 等,1997;熊汉锋 等,2008)采取输出系数法,计算各个乡镇水产养殖的污染入河量,计算公式为

$$W_{水产i} = M_{水产i} \cdot C_{水产i}$$
$$W_{水产p} = 1\ 000 \sum W_{水产i} \qquad (2-9)$$
$$W_{水产r} = W_{水产p} \cdot \alpha_s$$

式中:$W_{水产i}$ 为第 i 个乡镇水产养殖业某类养殖产品污染负荷,kg/a;$M_{水产i}$ 为第 i 个乡镇水产养殖业某类养殖产品增产量,kg/a;$C_{水产i}$ 为第 i 个乡镇水产养殖业某类养殖产品排污系数,g/kg;$W_{水产p}$ 为第 i 个乡镇水产养殖业污染总负荷,kg/a;$W_{水产r}$ 为第 i 个乡镇水产养殖业污染入河量,kg/a;α_s 为水产养殖污染物入河系数。根据《第一次全国污染源普查水产养殖业污染源产排污系数手册》,可得到各养殖种类污染物排污系数。

(6)初期雨水污染负荷计算

该计算采用美国国家环境保护局开发的降雨径流年平均污染负荷量估算模型,该模型是经过多年监测数据统计得到的经验公式。产生初期雨水污染负荷量的土地利用类型包括生活区、商业区、工业区以及其他硬质地面区域,具体可以以区域内的城镇村及工矿用地作为产生初期雨水径流污染的区域,以各乡镇为基本单元,首先统计出各乡镇的城镇村及工矿用地面积,然后根据下式计算单位面积上的年污染负荷量,可计算得到各乡镇的初期雨水地表径流污染负荷量。各乡镇单位面积上的年污染负荷量计算公式为

$$W = aFrP \qquad (2-10)$$

式中:W 为单位面积年污染物负荷量,kg/(km² · a);a 为污染物负荷因子,kg/(cm · km²),取值通过查表获得;F 为人口密度因子(无量纲);r 为扫街频率

参数;P 为年降水量,cm/a。污染物负荷因子 a 取值根据前人研究成果,结合区域实地初期雨水取样检测结果进行修正,得到适用于区域城镇村及工矿用地的污染物 COD、氨氮、总氮、总磷负荷因子参数 a 值。人口密度因子 F 根据区域城镇村及工矿用地实际人口数及面积计算,计算公式为

$$F = 0.142 + 0.111 D_p^{0.54} \tag{2-11}$$

式中:D_p 为人口密度,人/km^2。扫街频率参数 r 计算公式为

$$r = \min(N_s/20, 1) \tag{2-12}$$

式中:N_s 为扫街的时间间隔,h。根据区域降雨总量确定 P 值。区域全域初期雨水产生的地表径流污染负荷量计算公式为

$$W_s = \sum W \cdot A_i \tag{2-13}$$

式中:W_s 为区域初期雨水年污染负荷量,kg/a;A_i 为第 i 个乡镇的城镇区面积,km^2。

（7）内源污染负荷测算

通过底泥柱状样品释放实验和通量计算,评估底泥内源释放风险及释放强度,对内源污染负荷进行估算。底泥污染物释放通量柱状样检测指标为 NH$_3$—N、TP 和 COD。实验室检测过程中用虹吸法沿采样管侧壁无扰动缓慢加入原河道水样至距离沉积物表面 20 cm 处,标注刻度。所有柱样竖直放置并在 25℃下恒温水浴培养,分别在 0 h、12 h、24 h、36 h、48 h、60 h 和 72 h 取样,每次在水柱中部取样 50 mL,取样后加原上覆水至标注刻度。沉积物中 NH$_3$—N、TP 和 COD 的释放通量计算公式为

$$r = \left[V(C_n - C_0) + \sum_{n-1}^{n} V_{j-1}(C_{j-1} - C_a) \right] / (A \cdot t) \tag{2-14}$$

式中:r 为释放通量,mg/(m^2·d);V 为上覆水体积,L;C_n、C_0 和 C_{j-1} 分别为第 n 次、初始和第 $j-1$ 次采样时某物质的质量浓度,mg/L;C_a 为水样中所添加物质的质量浓度,mg/L;V_{j-1} 为第 $j-1$ 次采样体积,L;A 为水-沉积物界面面积,m^2;t 为释放时间,d。根据检测结果详细分析氨氮、总磷、COD 等的释放通量。污染负荷估算过程:借鉴河网底泥释放规律及其与模型耦合应用研究中,区域主要河道静态底泥释放速率。现场选取一定点位进行底泥释放试验,其余点位释放速率就近选择。内源污染释放量计算公式为

$$W_i = 365 \times 10^{-6} \times v_i \times S \tag{2-15}$$

式中：W_i 为 i 物质年释放量，kg/a；v_i 为 i 物质释放速率，$mg/(m^2 \cdot d)$；S 为河道底泥淤积面积，m^2。

2.3.2.4 水环境容量测算法

水环境容量的确定是实施水污染物总量控制的依据，通过计算研究区域的水环境容量和流域污染负荷现状，可明确研究区域的污染承受能力和超标污染物的削减目标，用以指导水环境治理规划实施。水环境容量，也称纳污容量，是指在设计水文条件下，满足计算水域的水质目标要求时，该水域所能容纳的某种污染物的最大数量。

水环境容量计算可参照《水域纳污能力计算规程》（GB/T 25173—2010）进行测算。计算方法分为两类：一是数学模型计算法。即根据水域特性、水质状况、设计水文条件和水功能区水质目标值，应用数学模型计算水域纳污能力的方法，可选择的计算模型包括零维模型、一维模型、二维模型，如表 2-7 所示。二是污染负荷计算法。即根据影响水功能区水质的陆域范围内入河排污口、污染源和社会经济状况，计算污染物入河量，确定水域纳污能力的方法；污染负荷计算法可进一步分为实测法、调查统计法和估算法。具体各计算方法的适用情形及基本程序如表 2-8 所示。

表 2-7 模型类型及其适用范围

模型类型	适用范围	备注
零维模型	适合于污染物在河段内均匀混合的小型河段，主要用于河网地区。同时，根据污染物在水体中的分布情况，应划分不同浓度的均匀混合段，分段计算水域纳污能力。零维模型是一种理想状态，把所研究的水体如一条河或一个水库看成一个完整的体系，当污染物进入这个体系后，立即完全均匀地分散到这个体系中，对于持久性污染物，污染物的浓度不会随时间的变化而变化；对于非持久性污染物（如酚），则需考虑污染物的衰减	计算公式及相关系数参见《水域纳污能力计算规程》（GB/T 25173—2010）
一维模型	适用于污染物在河段横断面上均匀混合的中小型河段（河道流量 $Q<150\ m^3/s$），或根据水质管理的精确度要求，允许不考虑混合过程而假设在排污口断面瞬时完成充分混合	
二维模型	适用于污染物在河段横断面上非均匀混合的大型河段（河道流量 $Q\geqslant150\ m^3/s$）。对于污水进入水体后，不能在短距离内达到全断面浓度混合均匀的河流，或者污染带很难越过中泓线的河流，均应采用二维模型。实际应用中，大型河流或水面平均宽度超过 200 m 的河流应采用二维模型	

表 2-8 水域纳污能力计算方法的适用情形及基本程序*

计算方法		适用情形	水域纳污能力计算基本程序
数学模型计算法	—	开发利用区	收集、分析、整理水功能区基本资料→分析水域污染特性、入河排污口状况,确定计算水域纳污能力的污染物种类→确定设计水文条件→根据水域扩散特性,选择计算模型→确定水质目标浓度及初始浓度→确定模型参数→计算水域纳污能力→合理性分析和检验
污染负荷计算法	实测法	保护区、保留区、缓冲区	确定污染物→根据入河排污口的排放方式,拟定入河排污口监测方案→实测排污口入河废污水量及污染物浓度→计算污染物入河量,确定水域纳污能力→合理性分析和检验
	调查统计法		确定污染物→调查统计污染源及其排放量→分析确定污染物入河系数→计算污染物入河量,确定水域纳污能力→合理性分析和检验
	估算法		确定污染物→调查影响水功能区水质的陆域范围内人口、工业产值、第三产业年产值等→调查分析单位人均、万元工业产值等污染物排放系数→估算污染物排放量→分析确定污染物入河系数→计算污染物入河量,确定水域纳污能力→合理性分析和检验

* 内容来源:《水域纳污能力计算规程》(GB/T 25173—2010)

2.3.2.5 水生态评估法

水生态要素包括河湖地貌形态、水文情势、水体物理化学特征和生物组成,各生态要素交互作用,形成了完整的结构并具备一定的生态功能。这些生态要素各具特征,对整个水生态系统产生重要影响,任何生态要素的退化都会影响整个生态系统的健康。这就意味着水生态修复应该是河湖生态系统的整体修复,修复任务应该是包括水文、水质、地貌和生物在内的全面改善。但整体修复不等于面面俱到地修复全部生态要素,而应通过对水生态系统的全面评估和健康诊断,识别水生态系统的主要问题,进而在重点生态要素上采取修复措施。

参考《河湖健康评估技术导则》(SL/T 793—2020)、《水生态监测技术指南 河流水生生物监测与评价(试行)》(HJ 1295—2023)和《水生态监测技术指南 湖泊和水库水生生物监测与评价(试行)》(HJ 1296—2023)等标准规范,对区域河湖库水生态状况进行评估。

（1）水文完整性评估

水文完整性评估主要包括：一是水资源开发利用率：计算地表水供水量占区域地表水资源量的百分比，对于南方城市，最好应低于30％，不能高于40％；对于北方城市，最好应低于50％，不高于67％（贾绍凤、柳文华，2021）。二是生态流量满足程度：目前国内外生态流量计算方法较多，大致可分为水文学法、水力学法、生境法、整体法等。在计算生态水量时，应根据区域类型，结合河流河段不同生态特征和保护目标，选取几种适宜方法进行计算，并进行合理性分析，如表2-9所示。生态流量满足状况可根据满足时长的比例（日保证率或月保证率S）、最枯时段流量与生态流量的百分比（a）的取值，分"满足""基本满足""不满足"三种类别，如表2-10所示。具有多目标要求的控制断面，以最差类别作为该控制断面的综合评价类别。

（2）物理结构完整性评估

物理结构完整性评估主要包括：一是河道连通状况：根据单位河长内影响河流连通性的建筑物或设施数量进行评估，有过鱼设施的不在统计范围之内。河流纵向连通性指数应小于0.25个/100 km。二是天然湿地保留率：评估对象为国家、地方湿地名录及保护区名录内与评估河流有直接水力连通关系的湿地，其水力联系包括地表水和地下水的联系，计算湿地面积与历史（1980s）以前的湿地面积比例的公式为：天然湿地保留率 $= \sum\limits_{i=1}^{n}$ 基准年天然湿地面积$\bigg/ \sum\limits_{i=1}^{n}$ 历史（1980s）以前的湿地面积 。三是河岸带植被覆盖度：评估河岸带植被（包括自然和人工）垂直投影面积占河岸带面积比例。其中，0表示无植被、0～20％表示植被稀疏、20％～50％表示中度覆盖、50％～80％表示高度覆盖、＞80％表示重度覆盖。重点评估河岸带陆向范围乔木（6 m以上）、灌木（6 m以下）和草本植物的覆盖状况。四是河岸带人工干扰程度：分析河湖库岸带、水边线以内及其邻近陆域是否存在以下15种典型人类活动，并评估其干扰程度。具体为河岸硬质性砌护、采砂、沿岸建筑物（房屋）、公路（铁路）、垃圾填埋场或垃圾堆放、河滨公园、管道、农业耕种、畜牧养殖、打井、挖窖、葬坟、晒粮/存放物料、开采地下资源、考古发掘。

表 2-9 生态流量计算方法

分类	常见方法	适用范围	计算原理	所需资料	优缺点
生态基流计算方法	Tennant 法	有长系列水文观测资料	以多年平均流量的百分比作为生态流量的推荐值	多年平均天然径流量	非现场测定型的标准设定法。河流流量推荐值是以预先确定的年平均流量的百分数为基础。计算简单，应用普及，但未考虑季节变化
	7Q10 法	适应于开发利用程度较高的河流	90%保证率下最枯连续 7 d 的平均水量作为生态流量	长系列逐日天然流量	计算简单，主要为防止河流水质污染而设定，流量结果偏小
	Q90 方法	所有河流	改进的 7Q10 法，将 90%保证率下最枯月平均流量作为汛期河流，对于非季节性冰封期河流，需去除无水月份	长系列月平均天然径流资料	计算简便，普适性强
	近十年最枯月平均流量法	缺资料地区，非季节河流	改进的 7Q10 法，将近十年最枯月平均流量作为生态流量，对于冰封期河流，需去除无水月份	近十年逐月径流资料	计算简单，但结果偏小
敏感期生态流量计算方法	湿周法	宽浅矩形或抛物线型河道	建立湿周与流量关系曲线，通过曲线斜率或曲线拐点确定生态流量	流量、水面宽及河道横断面信息	考虑了生物生境的需求，缺点是用一个河道断面参数代表整条河流，容易产生误差
	生态水力半径法	针对鱼类栖息地；较规则河道，流态均匀明渠河流	结合生物需求确定生态流速，通过曼宁公式计算生态流速对应的生态水力半径，确定最小生态流量	流量、过水面积、湿周数据及断面信息	具有较强的生态学意义，但应用范围较窄
	R2-Cross 法	针对鱼类栖息地	通过计算一定流量下的平均流速、水力半径或者最大深度等指标，绘制栖息地-流量曲线，再通过这条曲线由栖息地保持标准或者转折点确定生态流量	流量、过水面积、湿周数据及断面信息	评价多个水力学指标，方法适应性更强
	流量递增法 IFM	重点鱼类栖息地所在河段	将水文实测数据与生物学信号结合，确定目标物种所需生态流量与适宜栖息地面积之间的关系	水文及河道断面数据，生物地面数据资料	将水文信息及生物需求相结合，具有较强生态意义，缺点是针对特定物种的保护，未考虑整个河道系统

表 2-10　生态流量满足情况评估标准

生态水量目标	满足	基本满足	不满足
生态流量（水位）	$S=100\%$	$S\geqslant80\%$且$a\geqslant50\%$	$S\geqslant80\%$且$a<50\%$，或$S<80\%$
生态需水量	$S=100\%$	$S\geqslant80\%$且$a\geqslant50\%$	$S\geqslant80\%$且$a<50\%$，或$S<80\%$
敏感生态需水	$S=100\%$	$S\geqslant80\%$且$a\geqslant50\%$	$S\geqslant80\%$且$a<50\%$，或$S<80\%$

（3）生物完整性评估

参照《水生态监测技术指南 河流水生生物监测与评价（试行）》（HJ 1295—2023）和《水生态监测技术指南 湖泊和水库水生生物监测与评价（试行）》（HJ 1296—2023）标准规定的要求对着生藻类、底栖动物、鱼类等进行评价分析，如表2-11所示。

表 2-11　常用水生生物评价方法适用性[*]

评价方法	适用性	生物类群
生物完整性指数（IBI）	利用水生生物定性、定量监测数据，从生物完整性角度开展评价	着生藻类、底栖动物、鱼类
生物监测工作组记分（BMWP）	利用底栖动物的定性监测数据，依据不同底栖动物类群对污染物的耐受性或敏感性差异开展评价	底栖动物
生物指数（BI）	利用底栖动物的定量监测数据和各分类单元耐污值数据，依据不同底栖动物类群对污染物的耐受性或敏感性差异开展评价	底栖动物
生物学污染指数（BPI）	利用底栖动物的定量监测数据，依据底栖动物指示类群的结构特征开展评价	底栖动物
综合硅藻指数（CDI）	利用硅藻的定量监测数据和各硅藻种类对环境的指示值及敏感值数据，依据不同硅藻种类对污染的指示性或敏感性差异开展评价	着生藻类
香农-维纳多样性指数（H）	利用水生生物定量监测数据，从物种多样性角度开展评价	着生藻类、底栖动物、鱼类
群落或种群特征参数	依据生物群落或种群特征参数，基于监测现状值与期望值差异的方法开展评价，如土著物种分类单元数、指示类群结构组成等	着生藻类、底栖动物、鱼类

[*] 内容来源：《水生态监测技术指南 河流水生生物监测与评价（试行）》（HJ 1295—2023）。

2.3.2.6　水力侵蚀测算法

水力侵蚀定量计算与分析参照《区域水土流失动态监测技术规定(试行)》,主要包括 5 个方面。一是土壤侵蚀因子及模数计算:在水力侵蚀地区,采用中国土壤流失方程 CSLE(Chinese Soil Loss Equation)计算土壤侵蚀模数。二是土壤侵蚀强度评价和水土流失面积统计:依据《土壤侵蚀分类分级标准》(SL 190—2007)等技术标准,评价每个栅格的土壤侵蚀强度。三是水土流失面积综合分析计算:对于发生水力侵蚀、风力侵蚀和冻融侵蚀的栅格,应基于各种类型侵蚀强度的评价结果,综合分析确定县级行政区的水土流失面积。四是土壤侵蚀地块水土流失评价:为保证水土流失动态监测结果能够直接运用于水土流失预防、治理和水资源保育,需要开展土壤侵蚀地块水土流失评价。其中,地块内轻度及以上侵蚀强度的栅格数量超过总数的 50%,则判断该土壤侵蚀地块发生水土流失;否则,不发生水土流失。在风力侵蚀和冻融侵蚀地区,可参照上述方法进行土壤侵蚀地块的水土流失评价。五是水土流失消长分析:以县级行政区为基本对象,分析水土流失总面积以及各级侵蚀强度面积的消长(动态变化)。在县级行政区水土流失消长分析的基础上,根据需要,对水土流失重点防治区、县级以上各级区(如地区级、省级和全国等)和重点地区的水土流失消长进行分析,分析方法可采用土壤侵蚀强度转移矩阵分析和动态对比。

2.3.3　治理目标确定

区域水问题的治理目标通常包括总体目标和具体目标。其中,总体目标通常是相对宏观的目标,主要描绘经过近三到五年或中长期实施综合治理措施后所实现的水问题治理成效;具体目标是指实现水问题治理的直接目标,以及与主要目标息息相关的间接目标或控制性指标体系及其不同阶段所应达到的具体值。

2.3.3.1　总体目标

以往水问题治理目标的设定更为关注人类社会经济的发展需求,弱化了自然环境的系统性和健康性,以牺牲自然环境实现经济发展的治理目标已不适用于当前生态文明阶段的发展要求。具体来说,先前水灾害和水资源治理重点是以满足社会经济发展需求进行目标的设定,保证率、重现期、缺水率、防洪除涝标准等是关键指标。保证率和重现期的确定,往往以历史天然过程为依据,基于的是"一致性"假设。然而,在气候变化敏感和高强度人类活动流域,水循环的"非一致性"凸显,基于"一致性"假设分析的适用场景已不存在。同时,基于单要素、离散式的点、线分析未能充分融合整体水循环过程中水文与水力联系。针对社会经济发展所需的缺水率和防洪除涝标准的确定,未能充分融合水循环应有自然属性特征需求,也难以满足水生态系统和水环境对水文水动力过程适宜性的需求。在水污染防控目标设定方面,当前主要执行的是国家统一水质标准和排污标准,而水质标准和排污标准执行等级的制定,主要以人的主观期望为依据。不同流域的水环境背景迥异,并随着自然演化而发生变化,且各区域污染源分布差异明显,而目前排污标准与水质目标未能实现良好衔接,环境基准的研究尚待深化。整体上看,水污染防治目标的设定未能充分融合水环境的自然属性特征,也未能充分融合区域内不同水体之间污染特征的协同性。水生态保护修复目标的设定,主要依据历史演变过程中的水生态质量状况,期盼"恢复历史形态"。但是,水生态系统有其固有的自然演化规律,在自然演化过程中水生态系统具有特定的功能,不同类型水生态系统的生态服务功能之间有着固有的协同性,历史的形态难以恢复也不必恢复。当前对水生态修复目标的设定,未能充分融合水生态系统演变的自然规律,对各类型水生态系统服务功能之间的协调性考虑不足,单一服务功能问题凸显。

针对以上不同水问题治理目标设定的关键症结,结合我国正处于社会生态文明发展初期阶段的时代特征,按照大力推进生态文明建设的总体要求,基于"人与自然和谐发展"的角度,统筹山水林田湖草沙共同治理,综合设定区域水问题治理的总体目标,全面补齐干支流河道及城镇防洪减灾短板,显著提升水资源节约集约利用水平和优质供水保障能力,持续改善区域水环境,保证水生态系统结构完整性。逐步建成和完善水灾害防御、水资源保障、水环境提升和水生态修复四大保障体系,构建"更加安全、更高质量、更可持续、更有效益"的水治理体系,最终实现"水灾害可控、水资源保障、水环境优美、水生态健康"的人水和谐共生的新局面,为推进区域社会经济高质量发展奠定基础。

2.3.3.2　具体目标

区域水问题治理的具体目标,包括为实现总体目标设定的关键目标和控制性指标及指标应实现或达到的情况。不同类型的水问题治理的具体目标如下:一是水灾害防御目标。区域防洪减灾体系进一步完善,重点防洪保护区、中小河流重要河段达到规划确定的防洪标准,重点涝区的防洪排涝能力明显提升。全面消除现有水利工程安全隐患,防汛抗旱能力提升成效显著,水旱灾害风险防范化解能力进一步增强。二是水资源保障目标。水资源刚性约束作用明显增强,区域节水型生产和生活方式基本建立,节水护水惜水意识明显增强,水资源与社会经济均衡协调发展的格局进一步完善。用水总量控制在规定范围以内,万元国内生产总值用水量、万元工业增加值用水量明显下降,农田灌溉水有效利用系数显著提升。区域水资源配置格局进一步完善,城乡供水保障和抗旱应急能力明显增强,质量明显改善。三是水环境治理目标。有效改善及稳定区域水环境质量,努力实现水污染有效防控,黑臭水体和Ⅴ类水体全面消除,不返黑不返臭,重点水功能区水质全面达标,重要水体水质达到地表水环境质量考核标准,河网水动力及水环境容量提升,水环境得到根本性改善。四是水生态修复目标。遏制区域水生态环境系统退化趋势,保护区域水生态系统完整性,修复水体自净能力,恢复湿地面积,优化生态系统结构,丰富水生生物多样性;加强水土流失防治,有效保障水源地水安全。

当前区域水问题综合治理目标中最为核心的是防洪排涝的提标、区域水质的提升、用水总量控制等。因此,下文将针对防洪除涝标准、水质标准和用水总量等关键目标确定依据进行详细阐述。

(1)防洪除涝标准确定

①依据《防洪标准》(GB 50201—2014)、《城市防洪工程设计规范》(GB/T 50805—2012)以及《给水排水设计手册:城镇防洪》等综合判断区域内城市、乡村以及防洪工程的防洪标准。

一是城市防洪标准:城市防洪区根据政治、经济地位的重要性、常住人口或当量经济规模指标分为四个防洪等级。其中,Ⅰ级(特别重要)防洪标准为≥200年一遇、Ⅱ级(重要)防洪标准为100~200年一遇、Ⅲ级(比较重要)防洪标准为50~100年一遇、Ⅳ级(一般)防洪标准为20~50年一遇。

位于平原、湖洼地区的城市防洪区,当需要防御持续时间较长的江河洪水或湖泊高水位时,其防洪标准可取《防洪标准》(GB 50201—2014)规定中的较高值;位于滨海地区的防洪等级为Ⅲ等及以上的城市防护区,当按《防洪标准》确定的设计高潮位低于当地历史最高潮位时,还应采用当地历史最高潮位进行校核。

同一等别城市,遭受不同洪水威胁,采用不同的防洪标准。其中,江河洪水和风暴潮洪水对城市危害严重,防洪标准较高;因每条山洪沟汇水面积一般较小,洪灾损失一般为局部性的,山洪的防洪标准一般较低;泥石流是一种特殊的山洪,危害较一般山洪严重,所以防洪标准比一般山洪高一些。因此,城市防洪标准根据城市防洪工程等别和洪灾类型综合确定。

二是乡村防洪标准:乡村防护区根据人口或耕地面积分为四个防洪等级。其中,Ⅰ级防洪标准为50~100年一遇、Ⅱ级(重要)防洪标准为30~50年一遇、Ⅲ级(比较重要)防洪标准为20~30年一遇、Ⅳ级(一般)防洪标准为10~20年一遇。

人口密集、乡镇企业较发达或农作物高产的乡村防洪区,其防洪标准可提高;地广人稀或淹没损失较小的乡村防洪区,其防洪标准可降低。蓄、滞洪区的分洪运用标准和区内安全设施的建设标准,应根据批准的江河流域防洪规划的要求分析确定。

三是城市防洪工程设计标准:有防洪任务的城市,其防洪工程的等别应根据防洪保护对象的社会经济地位的重要程度和人口数量综合确定。防洪工程的设计标准应根据防洪工程等别、灾害类型确定,具体如表 2-12 所示。

表 2-12　城市防洪工程等别及设计标准

城市防洪工程等别	分等指标		设计标准(年)			
	防洪保护对象的重要程度	防洪保护区人口(万人)	洪水	涝水	海潮	山洪
Ⅰ	特别重要	≥150	≥200	≥20	≥200	≥50
Ⅱ	重要	≥50 且<150	≥100 且<200	≥10 且<20	≥100 且<200	≥30 且<50
Ⅲ	比较重要	≥20 且<50	≥50 且<100	≥10 且<20	≥50 且<100	≥20 且<30
Ⅳ	一般重要	≤20	≥20 且<50	≥5 且<10	≥20 且<50	≥10 且<20

拦河建筑物和穿堤建筑物工程的级别,应按所在堤防工程的等别和与建筑物规模及重要性相应的级别中的高者确定。城市防洪工程建筑物的安全超高和稳定安全系数,应按国家现行有关标准的规定确定。

②依据《治涝标准》(SL 723—2016)综合判断区域内农田、城市、乡镇和村庄的除涝标准。

一是农田除涝标准:对于以水稻作物、旱作物或经济作物为主的农田涝区,应根据涝区内的主要作物种类确定其治涝标准;对于作物种类较多、各类作物比例差别不大的农田涝区,其治涝标准可综合分析确定。农田的设计暴雨重现期应根据涝区耕地面积和作物种类综合确定。对于耕地面积≥50 万亩的区域,经济作物区设计暴雨重现期为 10~20 年一遇,旱作区为 5~10 年一遇,水稻区为 10 年一遇;对于耕地面积<50 万亩的区域,经济作物区设计暴雨重现期为 10 年一遇,旱作区为 3~10 年一遇,水稻区为 5~10 年一遇。

对于作物经济价值较高、遭受涝灾后损失较大或有特殊要求的涝区,经技术经济论证后,其设计暴雨重现期可适当提高,但不宜高于 20 年一遇;遭受涝灾后损失较小的涝区,其设计暴雨重现期可适当降低。

农田涝区的设计暴雨历时、涝水排除时间和排除程度,应综合考虑涝区的地形地势、排水面积、作物种类、田间滞蓄涝水能力等因素,经论证后确定,并应符合下列要求:农田经济作物区设计暴雨历时和涝水排除时间采用 24 h 降雨 24 h

排除,旱作区 1～2 d 降雨 1～3 d 排除,经济作物和旱作物在排除时间内排至田面无积水;水稻区 2～3 d 降雨 3～5 d 排除,水稻田在排除时间内排至作物耐淹水深。

对于有特殊要求的作物,根据作物耐淹程度,可适当调整设计暴雨历时和涝水排除时间。种植有多种不同作物的涝区,应根据作物种植结构和特点,经综合分析后确定耐淹水深和涝水排除时间。农作物的耐淹水深和耐淹历时,应根据当地或邻近地区有关试验和调查资料分析确定。无调查和试验资料的可参照《灌溉与排水工程设计标准》(GB 50288—2018)的规定分析确定。对于蓄涝条件好、调蓄容积较大的涝区,可根据河网水文特性、调蓄能力等采用较长历时的设计暴雨进行涝水蓄泄演算,区域排水时间可根据暴雨特性和区域特点分析确定。

二是城市除涝标准:城市涝区的设计暴雨重现期应根据其政治经济地位的重要性、常住人口或当量经济规模(当量经济规模为城市涝区人均 GDP 指数与常住人口的乘积,人均 GDP 指数为城市涝区人均 GDP 与同期全国人均 GDP 的比值)综合确定。其中,对于常住人口≥150 万人,当量经济规模≥300 万人的特别重要城市,设计暴雨重现期≥20 年一遇;对于常住人口 20～150 万人,当量经济规模 40～300 万人的重要城市,设计暴雨重现期为 10～20 年一遇;对于常住人口<20 万人,当量经济规模<40 万人的一般重要城市,设计暴雨重现期为 10 年一遇。

遭受涝灾后损失严重及影响较大的城市,其治涝标准中的设计暴雨重现期可适当提高;遭受涝灾后损失和影响较小的城市,其设计暴雨重现期可适当降低。提高或降低标准均应经技术经济论证。

设计暴雨历时、涝水排除时间和排除程度应综合考虑排水面积、蓄涝能力、承泄区条件等因素,经论证后确定。设计暴雨历时和涝水排除时间可采用 24 h 降雨 24 h 排除,一般地区的涝水排除程度可按在排除时间内排至设计水位或设计高程以下控制,有条件的地区可在排除时间内将最高内涝水位控制在设计水位以下。

排涝水位的计算,应注意与市政排水系统水位的相互衔接。城市涝水指由城区降雨而形成的地表径流,一般由城市市政排水工程排除,进入排涝河道、低洼滞涝区等水利承泄工程。为保证城市排水工程能够正常地排水,水利承泄工程要考虑水位、流量、调蓄能力、排水时间等与城市市政排水系统间的合理衔接,最为重要的是排水流量和水位的衔接。城市排水要求的雨水排除时间短,管网出口流量较急,与水利排涝工程按 24 h 排除时间计算的平均排除流量不能完全衔接,此时,水利排涝系统中的沟渠、河道、泵站等工程的设计流量可以按 12 h 排除或 6 h 排除的要求进行计算,以与市政管网排出的流量相衔接。

三是乡镇或村庄除涝标准:乡镇、村庄的设计暴雨重现期应根据其政治经济地位的重要性和常住人口规模综合确定。其中,对于常住人口≥20 万人的比较重要乡镇,设计暴雨重现期为 10～20 年一遇;对于常住人口<20 万人的一般重要乡镇,设计暴雨重现期为 10 年一遇;对于常住人口<20 万人的村庄,设计暴雨重现期为 5～10 年一遇。

(2)水质标准确定

①针对区域内的大型骨干河流,依据《水功能区划分标准》(GB/T 50594—2010)等综合确定区域水功能区及水质管理目标。一级水功能区中,保护区根据需要分别执行《地面水环境质量标准》(GB 3838—2002)中的Ⅰ、Ⅱ类水质标准或维持现状水质;保留区按现状水质类别控制;缓冲区按二级区划分类分别执行相应的水质标准;开发利用区按实际需要执行相关水质标准或按现状控制。其中,开发利用区进一步划分为饮用水源区(执行 GB 3838—2002 标准中的Ⅱ、Ⅲ类水质标准)、工业用水区(执行 GB 3838—2002 标准中的Ⅳ类标准)、农业用水区[执行《农田灌溉水质标准》(GB 5084—2021),可参照执行 GB 3838—2002 标准中的Ⅴ类标准]、渔业用水区[执行《渔业水质标准》(GB 11607—89)并参照执行 GB 3838—2002 标准中的Ⅱ、Ⅲ类标准]、景观娱乐用水区(执行 GB 3838—2002 标准中的Ⅲ、Ⅳ类标准)、过渡区(以满足出流断面所邻功能区水质要求选用相应的控制标准)、排污控制区(按出流断面水质达到相邻功能区的水质要求选择相应的水质控制标准)。

②针对区域内中小河流,确定断面水质标准通常参考上述水功能区要求,并结合现状河道水质,按照水质不退化原则综合确定。鉴于中小河流断面水质管理的主要目的是促进骨干河道水环境治理与陆域控源截污,需充分考虑区位特点、污染源分布与河道特征确定水质要求。

建议将区域内的一级河道(>100 m)、二级河道(10～100 m)监测断面水质目标设置为Ⅲ类;三级河道(<10 m)因水位与流量条件较差,当位于主城区附近时,可适当考虑定为Ⅲ～Ⅳ类,位于其他区域可定为Ⅳ类标准。对于目前水质现状较差的河道,可按照消除劣Ⅴ类→Ⅴ类→Ⅳ类的顺序依次推进。对于周边产业集聚,水质目标暂定为Ⅳ类。建议采取倒逼机制,对于水质考核断面水质超标的行政区域,要求设立专项经费进行水环境治理,或向市级缴纳额外的超标排污费,由市域统筹治污。

值得指出的是,水环境治理是一项长期的艰难任务,需厉行科学治理、定期评估、动态优化。具体水质目标需充分听取各方建议,综合考量,逐步试行,在试行期间可结合实际情况进行必要的调整,试行三年时间运行良好后方可予以确定。

（3）用水总量确定

《国务院办公厅关于印发实行最严格水资源管理制度考核办法的通知》(国办发〔2013〕2 号)确定了全国及各省级行政区用水总量控制红线指标,标志着我国最严格水资源管理制度的核心组成部分——用水总量控制指标的顶层设计已完成。为将最严格水资源管理制度由大到小、由小入微地全面贯彻实施,在纵向上需要将省级行政区用水总量控制指标层层分解细化至地市级、县级行政区,如有必要还可进一步细化分级;横向上需要确定各行政区分行业及分水源的分项指标。

用水总量控制指标分解细化后,需要同步制定相应的考核办法与奖惩机制,进而最大限度地发挥最严格水资源管理制度的重要作用,促进水资源可持续利用、经济社会发展方式转变,推动经济社会发展与水资源水环境承载能力相协调,保障经济社会长期平稳较快发展。

以县级行政区用水总量控制指标划定为例,说明划定工作的技术要点。一是现状数据的获取及其可靠性分析:现状数据应主要从权威部门获取,如统计年鉴、水资源公报、水文年鉴等。获取现状数据后,要开展同一类数据不同年份之间的一致性分析、不同渠道收集的同一类数据的横向对比分析等,确定最终需要采用的数据。二是区域差异分析:主要分析由区域产业结构、用水习惯、用水效率导致的各区域主要用水户用水定额之间的差异是否合理。三是与上一级用水总量控制指标的衔接:地市级用水总量控制指标之和应与相应省级用水总量控制指标一致,分解细化的县级用水总量控制指标之和应与相应的地市级用水总量控制指标一致,包括分行业及分水源的分解细化指标。四是与有关规划成果的协调:水资源综合规划是以水资源三级区套地级行政区为基本单元进行需水量预测、供水量预测及水资源配置的,其成果包含行政分区及水资源分区可供水量。在开展用水总量控制指标分解细化工作时,应以水资源综合规划相应区域成果为基础,并相互协调。由于全国水资源综合规划是以 2006 年为基准年编制的,现状用水结构较 2010 年之前已发生较大变化,局部地区已出现不相适应的地方。因此,在进行用水总量控制指标分解细化,特别是进行分行业指标分解细化工作时,应注意与相应区域各行业总用水量的协调,分行业指标应考虑现状变化情况后与分行业用水量成果相协调。五是成果的合理性分析:从水资源开发利用程度(重点分析地表水开发利用率和地表水资源利用消耗率)、水资源开发利用水平、水量分配份额的匹配性、生态环境用水（重点分析控制断面下泄水量）等方面着手开展。

2.3.3.3 指标体系

实现水问题治理上述具体目标的必然路径之一即构建一个科学合理、系统完备的控制性指标体系。在具体构建指标体系时，应遵守以下基本原则：一是科学性与系统性。指标概念必须明确，具有一定的科学内涵；指标体系应能全面反映评价对象的本质特征和总体目标，结构合理、相互关联、协调一致。二是代表性与独立性。指标应具有较好的代表性，可以清晰反映水问题治理成效，易于定量计算或定性分析；各项指标应相对独立，避免交叉重复，力求精练而准确。三是连续性与动态性。指标体系能够在一段较长时期内保持连续性，体现与时俱进的特点，应根据不同时期经济社会发展对河道的要求得到不断更新和扩充。四是传统性与前瞻性。要尽可能选用在学术界和技术上已被广泛认可和使用的指标体系，利用该指标体系进行评价，不仅要反映该区域过去和现在的水问题状况，也要通过表述未来水问题与社会、经济、生态、环境等各要素之间的关系，指出该区域未来的水问题治理成就。五是可比性与可接受性。指标体系应符合空间和时间上的可比性原则，尽可能采用标准的名称、概念、计算方法，尽可能采用可比性较强的指标和具有共同特征的可比指标，同时还应明确各指标的含义、分析口径和范围，确保可比性。六是可操作性与实用性。指标体系所需的信息必须是可得的，且评价指标概念明确，计算方法简单，获取成本较低；指标体系要充分考虑资料数据的来源和现实可行性，易于获取，便于计算，实用性强。

本节基于上述原则初步构建了水问题综合治理的控制性指标体系，并明确了各指标的确定方法，给出当前阶段所应达到的最低参考目标值以及指标的建议类型，为各区域确定治理目标提供参考。具体区域的控制性指标确定应结合区域特性进行选择或适当增减。水问题综合治理控制性指标体系如表 2-13 所示。

表 2-13　水问题综合治理控制性指标体系

准则层	序号	指标层	确定方法	最低参考目标	指标类型
水灾害防御	1	堤防达标率	$$堤防达标率 = \frac{达到防洪标准的堤防长度}{堤防总长度} \times 100\%$$	≥80%	基本
水资源保障	1	用水总量控制度	$$用水总量控制度 = \frac{区域用水问题}{区域用水控制额度} \times 100\%$$	不超过用水总量值	基本
	2	综合供水保证率	$$综合供水保证率 = \frac{\sum\limits_{i=1}^{n} 第i个供水工程的平均日供水量 \times 第i个供水工程的供水保证率}{\sum\limits_{i=1}^{n} 第i供水工程的平均日供水量} \times 100\%$$ 式中：i为供水工程的序号；n为河湖供水工程的总个数	≥98%	基本
	3	水资源开发利用率	$$水资源开发利用率 = \frac{河湖流域地表水取水量}{河湖流域地表水资源总量} \times 100\%$$	<40%（国际公认的水资源开发生态警戒线）	基本
	4	万元GDP用水量	$$万元GDP用水量 = \frac{区域用水总量}{区域生产总值}$$	<各省均值	基本
	5	用水总量控制度	$$用水总量控制度 = \frac{区域用水总量}{区域用水控制额度} \times 100\%$$	<各省均值	基本
	6	再生水利用率	$$再生水利用率 = \frac{再生水利用量}{污水排放量} \times 100\%$$	地级及以上缺水城市≥25%，京津冀地区≥35%	备选
	7	节水程度　工业用水重复利用率	$$工业用水重复利用率 = \frac{工业用水重复利用量}{工业用水量} \times 100\%$$	≥80%	备选
	8	城镇供水管网综合漏损率	$$城镇供水管网综合漏损率 = \frac{自来水厂出厂水量 - 自来水厂收费水量}{自来水厂出厂水量} \times 100\%$$	<各省均值	基本
	9	农田灌溉水有效利用系数	$$农田灌溉水有效利用系数 = \frac{灌入田间可被作物吸收利用的水量}{渠道总引水量}$$	≥各省均值	基本
	10	节水器具普及率	$$节水器具普及率 = \frac{公共生活和居民生活用水使用节水器具数}{公共生活和居民生活用水总用水器具数} \times 100\%$$	地级及以上缺水城市≥80%，京津冀地区达100%	备选

续表

准则层	序号	指标层	确定方法	最低参考目标	指标类型
水环境治理	1	考核断面的水质达标率	考核断面达标率 = $\dfrac{\text{考核断面的达标次数}}{\text{考核断面总监测次数}} \times 100\%$	≥80%	基本
	2	水功能区水质达标率	水功能区水质达标率 = $\dfrac{\text{达标水功能区个数}}{\text{水功能区总数}} \times 100\%$	≥80%	基本
	3	水体整洁	根据河道感官状况评估，从嗅和味、漂浮废弃物赋分中取最低分值作为最终赋分	河道无异味、无漂浮物	备选
	4	河道三乱整治达标率	河道三乱整治达标率 = $\dfrac{\text{河道已完成三乱整治的数目}}{\text{河道需要进行三乱整治的数目}} \times 100\%$	≥80%	备选
	5	入河排污口达标排放率	入河排污口达标排放率 = $\dfrac{\text{达标的排污口个数}}{\text{排污口总数}} \times 100\%$	≥80%	基本
	6	城镇污水集中处理率	城镇污水集中处理率 = $\dfrac{\text{城镇集中处理达标的污水量}}{\text{城镇工业和生活污水总量}} \times 100\%$（不包括工业企业自身的处理回用量）	≥95%	基本
	7	工业废水达标排放率	工业废水达标排放率 = $\dfrac{\text{达标排放的工业废水量}}{\text{工业废水排放总量}} \times 100\%$	≥95%	基本
	8	超排率	超排率 = $\dfrac{\text{实测时段内污染物排放量} - \text{时段最大污染负荷排放量}}{\text{时段最大污染负荷排放量}} \times 100\%$	≤10%	备选
	9	水质优劣程度	河道水质类别比例	I～III类占比≥75%，且无劣V类水	基本
	10	底泥污染状况	超标污染物个数	<2种	基本
水生态修复	1	最低生态水位/流量满足程度	选择水位进行评估时，以最低生态水位作为赋分依据；选择流量进行评估时，以最小日均流量作为赋分依据。计算最小日均流量占多年平均流量的百分比	3 d滑移平均水位低于最低生态水位，但7 d滑移平均水位不低于最低生态水位	基本

续表

准则层	序号	指标层	确定方法	最低参考目标	指标类型
水生态修复	2	河流纵向连通性指数	河流纵向连通性指数=$\dfrac{\text{影响河流连通性的建筑物或设施数量}}{\text{河长}}$	≤0.25 个/100 km	基本
	3	岸坡绿化带宽度满足率	岸坡绿化带宽度满足率=$\dfrac{\text{实际绿化带宽度}}{\text{河道管理条例要求的绿化带宽度}}\times100\%$	≥0.8	基本
	4	河岸带植被覆盖率	河岸带植被覆盖率=$\dfrac{\text{河岸带植被垂直投影面积}}{\text{河湖岸带面积}}\times100\%$，重点评估河湖岸带陆向范围乔木(6 m 以上)、灌木(6 m 以下)和草本植物的覆盖状况	≥20%	基本
	5	河岸带稳定性	河岸带稳定性=$\dfrac{1}{5}$(岸坡倾角分值+岸坡覆盖度分值+岸坡高度分值+河岸基质分值+坡脚冲刷强度分值)	河湖库岸有松动裂痕发育迹象,有水土流失现象,但近期不会发生变形和破坏	备选
	6	天然湿地保留率	天然湿地保留率=$\dfrac{\sum\limits_{i=1}^{n}\text{基准年天然湿地面积}}{\sum\limits_{i=1}^{n}\text{历史(1980s)以前的湿地面积}}\times100\%$	≥70%	备选
	7	鱼类保有指数	鱼类保有指数=$\dfrac{\text{评估河湖调查表得到的鱼类种类数量}}{\text{1980s 以前评估河湖的鱼类种类数量}}\times100\%$	≥75%	基本
水工程管护	1	工程设施完好率	工程设施完好率=$\dfrac{\text{能够正常运行的设施数量}}{\text{总设施数量}}\times100\%$	≥75%	基本
	2	工程稳定运行率	工程稳定运行率=$\dfrac{\text{工程运行时间}}{\text{系统运行时间}}\times100\%$	≥70%	基本

2.3.4　治理方案编制

2.3.4.1　水问题综合治理技术路线

区域水问题综合治理,需要着眼全区域,统筹上下游、干支流、城市乡村、水域陆域;覆盖全要素,统筹洪水、涝水、供水、污水等问题综合治理;全过程控制,强化源头减排,注重过程控制、末端治理、终端消纳;全面分区施策,因地制宜,以水定标,精准施治。因此,治理工程应包含防洪治涝、水资源调配、饮用水水源保护、城镇排水、工业生活农业污染治理、河道整治、水土流失治理、城镇环卫工程等。

区域水问题综合治理应以"控源截污、河道治理、工程调控、生态修复"为技术路线。首先从规范人类活动着手,调整区域产业结构,从源头上避免对水源的破坏、对水文循环的干扰,以及阻隔水系和过量排放污染物等,开展控源截污治理工程,具体包括生活污染治理、工业污染治理以及初期雨水、农田等面源污染治理等,绿色基础设施如植草沟、下凹式绿地、生物滞留池等,对削减城市面源污染具有明显作用。其次,在控源截污的基础上,针对污染汇入河道后长期累积导致的内源污染问题,以及因河道泥沙淤积导致的河床抬升、河道护岸建设年代久远损毁严重和护岸建设标准偏低导致的洪水灾害问题,开展河道综合治理工程予以解决,具体包括河道清淤疏浚、堤防达标建设及水系连通工程等。再次,通过水库、塘坝、蓄滞洪区等工程,调蓄洪水、削峰补枯,通过闸门、泵站、堰坝等工程,分配水量、调控水动力。最后,通过生态修复措施,治理水土流失,修复水生态系统完整性,建设生态湿地,营造水下森林、打造良好水生态等。区域水问题综合治理技术路线图如图2-3所示。

2.3.4.2　控源截污

截断或削减入河污染负荷量是区域水环境治理和提升需考虑的首要举措。基于污染负荷和纳污能力测算结果,统筹考虑生活污染、工业污染、面源污染等污染行业治理工程对污染物的削减量、工程投资额、工程实施周期等因素,平衡污染削减目标分解方案与工程建设方案,针对性地提出水环境整治工程整体建设方案。不同污染源对应的治理工程技术路线图如图2-4所示。

（1）生活污染防治工程

①城市生活污水防治坚持"厂网并举,管网先行"的原则,加快污水收集管网建设,逐步实现雨污分流,提高污水收集率。对于老城区,按照"优先解决基本问题,逐步解决根本问题,长效保持优化提升"的工作思路,层层推进生活污染防治

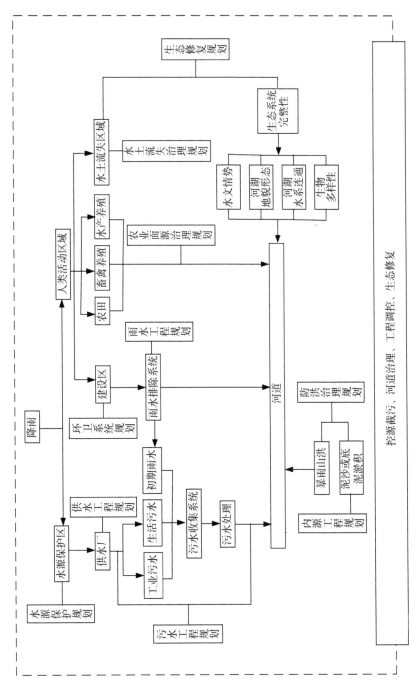

拦源截污、河道治理、工程调控、生态修复

图 2-3 区域水问题综合治理技术路线图

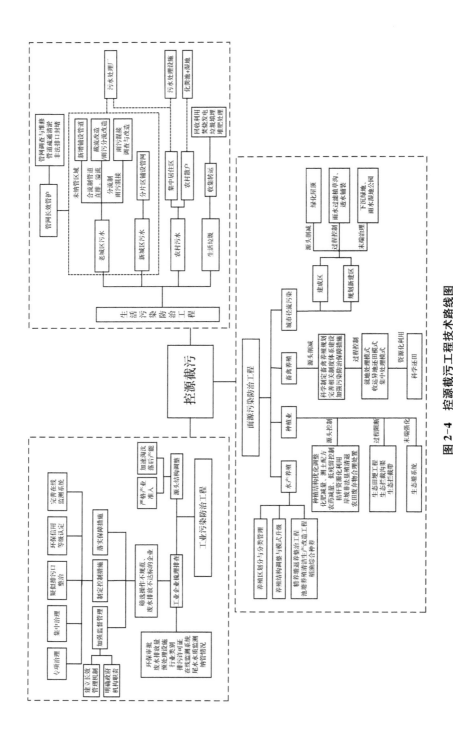

图 2-4 控源截污工程技术路线图

工作；对于未铺设主干管网的地区，新增骨干管网铺设，贯通上下游截污干管；对于合流制管道，有雨污分流条件的，尽快进行干管雨污分流改造；对于短期内难以进行雨污分流的，考虑增设临时性的移动式污水处理设备，对污水进行就地处理；对于已建管网进行综合评价，确定需要重点调查的管线区段，建议在有条件的情况下开展全域管网雨污混接与管网运行状况调查。对于新城区，强化雨污分流管网铺设，避免雨污混接问题。此外，需强化城市污水管网的长效管护，定期开展管网调查与维修、管道疏通清淤、非法排口封堵等工作，同时加快城镇污水处理设施建设，全面提升设施运营水平，并且因地制宜对部分设施进行提标改造以满足区域污水排放要求。

②农村生活污水防治应因地制宜，对于具备纳入城镇污水管网条件的城镇郊区，优先考虑纳入市政污水处理系统进行处理；对于居住相对集中的多户连片型考虑采用村庄集中收集的方式，利用污水处理设施进行处理；对于居住分散、人口较少无法产生污水径流（或独栋别墅等）的分散居住区，采用分户"三格式化粪池＋湿地"的方式进行处理。具体根据村庄布局、用地及经济要求，选择适用于当地的污水收集模式。

③城镇以及农村生活垃圾防治以分类收集处理为核心，即按一定规定或标准将垃圾分类储存、分类投放和分类搬运，从而转变成公共资源。通过垃圾分类，可以实现垃圾的减量化和资源化，节约垃圾无害化处理费用，进一步推进循环经济建设。分类收集的垃圾通过回收利用、焚烧发电、填埋和堆肥等方式处理。

（2）工业污染防控工程

①建立严格的产业准入制度。严格控制高耗能、高污染的化工、印染、电镀等工业项目落户，积极培育科技含量高、资源消耗低、环境污染少的电子信息、高端装备制造、新材料等产业发展。对于重点区域开发和行业发展规划以及建设项目，依法履行环境影响评价程序，严格执行项目建设"三同时"制度。依法加快淘汰落后工艺和产能，关闭污染严重、不能稳定达标排放的造纸、印染等行业生产线。加大工业清洁生产推行力度，积极开展清洁生产审核，鼓励创建清洁生产示范企业和工业园区，加快推进企业清洁生产技术改造，从源头和生产全过程降低资源能源消耗，减少污染物的产生。

②加大排污工业企业梳理排查。加强对重点工业企业污染物排放监测与现场执法监测，同时注重定期随机抽查其他企业，及时发现和整治环境违法行为。强化风险污染源在线监控与实地巡查，加大对排污企业监管力度，严格执行总量控制和排污许可证制度。按照"企业梳理排查→筛查废水排放不规范的企业→

制定控制措施→加强监督管理→落实保障措施"的工作思路,推进工业污染防治,具体措施有:对操作不规范、废水排放不达标的企业制定专项治理方案;对工业园区制定集中治理方案;对疑似工业废水排污口梳理排查,制定排污口整治方案;制定企业环保信用等级认定制度;制定强化工业污染监督制度。

(3)面源污染治理工程

①农田面源污染防治遵循总量控制原则,以"防、控"为主,以"治"为辅,以"保"为多层保障落实。强化源头、过程、末端三个阶段污染控制。其中,源头控制包括种植结构优化调整、化肥农药减量化、秸秆资源化利用、岸坡非法垦殖清退、废弃农药包装物和废弃农膜强化监管,等等;过程阻断是在农田面源污染物质随降雨径流进入水体前,利用微小水体、末端河道、毛细沟渠等,建立生态拦截系统,有效阻断径流水中氮磷等污染物进入水环境,主要包括生态田埂(农田内部的拦截)和生态沟渠(污染物离开农田后的拦截阻断);末端净化是利用生态塘等措施对主要污染物进行深度处理,减少农业区氮磷污染物排放。具体内容详见本书第3章第3节"农业面源污染治理技术"。

②畜禽养殖污染防治首先需结合区域养殖现状和资源环境特点,开展环境承载能力分析,划定禁养区与限养区,同时完善制度体系建设(包括畜禽规模养殖环评制度、畜禽养殖污染监管制度、规模养殖场主体责任制度、绩效评价考核制度等)。其次,畜禽养殖应以种养结合为出路,构建种养结合发展机制,主推农牧结合循环处理利用模式,实行以地定畜,促进种养业在布局上相协调,精准规划引导畜牧业发展;鼓励发展适度规模化养殖小区、养殖场,全面推广生态养殖。最后,强化畜禽养殖粪污处理无害化,以大型规模化养殖场为单元建设粪污处理设施,因地制宜建设畜禽粪便污水集中处理中心,减少畜禽粪便和养殖污水排放,同时按照就地处理模式、收运异地还田模式和集中处理模式予以治理,提出污染防治保障措施。

③水产养殖污染防治贯彻"控制总量、合理投饵、规范用药、因地制宜、治管并重"的技术原则,推行"清洁生产、全过程控制、资源化利用、强化管理"的技术路线。坚持水产发展与资源环境承载力相匹配,合理优化水产养殖布局、优化养殖结构及加强政策监管,提高规模化集约化水平,妥善处理好水产养殖产业与环境治理、生态修复的关系,满足行业可持续性发展需要。因地制宜地开展水产养殖污染综合整治,污染物排放稳定达标,逐步减少污染物产生和排放。引导养殖企业和养殖户选择适宜的养殖模式、养殖技术和适宜的污染防治技术措施,调整水产养殖结构,推行生态养殖模式、池塘循环水清洁养殖技术、稻渔综合种养技术等,以控制水产养殖污染。此外,加强渔政执法力度,对部分水体实施退渔还

湖工程。

④城市径流污染防治。具有"自然蓄存、自然渗透、自然净化"功能的海绵城市不仅可以有效应对面源污染,同时在城市防洪除涝、水生态恢复等方面都具有积极意义。在建筑小区、城市道路、绿地广场、水系等不同下垫面区域,优选并合理布局"渗、滞、蓄、净、用、排"等技术措施,其中,建设海绵型小区可实现雨水源头控制,提高城市道路排水功能可有效削减雨水径流等,加强雨水滞渗调蓄设施和排涝泵站建设可切实提升河网外排能力。

2.3.4.3 河道治理

针对区域防洪排涝体系短板、河道水系不畅、河道底泥污染严重、河岸坍塌、过度硬化等复杂问题,采取河道清疏、水系连通以及岸坡整治等工程措施进行治理,以建立科学可控型防洪排涝保障体系和健康的水生态环境保障体系。河道治理工程技术路线图如图 2-5 所示。

（1）河道清疏工程

城镇河道由于历史污染且水流缓慢,导致大量淤泥沉积河底。为防止底泥泛起,沉积的氮磷被释放出来而使水体变质、泛臭,需开展必要的清淤工作。通过清淤疏浚,将底泥中的污染物移出河道生态系统,显著降低内源氮磷负荷。此外,部分区域因水土流失严重,大量泥沙汇入河道,导致河道淤积,河床抬高、行洪断面减小,使得河道过流能力不足,行洪能力降低,加剧了洪灾形成或威胁;同时由于行洪河道水位升高,城区河道受行洪河道水位顶托,涝水无法顺利排出,也加剧了城镇内涝。因此,河道清疏工程可有效修复扩宽河道行洪断面、清除长久积累的污染底泥,达到增强区域防洪排涝能力、改善区域水环境的目标。考虑河道生物的多样性,在满足洪水宣泄的基础上,清淤时尽量保持和塑造河道的自然特征与水流的多样性,如宽窄交替、深潭与浅滩交错、急流与缓流并存等,为各类水生物提供栖息繁衍的空间,保护河道水生态环境,提高河流自净能力。

①河道清淤:由于底泥释放具有一定的规律性,清淤厚度并非越厚越好,清淤规模不当反而会起副作用(清淤从短期来讲对湖底生态系统是一次灾难),需综合考虑底泥淤积深度、底泥肥力评价、重金属综合潜在生态风险评价结果、清淤历史等,论证清淤规模,提出河道清淤计划方案。一是确定清淤范围及厚度。经过全面调查,确定淤泥厚度及有机污染物和重金属含量,综合河底设计高程、淤泥分布及污染情况,确定有效疏浚深度、疏浚区位置及污染底泥量等。避免过度或盲目疏浚造成的河道生态破坏,同时也可在一定程度上减少污染底泥的处置量,节约工程费用。此外,应选择环保清淤设备,加强精确定位技术、现场监控和显示系统在河道清淤工程中的应用,严禁超挖、欠挖,对底泥的扰动要小,吸入

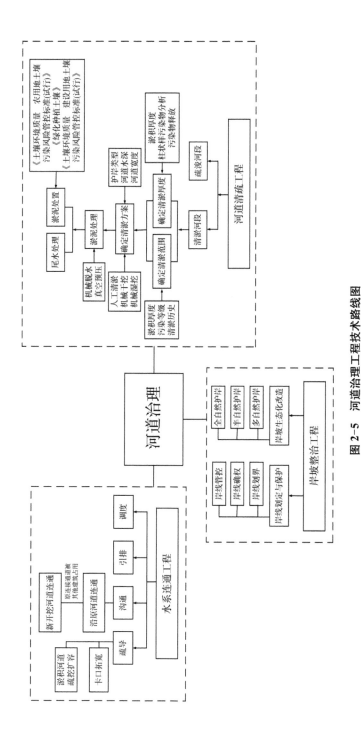

图 2-5 河道治理工程技术路线图

浓度要高,减少泥浆扩散,实现污染底泥清除的全过程控制。二是确定清淤方案。清淤方案比选和设备选型遵循"目的决定、工况选型、降低成本、效益兼顾"的原则,在清淤目的明确后,要综合考虑生态环境、河道宽度、水深、土质、排泥场、设备调遣条件及工程内容等要求,如表 2-14 所示。根据工程特点和现场实际情况,对部分有条件断流的河道进行干法施工,对于无条件断流的河道采取湿法施工。三是合理处置底泥。考虑当地社会、经济发展情况的条件下,针对底泥的物理化学性质(如含水率、颗粒分布、有机质、重金属含量等),坚持资源化、无害化、就地处理和经济性原则,选择适当的处理处置方法。底泥处置参照《土壤环境质量农用地土壤污染风险管控标准(试行)》(GB 15618—2018)、《绿化种植土壤》(CJ/T 340—2016)、《土壤环境质量建设用地土壤污染风险管控标准(试行)》(GB 36600—2018)标准进行使用。四是尾水达标处理。底泥清淤脱水后,应对脱出的尾水进行处理,以达到排放要求。对于尾水排放指标,不对 NH_3—N,COD 等指标做强制要求,仅考虑尾水中 SS 指标的,推荐采用物理分选法对尾水进行处理。

表 2-14　清淤施工方案比较

方案类型	方案适用性	方案比较	
		优点	缺点
人工清淤	适用于河面较窄、河床较软,施工现场无法下行机械的河道清淤	不受场地条件限制,操作方便,不易损坏硬质河床及护坡	费工费力,工期长
机械干挖	适用于河道较宽,水量小的河道清淤	清淤效率高	受场地限制,挖运卸设备间相互影响大
机械湿挖	适用于河道较宽,水量大的河道清淤	清淤效率高	看不到水下地形,清淤精度较难把握,挖运卸设备间相互影响大

②河道疏浚:其主要是为了增大纵比降和河流的泄沙能力,减轻河道的淤积速率,确保防洪安全。影响疏浚效果的因素较多,工程位置或挖河段落是其中之一,选择不当,减淤效果显现不出来;选择得当,能够最大限度地发挥减淤效益,因此,挖河段落的选定十分重要。挖河段落选择应遵循几个原则:一是主河槽相对稳定,不易发生滚河等现象;二是起到疏浚河床、归顺河槽之作用;三是能够降低侵蚀基面,尽可能大地塑造溯源冲刷,对上游河道产生有利影响;四是不易复淤,能够保持挖河的长期效益;五是泥沙能够被有效利用。

综上,河道清疏工程要同步考虑清淤和疏浚的科学性,力争实现一工多能。

（2）水系连通工程

河网水系是区域水资源的载体和水循环的基础,其连通格局不仅影响区域的防洪除涝能力,同时对水资源配置能力以及水体循环能力具有重要影响。在城镇化快速发展进程中,水系填埋、阻隔等现象日益普遍,严重影响着水系的连通性,区域水循环受到影响;同时,伴随着农村经济的发展,原本自然畅通的农村水系也正遭受着不同程度的破坏,对农村防洪、灌溉、供水和水生态环境造成严重的危害。因此,当区域水资源配置能力不足、洪涝水宣泄不畅或水生态环境形势恶化时,通常需要借助水系连通工程,打通水系阻隔,连通河湖水域,构建"引得进、流得动、蓄得住、排得出、可调控"的河湖水网体系。在水旱灾害发生时,通过科学的调度可实现洪水快速下泄或有效调蓄,增强区域内的防洪抗旱能力;可以消除水体交换的各类瓶颈,形成布局合理、大小合适的水体网络,通过水体交换,增强水体纳污能力,从而改善水体水质,促进污染治理;可以恢复水体流动,使死水变活,而流动的水域中物质循环速度加快,浮游生物代谢率高、繁殖快,保障了食物链底端的稳定性,使得各物种间既能互相依存,也能互相制约,这将显著提高区域内生物群落的多样性水平;可以使水系网络与区域发展形成良性互动,通过流动水体多样化的特性,创造丰富的空间形态,促进水体与周边环境的共生,打造水景观与水文化,呈现"河畅、水清、岸绿、景美"的新画卷,创造人与水、人与自然和谐共处的生态乡村。

水系连通是以江河、湖泊、水库等为基础,采取合理的"疏导、沟通、引排、调度"等工程和非工程措施,建立江河湖库水体之间的水力联系。规划水系连通坚持的原则如下:坚持河网沟通。河道水系是水资源的载体,河网沟通是水系的基本特征,注重水系连通,遵循水系自然规律,保障人水和谐。坚持水体流动。水流的基本属性是水体的流动性,流水不腐,加快水体流动,增加水体环境承载能力,改善河湖水质。坚持科学引排。统筹水资源调配引排格局、加强水体水力联系、增强水旱灾害抵御能力、实现河网水系科学调度。

水系连通工程拟通过工程措施和调度措施,促进上下游连续性、地表水与地下水连通性、河道与河漫滩连通性、河湖连通性和水网连通性、增加水体流动性。水系连通工程建设应根据当地的地形地貌、水系现状、社会经济等条件,同时结合相关规划进行优化布局,具体包括以下几个方面:一是调查研究区域的水系现状和社会经济情况,收集区域内的各项规划资料,同时与当地领导及群众进行广泛深入的交流,充分听取群众的意见,初定水系连通工程的建设方案和布局。二是水系连通工程的布局要坚持水系流动的原则,水体间的连接通道尽量沿原有的河(沟)进行布置。若原有连接通道已被其他建筑占用,需要重新开挖河(沟)

进行连通的,应根据区域内的地形地貌、水文条件、产流机制等进行新挖河(沟)的平面布置和纵横断面设计,在护岸工程设计中,应注重采用生态护岸技术。当区域内属山丘型地貌,水流落差较大时,可以考虑在新挖河(沟)中设置多级滚水坝,既能对水流起到消能作用,又能增强景观功能。三是对区域内淤塞严重、功能退化的水体,如湖泊、山塘等水体,应在不影响当地防洪保安、土地利用的前提下进行疏挖扩容,增加水体容积和水面面积,以增强区域内的水资源调控能力和应对水旱灾害的能力。四是对于断头河及淤积严重的河段,应根据河道行洪排涝要求进行疏挖和卡口拓宽。对于占滩行为,应按照河道管理规定还滩于河。河流整治治导线应尽可能沿原岸线走向,保持河道蜿蜒的自然属性,严禁随意裁弯取直,在滩地切除前应进行充分论证,保证切除滩地后不对滩后的岸坡或堤防的安全产生影响。河流断面设计尽量采用复式断面,这样既能保证河道的过流能力,又能保护河道及其周边的原生植物种群和水生生物的生存空间,进而有利于改善水生态环境。

针对河道水系割裂、水体流动性差、水力联系不断减弱等问题,在充分论证必要性和可行性的基础上,综合考虑技术、经济、环境等多方面因素,优选连通线路,提出河道水系连通的措施建议。通过打通断头河(浜)、新建连通通道等方式,连通邻近宜连河道水体,增强水体流动性,逐步恢复河流、湖泊、湿地等水体的自然连通,结合水系阻隔打通、河道束窄消除等逐步恢复、重建、优化河湖水系布局,盘活河湖水体。通过现场实际调研,根据河道水系割裂原因,实施河道连通工程,从结构上改善河道流动性。根据河道断头或阻断的原因,实施断头河道连通、阻断打通及卡口拓宽工程。结合区域土地利用现状以及未来规划,初步选定水系连通路线和连通方式,可以包括河道开挖、拆坝建桥、箱涵增设或改造、管涵增设或改造等。

①连通断头河道。水体间的连接通道尽量沿原有的河(沟)进行布置,若原有连接通道已被其他建筑占用,无沟通可能时,规划重新开挖河(沟)连通或打造河流水系内循环。一是原有河道疏通。当原有河(沟)因河道干涸、芦苇泛滥等几近废弃或被开垦占用等导致断头时,考虑开展清障清淤工程,以恢复原有河(沟)的水系连通状态。河流疏通应尽可能沿原岸线走向,保持河道蜿蜒的自然属性,严禁随意裁弯取直,在滩地切除前应进行充分论证,保证切除滩地后,不对滩后的岸坡或堤防的安全产生影响。二是新开挖河道连通。若原有连接通道已被企业厂房或者居民小区等建筑占用,无沟通可能时,规划重新开挖河(沟)进行连通,即从河道断头处开挖一段河道与其他河道连通。而对于原有的断头河,当河道输水任务繁重,且具有开挖空间时,即拟开挖区域非基本农田区、沿线无企

业厂房或者居民小区等拆迁征地问题,考虑开展河道新开挖工程。具体新挖河(沟)的平面布置和纵横断面需根据区域内的地形地貌、水文条件、产流机制等进行设计,河流断面设计尽量采用复式断面。

②打通河道阻断及拓宽卡口。拆坝建桥、箱涵沟通、管涵沟通等是指拆除原来道路下面的坝基或直径较小的管涵,新建跨河桥梁、箱涵或大直径管涵,打通阻断,拓宽卡口,增加河道过水断面。一是河道阻断打通。新建、翻建道路(土坝或水泥道路等)穿过河道时,不采取任何措施或只放置管涵,加上管涵淤积阻塞不通、挤压变形、管底高程较高,筑台建房等导致河道阻断等问题普遍存在。规划通过开展拆坝建桥、箱涵或管涵增设改造等工程打通河段阻断,恢复水系连通性。其中,当河道输水任务繁重,且地处交通要道时,优先考虑拆坝建桥工程;当河道输水任务较为繁重,但非交通要道时,考虑工程造价,优先考虑改造成箱涵;对于输水需求较低的末端河沟、非交通要道,考虑工程造价,优先考虑改造成管涵。此外,针对部分农村区域由于承包养殖等历史遗留问题,导致大量河沟被人为阻断用于养殖,进而造成水体不流通的问题,规划借助河长制等管理机制,按照河道管理规定,全面清退河道圈隔养殖的问题,恢复河道自然连通性。二是河道卡口拓宽。对淤塞严重的管涵或淤积严重缩小行洪断面的河段,规划在不影响当地防洪保安、土地利用的前提下,开展疏挖扩容、管涵疏通等卡口拓宽工程,增加水体流动性和河段泄洪能力,增强区域内的水生态环境质量和应对水旱灾害的能力。

(3)岸坡整治工程

河道岸坡除具有防汛功能外,还兼顾重要的生物栖息地等生态功能,同时具有良好的生态修复功能和景观效果。以往水利工程设计只考虑工程结构的安全性及耐久性,材料主要是施工性好、耐久性强的混凝土甚至钢筋混凝土,造成河岸的混凝土化和自然河流形态的直线化或渠道化,大量混凝土、浆砌块石等硬质护岸工程,割裂了水陆联系、破坏了河流横向连续性,进而削弱甚至破坏了河岸带的栖息地功能(动植物群落丧失)、水陆生态系统缓冲带功能、自净功能等,导致河流的水质恶化,影响河流的生态服务功能,使原本充满生机与活力的河岸丧失了"代谢能力"和生命活力。

对于缺乏河岸绿化带的自然岸坡河段,应尽可能地保持其自然河道的特性,以绿化岸坡为主。对于防洪不达标、易冲刷、滨岸带破坏严重的河段,开展岸坡防护整治工程。对于周边居民较为密集的河段,按照相应的防洪标准建设生态护岸,兼顾农村人居环境提升的要求;对于经过零星村庄、农田的河段,按防冲不防淹原则,建设生态护岸。对于现状部分硬质驳岸进行适当改造,恢复河道生态自净能力,可采取软化、绿化、重建等生态化改造措施加以提升。减轻现有河岸硬质视觉感受,美化河道景观,如通过覆土种植防护绿化带或采用局部藤条倒挂等生态改造方式。

具体结合现场情况,因地制宜,确定护岸建设需求、护岸结构形式等,尽量采用多种生态、绿色、美丽的驳岸形式,恢复、提高河道的生态功能。此外,在生态护岸建设的同时,全面清除河岸堆积的垃圾杂物和违规开垦农作物,但考虑到生物多样性的保护,在近河岸 5 m 范围内保留一定的自然水生植物和陆生植物。

生态护岸是既满足河道护岸功能,又有利于恢复河坡系统生态平衡和提高河流自净能力的系统工程。生态护岸是以多种生物共存、保护和创造生物良好的生存环境与自然景观的河岸整治技术。一般来说,生态护岸可按结构和使用材料分为全自然护岸、半自然护岸和多自然护岸 3 种标准形式,具体特点及改造情况如表 2-15 所示。

表 2-15　护岸形式的特点及改造情况

护岸形式	特点	改造情况
全自然护岸	只采用种植植被保护河岸、保持自然河岸特性的护岸,但此类护岸抵抗洪水的能力较差	对于缺乏河岸绿化带的自然岸坡河段,应尽可能地保持其自然河道的特性,以绿化岸坡为主
半自然护岸	不但种植植被,还适当采用石材、木材等天然材料,增强了护岸抗洪能力	对于具有防洪作用、需要控制河势的骨干河道,必要时仍需进行护岸建设,但以生态型护岸建设为主(如石笼护岸、生态袋护岸、生态联锁预制块、生态混凝土透水砌块护岸等)
多自然护岸	在自然型护岸的基础上再用混凝土、钢筋混凝土等人工材料,确保了护岸抗洪能力	对于现状河道硬质护岸部分,可设置隔离绿化带或防护隔网;如果不能设置隔离绿化带,则至少要做嵌草,减少降雨径流直接入河,并局部采用藤条倒挂生态改造的方式,在岸边的绿化带内种植一些藤本植物,利用其低垂的茎叶遮挡堤岸,减轻现有堤岸的硬质视觉感受,美化河道景观

在岸坡较陡或地段冲蚀严重的河段区域,宜采用生态护岸模式,在坡脚设置木桩、石笼或各种种植包进行护岸,在斜坡上种植亲水植物,实行乔灌结合,形成"植物加筋土",促进地表水和地下水的交换,滞洪补枯、调节水位,利用植物自身的功能净化水体。同时固堤护岸,避免岸坡出现坍塌现象,提高河道岸坡的稳固性。典型断面如图 2-6 所示。

生态仿木桩

格宾护垫

生态混凝土护坡

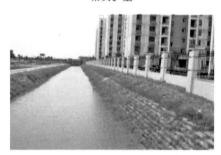
生态袋护坡

图 2-6　生态护坡典型断面图

2.3.4.4　工程调控

针对区域防洪排涝工程短板、水源不足、配置不当、河道水动力不足等复杂问题，采取防洪排涝、水源配置以及活水调度等工程措施进行治理，以建立完善的水灾害防御、水资源保障、水生态健康、水环境优美的保障体系。工程调控技术路线图如图 2-7 所示。

（1）防洪排涝工程

按照"上控、下排、中调"和蓄泄兼筹的思路，加强防洪减灾工程建设，系统构建以湖库、河道、堤防和蓄滞洪区为主体的防洪排涝保障体系，着力提升湖泊水库调蓄能力、推进骨干河道和中小河流治理、加快低洼易涝区整治、提高滞洪区配套工程除涝能力、推进城市防洪排涝工程建设，建设"用时供水、平时储水、涝时排水"的现代骨干河网水系，显著提高防洪排涝能力，确保洪涝灾害可防可控可治，保障区域防洪安全。

①湖库调蓄能力提升：加快实施区域防洪控制性水库或湖泊工程，削减上游超额洪量，提高下游河道和区域防洪减灾能力，同时缓解区域水资源供给不足问题。按期开展水库安全鉴定工作，继续实施病险水库除险加固工程，突出抓好"大坝、溢洪道、放水涵"三大建筑物达标建设，配套完善交通、管理设施，对淤积

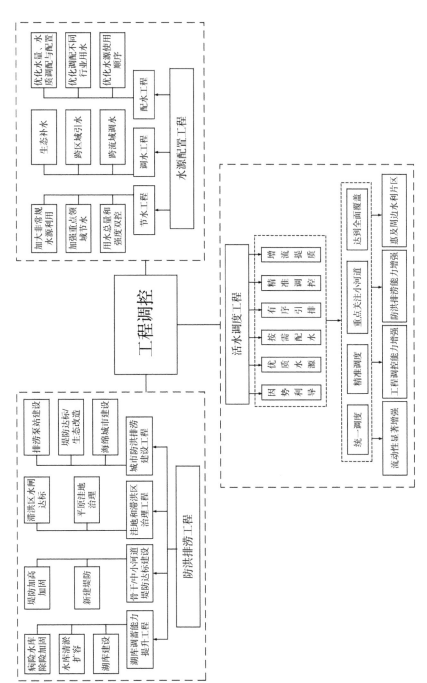

图 2-7　工程调控技术路线图

较深的水库进行清淤扩容,彻底消除水库安全隐患,确保工程防洪安全。

②骨干及中小河道堤防达标建设:加快区域防洪除涝工程提标升级建设,实施堤防加高加固、生态化改造以形成完整的防洪堤圈,防洪标准达到区域防洪规划和国家标准要求,保证标准内洪水安全通过,提高区域的防洪除涝能力,保障区域内人民群众生命财产安全。对区域内主要干支流河道修建防洪堤(护岸),根据干支流两岸防护对象(城镇、灌区、农村居民点等)和河道特性的不同,对不同河段采取不同的设防标准及堤防型式,即封闭堤、开口堤和护岸。

③洼地和滞洪区治理:加快实施重点洼地治理项目,达到规划要求的除涝标准,为区域粮食生产基地提供水源并保障其生产安全;按期开展水闸安全鉴定工作,对鉴定为三类闸和四类闸的滞洪区及时开展除险加固,确保水闸安全。

④城市防洪排涝工程建设:根据区域城市总体规划和防洪规划,贯彻海绵城市与韧性城市建设理念,加强城市防洪除涝基础设施建设,科学安排城市洪涝水蓄滞和外排出路,衔接流域、区域防洪工程体系,统筹市政建设、环境整治、生态保护和修复的需要,整体提升城市防洪排涝能力。科学编制区域海绵城市专项规划,严格落实规划管控,采用"渗、滞、蓄、净、用、排"等措施完善城市雨水综合管理系统。优化城市公园、游园绿地建设,增强雨水渗透吸纳能力;加强城市水环境综合整治,发挥水体调蓄功能;加强海绵型小区建设力度,实现雨水源头控制;提高城市道路排水功能,有效削减雨水径流;加强监督管控,落实海绵城市指标要求。

(2)水源配置工程

基于"先节水、后调水"的工作思路,从观念、意识、措施等各方面把节水放在优先位置。坚持落实国家节水行动方案,加强用水总量和强度双控,严格用水全过程管理,进一步强化重点领域节水(推进农业节水增效、工业节水减排、城乡节水降损),把非常规水源纳入水资源统一配置体系,推进雨洪资源、再生水等非常规水利用,完善节水激励机制刻不容缓。这一举措不仅能够有效保障水资源供给,同时能够通过节水促进污染减排,降低水环境污染以及水生态损害的威胁。

在充分节水的基础上,加大缺水区域调水、合理配水等水资源配置工程建设。一是加强城镇水资源配置。对于当地水源不足的区域,加快外调水源供给和输水通道建设,构建形成"当地水源、外调水源、非常规水源、地下水源"等多源互济的城镇供水体系,同时完善城镇供水配套工程供水厂等的建设,提高水资源供给质量。二是加强农业农村供水保障。按照乡村振兴战略、推进城乡融合发展的要求,深入推进城乡公共服务均等化,以"工程建设集中化、城乡供水一体化、供水水源地表化、经营管理市场化"为发展重点,构建城乡供水同质量、同标准、同保障、同服务的农村供水体系。其中,重点发展集中连片规模化供水工程,推动城镇供水设施向农村延伸;对原工程规模小且水源有保障的,尽可能进行改、扩建和联网并网;对水源有保证,但工程老化或水处理设施不完善的供水工程,通过改造供水设施或处理工艺,改善供水水质。

(3)活水调度工程

活水调度用于解决区域洪涝灾害频发、水动力不足等问题。在实际工作中,严控以恢复水动力为理由的各类调水冲污行为,重视以"流水不腐"为核心理念,以水质水动力学精细化数学模型为驱动,从流域、区域、市域层面,统筹规划,因地制宜,兼顾防洪,合理利用优质丰富的水资源,综合运用现有闸泵工程,结合控源截污、河道治理等综合措施,实现区域河网的水系优化调控和水生态环境系统改善的良性循环,解决城市河网水体黑臭、水质较差、感观不佳、水流不畅、流动无序等难题。

通过分析已有水质数据,并适当补充监测,选择合适的活水水源;以水动力学精细化数学模型为驱动,开展原位试验,率定模型主要参数(糙率),模拟历史情况(闸泵调度、水位变化),利用率定的数学模型开展多方案情景模拟;综合运用现有闸泵工程以及新建的闸泵堰等水利工程,结合模拟技术和水系优化调控成套技术,提出多目标的实时监测—精准模拟—智能互馈的联控联调系统建议,实现城市活水调度智能化管理。

对于城市河网水系,水流调控工程一般分为三种类型。一是钢坝闸。由土建结构、带固定轴的钢坝、驱动装置等组成,适用于宽度为 10~100 m,水位差为 1~6 m 的河道。活动钢坝闸可以直立挡水,控制内外河连通,构建排水片区,实现自由补排水,可根据需要实时调整闸门开启角度,调控不同水深,卧倒时沟通水体,不影响河道通航、泄洪、冲沙,维持河道正常生态、环境与景观功能。同时,其控制系统方便实用,占地空间小,控制方便;投资费用适中,运行维护费用低。二是滚水坝。滚水坝是河道中常用的水利设施,其作用主要是截留部分河水,保持河道一定的水位,以保证河道生态用水和景观用水的供给。水流经滚水坝后,可提高水体的溶解氧浓度,并加速水中污染物的降解。三是闸泵站。城市可适当采用潜水轴流泵,其主要特点为节省工程投资、机组拆装快捷、适用多种运行条件、设备可靠性高以及使用寿命长,相配套的活水泵站进出水闸门为暗杆式不锈钢方闸门(双向受力),进出水流道前设置不锈钢格网。

2.3.4.5 生态修复

水生态修复是一项系统工程,包括陆域上的水土流失治理、岸坡或水陆交错带修复以及水体内的生态修复。通过实施生态修复工程,降低汇入河道的污染负荷、拦截净化陆域岸坡面源污染、提升河道水体的自净能力、吸收转化水体污染物、改善河道生态系统。生态修复技术路线图如图2-8所示。

（1）系统完整性修复工程

水生态修复的重要任务之一是恢复水生态系统结构与功能的完整性,其核心是恢复各生态要素的自然特征,即水文情势时空变异性、河湖地貌形态空间异质性、河湖水系三维连通性、适宜生物生存的水体物理化学特性以及食物网结构和生物多样性等。在改善河流水文情势方面,不仅需要恢复水量,也需要恢复自然水文过程;在修复河湖地貌形态空间异质性方面,要恢复河流蜿蜒性、横断面地貌单元多样性等;在修复河湖水系三维连通性方面,通过工程措施和调度措施,促进水网连通性、增加水体动力性;在适宜生物生存的水体物理化学特性范围方面,重点是通过源头治理、污染控制、水库调度、曝气等措施,使水温、溶解氧、营养物和其他水质指标满足本土种生物需求;在生物方面,除了重点保护珍稀、濒危和特有生物以外,还应创造条件,完善河湖食物网结构。具体可通过开展河道原位水体生态修复工程、生态流量保障工程、湿地修复调控工程和地貌形态修复工程等,以恢复生态系统的完整性。

①河道原位水体生态修复工程。主要是净化水体的污染物,通过生态平衡调控技术、优势微生物诱导技术、"水下森林"构建技术等修复水体水生态系统,构建水体水生态系统由水陆交错区到中心水域,由水面到水底的立体结构,具体包括水生态净化系统构建、食物链均衡控制系统构建、微生物调控系统构建等。具体工程措施包括增氧曝气、生态浮床或生态浮岛技术、微生物强化修复、水生植物净化系统、水生动物调控系统、底质生态重塑或改良等技术,通常前期以人工曝气增氧和微生态系统快速治理为主,待水体系统逐渐恢复后,后期依靠水生动植物系统与微生态系统搭配。

②生态流量保障工程。由于人类社会对于水资源的开发利用,试图恢复到大规模开发以前的水文情势是不现实的,只能实现部分恢复。通过优化配置水资源,合理安排生产、生活和生态用水,以满足生态用水需求。一是依靠拦蓄坝/堰的建设,实现梯级调控水量,保障基本生态需水;二是通过模拟自然水文过程,改善大坝电站的调度方式,将生态流量纳入水库大坝等的水量调度,完善主要河流水量调度方案,合理安排重要断面下泄水量,加大生态流量优化调度,以适应鱼类和其他水生生物的繁殖生长需求;三是推进小水电生态化改造,加强绿

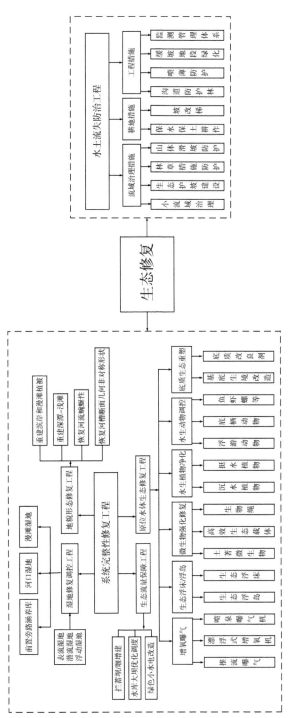

图2-8 生态修复技术路线图

色小水电建设,建立完善的绿色水电认证和市场激励机制,保障下游生态流量,对生态影响较大且无法实施改造的小水电,要逐步关停或退出。

③湿地修复调控工程。湿地修复调控工程主要包括前置旁路涵养库、漫滩湿地、河口湿地等工程类别,具体湿地类型包括表流湿地、潜流湿地和浮动湿地等。前置旁路涵养库是利用河湖滨岸带附近天然的水塘、水库、废弃鱼塘或矿坑,通过生态工程改造后形成的一种效果好、建设运行费用低的水体净化工程,可大幅削减入河湖污染物。漫滩湿地工程建设指在河道滩地内,通过植被修复、生态驳岸建设及相应管理保护等措施,丰富河道中生境种类,为各种水生生物提供栖息地,优化生态系统结构。河口湿地工程建设包括缓冲带建设和水生态系统构建等。

④地貌形态修复工程。在修复河湖地貌形态空间异质性方面,恢复河流蜿蜒性,重建深潭-浅滩序列;恢复河流横断面的地貌单元多样性,包括恢复河槽断面几何非对称形状,恢复和重建河滨带和河漫滩的植被;行洪通道的清理及河漫滩各类地貌单元包括洼地、沼泽、湿地、故道和牛轭湖的恢复。

在技术方案比选中应充分考虑技术可行性、治理周期、土地规划用途、具体污染状况、技术可行性、工程实施难度和工程经济性等多种限制因素,并结合各工程特点具体选择。

(2)水土流失防治工程

水土流失防治主要以防止水土流失、保护与合理利用水土资源、控制入水泥沙、改善农业生产和农村生活条件、改善生态和人居环境为根本出发点,坚持"预防为主,保护优先"的水土保持工作基本方针,从"以治理为主"向"治理和自然修复"并重转变,对自然因素和人为活动可能造成的水土流失进行全面预防,促进水土资源在保护中开发,在开发中保护,加强封育保护和局部治理,保护地表植被,扩大林草覆盖,从源头上控制水土流失。坚持"综合治理,因地制宜",分区分类合理配置治理措施,对水土流失严重的地区开展综合治理,合理配置工程、林草、耕作等措施,形成综合治理体系,维护和增强区域水土保持功能,形成综合防护体系,构筑区域生态安全屏障。

水土流失治理工程的主要建设内容包括流域治理、坡耕地治理、沟道治理以及监测管理体系建设等。一是流域治理,包括小流域治理、生态护坡建设、林草措施防护、山体滑坡防护等措施,小流域治理就是以集水面积小于 100 km^2 的流域为单元进行综合规划,根据流域特点使用不同的水土保持措施,坡面上修水平梯田,造林、种草、沟道内建大小淤地坝,使工程措施、生物措施和耕作措施各尽其能,相互补充、相互促进。小流域综合治理可以使不同的水土保持措施形成一个完整的体系,能全面而有效地制止不同部位和不同形式的水土流失。同时可以充分有效地提高天然降水的利用率,减少地表径流,从而做到水不出沟、泥不下山。林草保护主要是森林植被抚育更新与改造、封育保护、生态移民、25°以上坡耕地退耕还林还草等措施。二是坡耕地治理,即在坡耕地上采取保水保土耕作及修梯田治理。其中,保水保土耕作是在坡耕地上结合每年农事耕作,采取各类措施改变微地形[等高拼作、沟垄种植、掏钵(穴状)种植,抗旱丰产沟,休闲地水平犁沟等]、增加地面植物被覆(草田轮作、间作、套种、带状间作,合理密植,休闲地上种绿肥等)、增加土壤入渗、提高土壤抗蚀性能(深耕、深松、增施有机肥、留茬播种等)、减少土壤蒸发(地膜覆盖、秸秆覆盖等),以保水保土、减轻土壤侵蚀、提高作物产量为目的。根据梯田的地面坡度不同,可分为陡坡区梯田与缓坡区梯田;根据梯田的田坎建筑材料不同,可分为土坎梯田、石坎梯田和植物坎梯田等;根据梯田的断面形式不同,可分为水平梯田、坡式梯田、隔坡梯田和反坡梯田等;根据梯田的用途不同,可分为旱作物梯田、水稻梯田、果园梯田、茶园梯田、橡胶园梯田等。三是沟道治理,即建设乔、灌、草相结合的入河(湖、库)植物过滤带,形成沟道防护林建设。四是监测管理体系建设等,主要是对陡坡地开垦和种植、林木采伐及抚育更新,以及基础设施建设、矿产资源开发等采取预防监管措施。对崩塌、滑坡危险区,泥石流易发区和水土流失严重、生态脆弱的地区采取限制或禁止措施。

加强水土流失重点治理区治理,改造浅山丘陵地带坡耕地和"四荒地",建设沟道拦蓄工程,配套蓄水池等坡面集水工程;在粗骨土和沙化严重地区,发展耐干旱瘠薄的经济林和生态林。实施以小流域为单元的综合治理,重点开展坡改梯工程并配套建设坡面灌、排系统,大力发展节水农业和特色林果产业。以水源保护和生态维护为主,保护和恢复区域水库上游林草植被,大力营造水源涵养林,改善水库周边生态系统,保护水库水质。依法强化生产建设项目水土保持监管,防止石矿、铁矿等矿产资源开发项目人为造成新的水土流失,实施矿区土地整治和生态恢复工程。推进重点治理区土壤保持、水源涵养,保障水源地生态安全。加强重点预防区生态防护、土壤保持。实施水土保持综合治理项目,有计划地开展封禁治理,加强河渠水系、沿湖湿地水生态环境保护,推动区域生态清洁小流域建设项目,推进水土保持林、排水沟、护坡绿化、小型蓄水工程等综合治理工程建设,提高流域植被覆盖率,降低水土流失量。强化水土保持监督执法力度,对可能造成水土流失的生产建设项目,采取水土流失预防和治理措施,从源头上有效控制水土流失。

2.3.5　组织管理保障

2.3.5.1　强化组织实施,明确任务分工

建议各级人民政府要根据区域经济社会发展对防洪减灾、水资源配置、水环境和水生态保护的要求,高度重视区域水问题治理,河湖开发、保护和管理工作,切实加强规划的组织实施。将规划确定的目标和任务纳入国民经济和社会发展规划,并作为政府重要考核内容;有关行业部门按照职责分工,切实履行职责,具体落实规划目标和任务,优先解决与人民群众切身利益密切相关的防洪、水资源、水环境和水生态问题,将规划转变成行之有效的实施方案和政策措施。

根据区域水问题的紧迫性和阶段性,结合地方财政,科学制定"工程项目化、项目节点化、节点责任化、责任具体化"分阶段实施的具体举措。强化整治任务、重点工程与水问题治理目标之间的有机联系,实施项目化管理,建立项目实施责任制,完善目标责任考核及问责制度。将区域水问题综合治理规划中的工作,分解成具体责任分工和责任目标,将规划相关指标纳入各级政府和领导干部政绩进行年度考核;将工程任务逐项分解、层层落实到具体实施部门,签订工程目标责任书,使责任落实到人,确保各项工程的有效实施和按时完成。对年度方案项目完成率低于50%或水污染出现超标的地区,一是对主要负责人进行问责;二是暂停该区域项目并进行整改,直到达到规定标准为止;三是暂停下年度项目资金支持。对推动工作不力的,要及时诚勉谈话;对在执行规划中的各种失职、渎职以及其他违法行为,按照相关规定严肃处理。

建立项目绩效考核制度。成立考核工作组,通过引入第三方评估、专家打分和公众调查等方法,建立可监测、可统计的绩效评估指标体系,定期对工程推进及成效进行考核,明确评定结果档次,并向社会公开发布。根据考核评价结果,对保护成效突出的个人、单位予以表彰奖励。同时,县政府加强管辖范围内的督导检查,按照"谁监管、谁负责"的原则,严格责任落实和责任追究,围绕重点区域实施重点监督检查。

2.3.5.2　加大环境管理,实现智能监管

提高各级政府和有关部门社会管理的能力,加强依法管水,推行行政执法责任制,加大执法力度,加强水事纠纷的预防和调处,维护正常的水事秩序。一是加强规划管理。水问题综合治理规划一经批复,相关行业和部门应按照规划确定的目标和规划方案积极组织实施;在规划实施过程中,应严格执行规划同意书

制度,对不符合规划的项目,不得批准;建立规划方案评估制度,在规划批准后每5年进行一次规划后评估,10年内进行修编调整。二是加强水资源与水生态环境保护管理。建立水功能区纳污红线指标体系,明确实现最严格水资源管理制度的纳污控制考核管理目标;强化入河排污口和水源区保护;加强水土保持管理和农业面源污染控制管理;水工程立项和建设过程中应将水资源与水生态环境保护纳入水工程建设管理的范畴。三是强化防洪抗旱减灾管理。研究制定区域洪水防御方案,规划建设重点防护区域的防灾减灾体系;规划建设洪旱灾害监测、预警系统;编制应急预案;制定政策法规、超标准洪水的防御对策等;加强区域内各级防洪抗旱指挥机构建设,完善洪旱灾害管理设施;加强避洪宣传教育。四是加强水资源综合利用管理。执行最严格的水资源管理制度,研究制定区域用水总量控制红线、用水效率红线、区域间断面控制指标,建设和完善区域间断面监测设施,加强水资源监测和监控。县级人民政府或其水行政主管部门应按照流域总量控制要求,将总量控制指标逐级分解落实到镇区。县区根据本行政区域总量控制指标要求,将总量控制指标分解落实到取水户。区域取水许可总量不得超过各区域分配的用水总量指标。五是加强涉水工程管理。合理划定和审批公布水利工程管理范围;提升工程运行管理规范化和自动化水平;工程运行必须遵循水利工程运行规定、操作规程和管理条例;各骨干水利工程管理单位要建立相关信息监控系统,使工程运行实现程序化、自动化。

党的十八大以来,"信息化"已上升为国家战略、民族战略。涉水监管作为水问题治理保障的重要组成部分,其信息化程度也将直接影响水问题治理成效的现代化水平。采用现代化技术,实现对水域、岸线和陆域空间的水情水质,岸线或陆域空间的违法占用、非法行为以及涉水工程使用情况等智能监管,是水问题治理、水违法监管、水质量保障的重要措施。

利用遥感技术、无人机技术、远程自动控制技术、地理信息系统技术、远程自动控制技术、数据库技术建设综合应用决策支持系统,涵盖涉水领域各类信息的采集、传输、存储、管理、服务、应用、决策支持和远程监控等环节。以信息采集传输系统、计算机网络系统、监控中心与远程监控系统、应用系统为中心,将水域、岸线与陆域空间实时监控信息统一纳入信息平台,实时分析与处理海量的涉水信息,得出相应的处理结果辅助决策建议,从而达到"智能化"的信息管理决策支持、信息服务等状态,将能切实解决水管理中面临的问题,达到"信息采集自动化、传输网络化、信息资源数字化、管理现代化、决策科学化"的目标。全面提高涉水管理的现代化水平,为水问题的解决和水资源的保护提供强大的技术支撑。

2.3.5.3 加强宣传教育,推动全民参与

水问题治理属于公共事务管理范畴,治理模式中强调政府主导,强调自上而下的决策和执行方式,但传统的命令—控制型环境管理模式难以完全应对具有复杂性和利益主体多元性的区域环境问题。其局限性表现如下:其一,由于地方环保部门隶属于地方政府,其环境保护工作容易受地方政府的影响,这使得地方官员的个人意识对环境保护工作的影响过大,容易形成只注重发展经济、不注意保护环境的局面;其二,作为直接排放污染物的行为主体,企业很少参与环境政策的制定,仅仅处于被动接受政府环境管制的地位;其三,社会公众较少参与环境管理,由于信息的不对称,导致部分污染事件的相关利益主体之间的冲突容易激化,甚至可能爆发环境群体性事件。

因此,在强调政府责任的同时,也要驱动市场与公众多方参与,不能弱化乃至忽视企业主体和社会公众的作用,要重塑政府职能,由"管制型"向"服务型"转变,以提供环境公共服务为中心,以公众满意度作为追求的目标和评价标准。水问题治理中的政府、市场和社会的关系如图2-9所示。公共管理的参与者不仅包括地方政府,还包括企业、公众、非政府组织等。建立区域水问题的公共管理模式,可以考虑从以下方面展开:其一,建立和完善公众在水问题治理中的参与制度,增强行政机制的透明度,实行行政公开化,使更多民众了解政府的水治理决策过程,提高公众参政议政的积极性和主动性。对于涉及群众利益的项目,应充分听取群众的意见,及时公布建设内容,扩大公民知情权、参与权和监督权,保障群众合法权益,争取更多的理解、支持和配合,充分调动社会积极因素,创造方案实施的必要条件和良好环境。并且,为了维护公众的环保知情权、参与权、监督权等,应该通过多样化的公众参与方式,保障与某一具体环境管理事务相关的公众都能参与到决策中。其二,充分发挥企业在环境决策中的作用,在制定环境

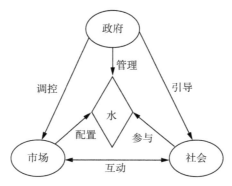

图2-9 水问题治理中的政府、市场和社会的关系

政策时充分听取企业或者企业协会的意见和建议,确保制定的水管理政策在企业层面具有较强的可执行性。其三,举办宣传推介和招商引资活动,进一步推进区域合作,加强与周边地区在水资源保障、水污染治理、水生态修复和水经济发展等方面的全面对接,创新区域合作机制,实现合作共赢,创造良好的建设环境。

2.3.5.4　多元筹措资金,拓宽融资渠道

治理投资是区域水问题综合治理的基本保障,国内外经验表明,一是必须建立"政府引导,市场运作,社会参与"的多元化筹资机制(政府拨款、金融机构贷款、社会资本投入、其他融资等);二是建立"谁污染、谁治理、谁付费"的责任机制;三是建立"治污兴业""护美绿水青山、做大金山银山"的良性循环机制。

区域水问题综合治理任务非常艰巨,应当建立稳定的投入保障机制,以利于规划或技术方案的顺利实施。坚持"中央、地方、社会"共同负担的原则,完善"多元化、多渠道、多层次"的投资体系,逐步形成以"中央投入为主体、区域政府配套投入为保障、社会投入为补充"的较为完善的工程建设与运行投融资机制。

以公益性为主的防洪减灾、水资源配置、水环境保护、节约用水等基础设施建设,此类项目公益性较强,根据规划项目的性质与受益程度、受益范围,明确中央和地方的事权,努力拓展新的投资渠道,建立长期稳定的多渠道投入机制。

以经营性为主的开发利用项目如城镇供排水项目,水厂、污水处理厂、再生水厂及其配套管网工程,要制定相关政策,利用市场机制和手段,吸引社会的投入,为社会资本进入水问题治理工程建设和经营市场创造良好环境。提倡和鼓励企业、私人资金参与治水工程建设与运行管理,引入市场机制,拓宽投融资渠道,争取社会法人、农村集体经济组织和个人投资,兴办各类治水工程,实行"谁投资、谁所有、谁经营、谁受益"的原则;利用国内银行信贷支持,争取债券、贴息贷款等信贷渠道;积极引进外资,利用世界银行、联合国粮农组织等援助或长期低息贷款。形成多渠道、多层次和多元化的资金筹措机制,保证区域水问题综合治理的建设资金。

第 3 章

区域水问题综合
治理关键技术

　　《欧盟水框架指令》中指出,当前世界治水的三大难题是管网"跑冒滴漏"、初期雨水污染及农业面源污染。本章聚焦解决流域防洪排涝与城市和农业面源污染以及农村生活污水治理问题,主要研究:一是区域水问题定量诊断技术,尤其在河道径流与面源污染时空分布特征定量描述方面;二是城市水系优化调控技术,统筹考虑防洪排涝与水环境提升;三是农业面源污染治理技术,分别考虑农田、畜禽与水产养殖污染治理;四是农村生活污水治理技术。

3.1　区域水问题定量诊断技术

　　水问题具有区域性特征,区域水问题定量诊断是水问题治理的基础。随着区域社会经济发展、水文气象、自然地理、土地利用等方面的变化,水问题的类型、特点、成因、主次等属性随之改变,治理思路及措施需相应调整。以往水问题治理过程中,问题诊断多基于经验判断,缺少深入的科学研究,无法认清区域水问题特征,使治理方案呈现"套路化""大众化",未能实现精准施策,导致水问题不断反弹。研究适宜的水问题诊断技术,精确诊断水问题,对指导区域水问题治理,形成科学的治水方案有着重要意义。精细化调查区域基本信息、水系与水利工程、水质与水生态、污染源等基本情况,并以此为基础构建水文水质耦合模型,能够为定量分析区域水问题提供重要手段(Wang et al.,2020;Rao et al.,2022)。

3.1.1　技术简介

　　针对城市下垫面高度变异性、复杂人类活动影响与高精度模拟要求,提出了基于水量与营养盐平衡的平原城市分布式水文水质耦合模拟方法(Urban Distributed Hydrology and Water Quality Model Based on Water Quantity and Nutrient Balance),简称 UHWQM(Wang et al.,2020)。该方法精细刻画了高城镇化地区城市内部建筑、林地与草地等下垫面入渗、蒸发等水文过程,创新性地概化了城市周边不同类型农田种植、畜禽养殖与水产养殖对城市水环境的影响过程,研发了耦合人类活动影响的平原城市分布式水文水质模拟技术,实现了高度变异的下垫面下城市河网径流与水环境的精细化模拟,解决了平原城市复杂下垫面产水产污模拟难题。该方法基于长序列日尺度径流、泥沙与污染物时空演变过程,能够解析平原城市复杂人类活动对水环境的影响机制。

UHWQM 模拟原理是基于水量平衡和质量守恒建立了水箱-营养箱模型,分别用于流域产汇流及污染负荷计算;根据下垫面信息、降雨数据、污染源及土壤数据,建立研究区域水文水质耦合模型,模拟计算入河面源污染负荷;考虑了包括畜禽养殖、粪污还田等人类活动对河道水质的影响,能够对其进行时空动态模拟。UHWQM 主要适用于城市河网地区对非点源污染中 TN、TP的入河总负荷计算。UHWQM 以栅格为最小计算单元,拥有较好的机理性,对于土地利用类型多变的城市河网地区,模拟准确性相比于集总式的水质模型有较大的提高。同时,在考虑城市径流、农田径流以及土壤侵蚀对水质影响的基础上,还将畜禽养殖、水产养殖、粪污还田等活动对河道水质的影响纳入模型模拟范围。

分析以往常见的水环境模拟商业化软件可知,SWAT 模型适用于以农业为主的天然流域,不适用于平原城市区域;MIKE URBAN 软件虽适用于城市区域,但并不擅长对土壤入渗、植被蒸散发等水文过程的精细刻画,且无法动态反映城市周边复杂人类活动对水环境的影响,仅能通过监测数据、初始条件和边界条件等外部输入方式对污染源进行设置。本次研发的耦合人类活动影响的平原城市水文水质模拟模型,从模型结构、模型参数库与变量传递等方面,实现了平原城市复杂下垫面水文过程刻画和典型人类活动行为概化与动态模拟,显著提高了平原河网地区径流与水质模拟的精度和效率。

3.1.2 数学描述

该模型包括降水径流模块、污染负荷产生模块和污染负荷入河模块三部分。污染负荷产生模块用于计算流域内的水、泥沙以及各种污染物质的产生量,其中污染物质包括吸附态和溶解态等两种类型。污染负荷入河模块用于计算流域中的污染物在水动力作用下进入河道的径流量和污染物浓度。

3.1.2.1 降雨产流模块

将研究区划分为栅格,针对每个栅格计算降雨径流。其中,栅格中土壤部分采用三水源新安江模型计算。水域和不透水面部分不考虑土壤结构,采用直接产流的方法计算。

（1）栅格型三水源新安江产流模型

栅格型三水源新安江模型是在 DEM 高程、土地利用、土壤类型等流域基础资料信息的基础上,将栅格单元作为子流域处理,依照三水源新安江模型的原理计算出各单元栅格的产流,然后模拟流域内的降雨产流过程。在每个栅格的产流计算中,分别采用三层蒸散发模型、蓄满产流模式及自由水蓄水库结构进行水源划分,计算出每个栅格上的张力水蓄水容量与自由水蓄水容量,以及相应的产流量和地表流、壤中流、地下水流。产流过程的输入是降雨量 P 和单元流域的水面蒸发能力 EM。产流过程的输出是单位流域面积的地面径流 RS,地下径流 RG 和壤中流 RSS,以及实际蒸发 E(分为三层:EU、EL 和 ED)。

(2) 不透水面产流计算

新安江模型对于不透水面的考虑存在欠缺。当不透水面占比很大时,应对其单独考虑。不透水面蒸发受降水影响,其蒸发公式为

$$E = \begin{cases} K \cdot EI, P \geqslant K \cdot EI \\ P, P < K \cdot EI \end{cases} \tag{3-1}$$

式中:P 为降雨,mm;K 为蒸散发折算系数;EI 为蒸发皿蒸发量,mm。

采用直接产流的方法计算不透水面产流,即认为净雨量(降雨减去蒸发)全部产流。

$$R = \begin{cases} P - K \cdot EI, P \geqslant K \cdot EI \\ 0, P < K \cdot EI \end{cases} \tag{3-2}$$

式中:R 为产流量,mm。

(3) 水面产流计算

水面蒸发不受降水影响,以理论蒸发能力蒸发。对于湖泊、河流和水库等水面,其产流过程异于土壤产流。若采用直接产流的方法计算,即认为水面净雨量(降雨减去蒸发)全部产流,则存在净雨量为负值的情况。为使得降雨—产流过程满足水量平衡,假定水面为均匀水箱,且满足"蓄满产流"的原理,即水面达到饱和水位状态才有产流。假定初始水位为 W_0,存在临界水位 WM,即认为水位低于 WM 不产流;超过 WM 产流,产流后的水位为 WM。

根据水量平衡原理,若不存在产流,则 t 时刻计算的末水位为

$$W_t = \sum_{i=1}^{t} PE_t + W_0 \tag{3-3}$$

判断 W_t 和 WM 的关系,若 W_t 小于或等于 WM,不产流,依旧按照上式计算水位;若大于 WM,则 W_t 保持最大值 WM,其余部分产流:

$$R_t = \begin{cases} 0, W_t \leqslant WM \\ W_t - WM, W_t > WM \end{cases} \tag{3-4}$$

3.1.2.2　污染负荷产生模块

非点源污染负荷模型中的污染物产生模块包括降雨产流过程、土壤侵蚀产沙过程和污染物质迁移转化过程的计算,模拟过程中的污染物质主要考虑氮和磷。分布式模型以栅格为基本计算单元。污染物产生模块的计算过程分为三个部分,具体流程如图 3-1 所示。

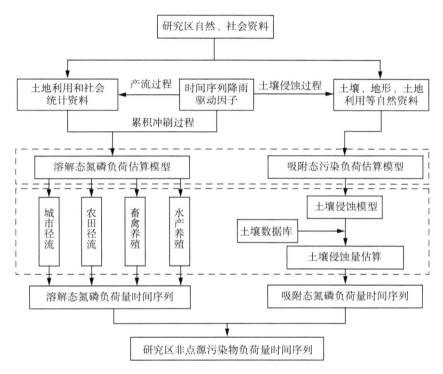

图 3-1　时间序列非点源污染负荷计算流程

第一部分:根据研究区的降雨、潜在蒸发、土地利用、土壤类型等地理自然资料,采用三水源新安江模型模拟栅格单元中的土壤降雨产流过程,计算流出栅格单元的地表径流深。

第二部分:利用土地利用、土壤类型、DEM 等自然资料和计算得到的地表径流深结果,采用修正的通用土壤侵蚀方程(Modified Universal Soil Loss Equation,MUSLE)估算泥沙流失量,并估计吸附态污染负荷;根据研究区人口、畜禽养殖、施肥水平等社会状况和土地利用、土壤类型等地理自然资料,采用累积—冲刷模式计算溶解态污染负荷。

第三部分:根据各栅格的污染负荷计算结果,统计各栅格溶解态和吸附态污染物负荷在不同时段的总量,得到各栅格污染负荷的时间序列,然后进一步计算整个研究区域。

3.1.2.3　吸附态污染负荷计算

当地表径流流过土壤表面时会对土壤颗粒造成冲刷和携带,使一部分污染物吸附于土壤颗粒,进而随地表径流从子流域中进入河道,因此产沙量的变化会影响到这部分吸附态污染负荷的产生量。

吸附态非点源污染负荷受土壤侵蚀状况的控制,其计算模型为

$$W_c = Sed \cdot C \cdot ER \tag{3-5}$$

式中:W_c 为吸附态非点源污染负荷,t;Sed 为土壤流失量,t;C 为土壤中氮磷养分含量,为本底值;ER 为富集系数。

富集系数的定义为在输移的泥沙中污染物质的含量和表层土壤中污染物质含量之比。富集系数 ER 的计算方法为

$$ER = 0.78 \cdot (\rho_{surq})^{-0.2468} \tag{3-6}$$

式中:ER 为富集系数;ρ_{surq} 为地表径流中的泥沙含量。ρ_{surq} 的计算公式为

$$\rho_{surq} = \frac{Sed}{10 \cdot A \cdot Q_{surf}} \tag{3-7}$$

式中:Sed 为土壤流失量,t;A 为单元面积,hm^2;Q_{surf} 为地表径流深,mm。

土壤侵蚀产沙采用 MUSLE 模型计算。MUSLE 模型是改进后的通用土壤流失方程(USLE)。产沙包括两个连续的过程,一是土壤颗粒的剥蚀过程,二是泥沙在径流中的输移过程。在 USLE 方程中,认为土壤侵蚀量是降雨能量的函数,它只能反映土壤颗粒的剥蚀过程,对于泥沙的输移过程则需要用输移比(delivery ratio)来描述。而在 MUSLE 方程中用径流因子代替降雨能量因子,不再需要输移比参数,从而提高了产沙量预测的精度。MUSLE 中径流的流量和流速不仅反映降雨能量因子,而且能更好地反映泥沙的输移过程。土壤侵蚀方程为

$$Sed = 11.8 \cdot (Q \cdot q_{peak} \cdot area)^{0.56} \cdot K \cdot C \cdot P \cdot LS \cdot CFRG \tag{3-8}$$

式中:Sed 为土壤流失量,t;Q 为地表径流量,mm;q_{peak} 为洪峰流量,m^3/s;$area$ 为计算单元;K 为土壤可蚀性因子;C 为植被覆盖和管理因子;P 为保持措施因子;LS 为地形因子;$CFRG$ 为粗碎屑因子。

下面逐一介绍土壤侵蚀方程中各个参数的计算方法。

（1）土壤可蚀性因子 K

土壤可蚀性因子 K 的计算公式为

$$K = f_{csand} \cdot f_{cl\text{-}si} \cdot f_{orgC} \cdot f_{hisand} \tag{3-9}$$

其中，

$$f_{csand} = 0.2 + 0.3 \cdot \exp\left[-0.256 \cdot m_s \cdot \left(1 - \frac{m_{silt}}{100}\right)\right]$$

$$f_{cl\text{-}si} = \left(\frac{m_{silt}}{m_c + m_{silt}}\right)^{0.3}$$

$$f_{orgC} = 1 - \frac{0.25 \cdot orgC}{orgC + \exp(3.72 - 2.95 \cdot orgC)} \tag{3-10}$$

$$f_{hisand} = 1 - \frac{0.7 \cdot \left(1 - \frac{m_s}{100}\right)}{\left(1 - \frac{m_s}{100}\right) + \exp\left[-5.51 + 22.9 \cdot \left(1 - \frac{m_s}{100}\right)\right]}$$

式中：$orgC$ 为土壤层中有机碳百分比含量；m_s 为土壤中粒径在 0.05～2.00 mm 范围的砂粒含量所占百分比；m_{silt} 为粒径在 0.002～0.05 mm 范围内粉砂颗粒含量所占的百分比；m_c 为粒径小于 0.002 mm 的黏土颗粒含量所占的百分比。

（2）植被覆盖和管理因子 C

植被覆盖和管理因子 C 反映了土地利用方式以及不同农作物对土壤流失的影响，通常地表覆盖率越大，C 值越小，反之则 C 值越大；一般无任何植被覆盖的休闲坡地 C 值为 1，其他情况取 0～1 范围的数值。结合计算流域内各种土地利用及植被覆盖等情况，给出流域内各种土地利用下的 C 值见模型参数设置。

（3）保持措施因子 P

保持措施因子 P 反映了水土保持措施对于坡地土壤流失量的控制作用，其定义为：在其他条件相同的情况下，P 值为某一水土保持措施的坡耕地土壤流失量与无任何水土保持措施的坡耕地土壤流失量之比值，大小在 0～1 的范围内。结合研究区土地利用类型及其耕作方式等实际情况综合给定 P 值见模型参数设置。

（4）地形因子 LS

地形因子的计算公式为

$$LS = \left(\frac{L_{hill}}{22.1}\right)^m \cdot (65.41\sin^2\alpha + 4.56\sin\alpha + 0.065) \tag{3-11}$$

式中：L_{hill} 为斜坡长度，m；α 为斜坡角度；m 为指数，计算公式为

$$m = 0.6 \cdot [1 - \exp(-35.835slp)]，slp = \tan\alpha。 \qquad (3-12)$$

（5）粗碎屑因子 $CFRG$

粗碎屑因子的计算公式为

$$CFRG = \exp(-0.053 \cdot rock) \qquad (3-13)$$

式中：$rock$ 为土壤层中岩石所占百分比。

（6）峰值流量 q_{peak}

峰值流量采用一种修正的推理方法，基本方程为

$$q_{peak} = \frac{C \cdot i \cdot area}{3.6} \qquad (3-14)$$

式中：C 为径流系数；i 为降雨强度，mm/h；$area$ 为子流域面积，km^2。

3.1.2.4 溶解态污染负荷计算

在暴雨径流的作用下，土壤可溶性养分因径流浸透而向径流扩散，溶解态污染物溶解在地表径流中一同进入河道。

非点源污染负荷包括农田径流、城市径流、畜禽养殖和水产养殖 4 种流失途径。其中，农田径流、城市径流和畜禽养殖的产污和降水紧密相关。水产养殖直接流入河道，和降水关系较小，因此可理解为只和源强相关。

（1）累积冲刷模型

受降水影响的非点源污染产污的确定是模型的关键，采用改进的累积冲刷模型进行计算。原始的累积冲刷模型假定场次降雨过程中，污染物负荷源强随着降雨过程在不断衰减：

$$\begin{aligned} Q_1 &= Q_0 e^{-kR_0} \\ Q_2 &= Q_1 e^{-kR_1} \\ &\vdots \\ Q_i &= Q_{i-1} e^{-kR_{i-1}} \end{aligned} \qquad (3-15)$$

式中：Q_i 表示场次降雨第 i 时刻的栅格单元污染物源强，t/km^2；k 为地面冲刷系数，为经验参数；R_i 表示场次降雨第 i 时刻的径流深度，mm。

根据上面公式，等号两边分别相乘可得

$$Q_i = Q_0 e^{-kRt_i} \qquad (3-16)$$

式中：Rt_i 表示场次降雨第 i 时刻的累积径流深度，mm。

可见，随着场次降雨时间的持续，污染物浓度随径流深度呈指数级别衰减。

实际上，受到污染物补给的影响，污染源强存在累积情况，降雨过程中不同时刻栅格污染物源强 Q 会发生变化，第 i 降雨时刻的污染物源强计算公式为

$$Q_i = (Q_{i-1} + l_{i-1} \cdot t) e^{-kR_i} \tag{3-17}$$

式中：t 为时间步长，此处取小时，h；l_{i-1} 为第 $i-1$ 时刻的污染物补给源强，t/(km^2 · h)。

根据上面公式可推算得

$$Q_i = Q_0 e^{-kRt_i} + \left[l_0 e^{-kRt_i} + l_1 e^{-k(Rt_i - Rt_1)} + \cdots + l_{i-1} e^{-k(Rt_i - Rt_{i-1})} \right] \cdot t \tag{3-18}$$

式中：Rt_i 为场次累积径流深度，mm。

若 l_i 保持不变，则

$$Q_i = Q_0 e^{-kRt_i} + l \cdot e^{-k} \cdot \left[e^{Rt_i} + e^{Rt_i - Rt_1} + \cdots + e^{Rt_i - Rt_{i-1}} \right] \cdot t \tag{3-19}$$

（2）污染物负荷估算

对于农田径流、城市径流和畜禽养殖，根据污染物的浓度变化过程，第 $i-1$ 到 i 时间段内（对应 i 时刻）的产污量为

$$q_i = Q_{i-1} + l_{i-1} - Q_i \tag{3-20}$$

式中：q_i 为 i 时刻对应的产污负荷。

若 l_i 保持不变，且 $t=1$ 时，则

$$q_i = (Q_{i-1} + l) \cdot (1 - e^{-kR_{i-1}}) \tag{3-21}$$

农田径流、城市径流和畜禽养殖采用该模型计算，公式为

$$W_{ij} = q_{ij} \cdot Area \tag{3-22}$$

式中：j 为非点源污染类型，分别是旱地径流、林地径流、城市径流、农田径流、畜禽养殖和水产养殖；W_{ij} 为 i 时刻的单元栅格 j 类型（农田径流、城市径流和畜禽养殖）污染负荷量，t；q_{ij} 为 i 时刻 j 类型的产污负荷，t/km^2；$Area$ 为计算单元面积，km^2。

①地面冲刷系数

地面冲刷系数 k，反映降水径流对污染物的冲刷携带能力，与土壤结构、土地利用类型和实时径流量有关。为简化起见，只考虑土地利用类型对该参数的

影响,取值见模型参数设置。

②溶解态非点源污染负荷总量

将计算得到的农田径流、城市径流、旱地径流、林地径流、畜禽养殖和水产养殖等不同流失途径下产生的溶解态非点源污染量相加,即得到溶解态非点源污染负荷总量,见式(3-23)。

$$W_s = \sum_{j=1}^{6} \sum_{i=1}^{T} W_{ij} \qquad (3-23)$$

式中,W_s 为不同流失途径下的溶解态非点源污染量之和,t;T 为污染负荷计算时长,h。

3.2 城市河网水系优化调控技术

城市水系优化调控指通过优化水系及水利工程调度,将迅速汇集的涝水安全有序地"排"出去,或使原本静止的水"流动"起来。水系连通是实现城市防洪排涝和生态环境功能的先决条件,水利调度是城市水问题综合治理的重要手段,水系优化调控能够在时空、区域和季节上实现水资源的重新分布,满足国民经济社会发展对水资源的基本需求,解决区域洪涝灾害与水动力不足的问题,对水质型缺水及水生态修复亦十分重要。采用理论分析、模型试验与数值模拟等方法,以水系连通为基础、水动力为驱动、精细化模拟为手段、水系优化调控为目标,统筹防洪排涝、水资源保障与水环境提升等需求,提出城市河网水系优化调控技术,实现区域河网的水系优化调控和水生态环境系统改善的良性循环,解决城市河网水体黑臭、水质较差、感观不佳、水流不畅、流动无序等难题。

3.2.1 技术简介

在以往水流优化调控方面,着重考虑以提高防洪排涝能力或提升水环境承载能力为目标,优化布局与调度水利工程,协调流域洪水与局地涝水或区域间水流分配。在当前水问题综合治理背景下,亟须进一步开展防洪调度、水资源调度与水生态环境调度间关系协调的水利工程布局与调度优化研究,尤其是水资源禀赋条件差、水资源时空分布不均衡的区域,在充分利用汛末雨洪资源、强化河湖生态补水等方面还需要深入研究。本文以水位、水动力与水质指标为优化目标与约束条件,以水动力-水质耦合数学模型为核心,研发城市河网防洪—补水—提质优化调控方法,兼顾区域防洪排涝、通航、景观与水环境提升目标。实时获取水情、雨情、水质等基础信息,依据模型计算成果优化调度区域内闸站、泵站、堰等水利工程,实现区域内枢纽的联控联调,达到防洪排涝效率最大化,智能分配引水量,精细调控水位差,提高河道水动力,增加水环境容量,从而改善水质,提高区域调度管理能力和效率(王思如 等,2022;Gu et al.,2022;王文琪等,2023)。

3.2.2 数学描述

3.2.2.1 河道水动力模拟

河道水动力模拟的控制性方程为 Saint-Venant 方程组(Mahmood and Yevjevich,1975),由连续方程和动量方程组成:

$$\frac{\partial Q}{\partial t} + B_t \frac{\partial Z}{\partial t} = q$$

$$\frac{\partial Q}{\partial t} + 2u \frac{\partial Q}{\partial x} + (gA - Bu^2)\frac{\partial Z}{\partial x} - u^2 \frac{\partial A}{\partial x}\Big|_z + g\frac{n^2 Q|Q|}{AR^{1.33}} = 0 \tag{3-24}$$

式中:x,t 分别为河道纵向坐标及时间坐标;Q 为断面流量,m^3/s;Z 为断面水位,m;B_t 为水面宽度(包括主流断面宽度和附加滩地宽度),m;q 为单位河长旁侧入流量,m^3/s;u 为过水断面平均流速,m/s;g 为重力加速度,m/s^2;A 为过水断面面积,m^2;$\frac{\partial A}{\partial x}\Big|_z$ 为水位相同时断面沿程变化率;R 为水力半径,m;n 为糙率系数。

河道交汇处流量计算采用水量平衡方程:

$$Q_m^{n+1} + \sum_{j=1}^{L(m)} Q_{m,j}^{n+1} = \Delta V \quad (m = 1,2,\cdots,M) \tag{3-25}$$

式中:Q_m^{n+1} 为 $n+1$ 时段通过节点 m 的流量;$Q_{m,j}^{n+1}$ 为 $n+1$ 时段通过河段 j 节点 m 的流量;$L(m)$ 为连接到节点 m 的河段数;M 为节点总数;V 为河道交汇点蓄水量。

河道恒定流模拟采用曼宁公式:

$$Q = A\frac{1}{n}R^{2/3}\sqrt{i} \tag{3-26}$$

式中：i 为坡度。

对于管涵过流模拟，采用压力管流模型而非完全求解 Saint-Venant 方程，如式（3-27）所示。

$$\frac{\partial Q}{\partial x} = 0$$

$$\frac{\partial Q}{\partial t} + gA\left(\frac{\partial h}{\partial x} - S_0 + \frac{Q|Q|}{K^2}\right) = 0 \tag{3-27}$$

式中：h 为管内水深，m；S_0 为底坡；K 为满管输送流量，m^3/s。

水动力模型的主要敏感参数为糙率，以《给水排水设计手册：常用资料》（第2版）中关于天然河道和人工管渠粗糙系数取值的参照表，作为相应河道粗糙系数的合理取值范围依据。一般河道自然护岸、硬质护岸糙率范围分别为 0.030~0.035、0.025~0.030。采用水位过程的纳什效率系数（NSE）与均方根误差（RMSE）评价模拟结果（Duan et al.，2006）。均方根误差指标值越小，说明模型的误差越小；纳什效率系数指标值越接近 1，说明模型的精度越高，拟合程度越好。

3.2.2.2　水系调控限制条件

在水系调控方案优化前，首先需考虑城市水系的自然与社会经济服务功能，明确水动力调控限制条件。本文综合防洪排涝安全、水环境改善与水资源节约利用需求，分别提出河道最高水位、最低水深和最大水量 3 个限制因子（王思如等，2022）。水动力调控期间区域水位不宜超过防洪控制水位。考虑河道可能具备的景观、生态或航运功能，水动力调控期间水深据其功能有特定要求。考虑景观功能，城市渠化河流最低水深控制在 0.2~0.5 m（Jia et al.，2011）；考虑鱼类等水生生物对河流水力形态指标基本要求，《水电工程生态流量计算规范》（NB/T 35091—2016）规定水深不低于 0.3 m，鱼类产卵时期水深不低于 0.4 m；根据航道规划中的航道等级，依据《内河通航标准》（GB 50139—2014）规定的不同等级航道的最小水深，确定河道断面平均水深的下限。为节约水资源，保证水动力优化调控前后区域总用水量不增加。

3.2.2.3　水系调控优化目标

（1）水动力优化目标

河流生态流速阈值是反映河网流速空间与时间分布的变量，可用于评价水动力调控效果。从抑制藻类暴发角度，Escartín 等人与 Mitrovic 团队通过水槽试验以及澳大利亚多个河道实地测量分析，认为河流生态流速宜大于 0.1 m/s（Escartín and Aubrey，1995；Mitrovic et al.，2003）；焦世珺通过室内试验与油桶岩水库大坝室外实验相结合的方法,确定三峡库区下游低速河道水华暴发的临界流速为 0.05 m/s(焦世珺,2007);丁一等人通过研究区域实地考察、现场监测、文献调研等方式,认为苏州城区河道较为适宜生态流速范围为 0.05~0.10 m/s(丁一 等,2016)。可采用 0.05 m/s 作为城市河道生态流速阈值。在生态流速阈值的基础上,进一步提出"全历时生态流速达标率"、"最大瞬时生态流速达标率"和"区域生态流速持续度"三个水动力调控效果评价指标(王思如 等,2022)。

其中,全历时生态流速达标率指稳定水动力调控期间能够达到生态流速的河道长度占河道总长度的比值,该值越大代表更多河道在水动力调控期间能够达到生态流速,具体计算公式为

$$v_{all} = \frac{L_s}{L} \tag{3-28}$$

式中:v_{all} 为全历时生态流速达标率,%;L_s 为稳定水动力调控期间能够达到生态流速阈值的河道长度,m;L 为研究区河道总长度,m。

最大瞬时生态流速达标率为某一时刻生态流速达标率达到最大时对应的数值,能够反映区域水动力调控的最大能力,具体计算公式为

$$v_{max} = (v_t)_{max} = \left(\frac{L_t}{L}\right)_{max} \tag{3-29}$$

式中:v_{max} 为最大瞬时生态流速达标率,%;v_t 为水动力调控期间某一时刻瞬时生态流速达标率,%;L_t 为水动力调控期间某一时刻达到生态流速阈值的河道长度总和,m。

考虑水动力调控实施效果,采用区域生态流速持续度来表征一定瞬时生态流速达标率下能够持续水动力调控的时间。利用区域内瞬时生态流速达标率超过该达标率参考值能够持续的时间占总水动力调控时长的百分比,计算区域生态流速持续度 T_v,该值越大,代表更长的区域理想水动力调控效果持续时间。

$$T_v = \frac{t_v}{t_{all}} \tag{3-30}$$

式中:T_v 为区域生态流速持续度,%;t_v 为区域内瞬时生态流速达标率超过50%所持续的时间,h;t_{all} 为总水动力调控时长,h。

此外,全历时生态流速达标率能直接反映水动力调控期间各河道达到生态流速阈值的情况,因此选取全历时生态流速达标率作为主要指标,最大瞬时生态流速达标率和区域生态流速持续度作为备选指标,对不同工况下水动力调控效

果进行定量评价。

（2）水质优化目标

采用水质改善率和水质达标率对水质目标实现程度进行量化分析，并综合考虑上、中、下游的水质达标率情况。为了衡量区域水质改善状况，采用各项水质指标改善率的平均值表征水质综合改善率，水质总体达标率取各项水质指标达标率的最小值。

水质改善率的计算公式为

$$l_{uq} = \frac{C_b - C_a}{C_b} \times 100\%$$ (3-31)

式中：l_{uq} 为水质改善率，%；C_a 为工程调度后某水质指标浓度，mg/L；C_b 为工程调度前某水质指标浓度，mg/L。

水质达标率的计算公式为

$$l_{uqr} = \frac{\sum_{k=1}^{N} \text{sgn}(C_{s,k} - C_{p,k})}{N} \times 100\%$$ (3-32)

$$\text{sgn}(C_{s,k} - C_{p,k}) = \begin{cases} 1, & (C_s - C_p \geqslant 0) \\ 0, & (C_s - C_p < 0) \end{cases}$$

式中：l_{uqr} 为水质达标率，%；k 为水质统计日，N 为总统计天数，d；$C_{s,k}$ 和 $C_{p,k}$ 分别为某项水质指标浓度的目标值和预测值，mg/L。

（3）经济成本优化目标

用水经济成本主要考虑用水产生的水费和取水所需的电费。用水水价结合相关调研资料得到水源综合取水价格，泵站电费单价取当地综合电价，根据单位能量电价、功率与时间，计算泵站电费。水泵功率计算公式为

$$P = \frac{\rho g Q H}{n_1 n_2}$$ (3-33)

式中：P 为功率，W；ρ 为水的密度，$\rho = 1\,000$ kg/m³；g 为重力加速度，$g = 9.8$ m/s²；Q 为流量，m³/s；H 为扬程，m；n_1 为水泵效率；n_2 为电机效率。

（4）技术难度优化目标

技术难度用调度拥挤率指标表示，即各水源中最大取水时长占当月时长的比率，公式为

$$C_s = \frac{\max(T_1, T_2, \cdots, T_O)}{T} \tag{3-34}$$

式中：C_s 为调度拥挤率；O 为取水枢纽的个数；$T_1, T_2, \cdots, T_O$ 为各取水枢纽月取水总时长，h；T 为当月时长，h。

3.2.2.4　水系综合优化调控

在满足水系调控基本水位、水深与水量限制条件的基础上，使得生态流速时间、空间、极值特征值及水质改善程度越高越好，经济成本与技术难度越低越好。当一类特征值朝向最优解变化时，另一类特征值背离最优解，则根据区域水问题严重程度进行研判。当水问题较为突出时，则以满足生态流速和水质改善程度的阈值为优先，在此基础上选择较低的经济成本和技术难度。全历时生态流速达标率能够最为直接地反映优化方案水动力调控效果的覆盖程度，指标值 80%代表研究区内大部分河道在水动力调控期间能够达到生态流速，视作达到全域水动力调控的基本要求，因此本书建议采用全历时生态流速达标率达到 80%作为水动力调控目标。瞬时生态流速达标率一般低于全历时生态流速达标率，在制定前者目标时应适当降低标准阈值，考虑至少有一半以上河道在水动力调控期间某一时刻应达到生态流速要求，因此建议选取 50%作为瞬时生态流速达标率参考值。同时，建议采用区域生态流速持续度达到 50%作为水动力调控目标（王思如 等，2022）。

3.3　农业面源污染治理技术

根据第二次全国污染源普查结果，农业面源污染是我国水环境的最主要的污染源（刘钦普，2018；秦迪岚 等，2012），是我国江河湖库水质污染的源头污染之一。农业面源污染包括农田面源污染、畜禽养殖污染及水产养殖污染，其产生和分布与气候、地形、地质和农业发展结构等因素有关（刘国锋 等，2018）。从污染特征来看，面广量大且排放时间与空间的不确定性，使其污染防治与有效管控成为难题，加之以农业为主的地区治理经费欠缺，污染收集与处理短期内难以全面实现，使得农业面源污染防治问题兼具复杂性与长期性（彭兆弟 等，2016）。因此，提出技术、经济可行的农业面源污染防控措施成为污染防控工作的重点。

3.3.1 农田面源污染治理技术

农田面源污染治理宜充分利用农田广大土地的净化能力,从源头、过程、末端三个阶段进行污染控制。农田面源污染主要源于农药及化肥的不合理施用、秸秆等农田废弃物资源化利用率低,以及岸坡非法围垦种植等。源头控制即减少污染物质排放,包括科学推进化肥农药减量化、实施农田废弃物循环利用及划定农田污染风险区;过程阻断则是对于不可避免产生的污染物质,通过生态田埂及生态沟渠等生态拦截系统,阻断径流中高负荷氮磷等污染物进入水环境;末端净化是在污染物进入水环境前的最后一道集中净化措施,通过生态塘等措施对主要污染物进行深度处理,实现农田氮磷污染物资源化和氮磷减量化排放或最大化去除,如图 3-2 所示。

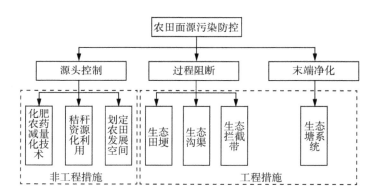

图 3-2 农田面源污染防控技术路线图

3.3.1.1 源头控制措施

（1）化肥农药减量化技术

2017 年农业部印发《到 2020 年化肥使用量零增长行动方案》和《到 2020 年农药使用量零增长行动方案》,提出"稳粮增收调结构,提质增效转方式"的工作主线,并提出了"精、调、改、替"四大技术路线;2022 年,农业农村部进一步印发《到 2025 年化肥减量化行动方案》和《到 2025 年化学农药减量化行动方案》,在"精、调、改、替"基础上,增加了"管",即科学监管减量增效,形成当前的化肥农药减量五大技术路径。研究团队在课题开展期间,对各地化肥农药减量化措施进行了深入的调研,各地区已陆续推行化肥农药减量政策,并建立示范片区。研究团队根据各地区化肥农药减量化措施实施效果,并结合已有的相关研究分析以下4种化肥农药减量化技术。

①测土配方施肥。测土配方施肥技术通过土样化验、试验研究,摸清作物需肥规律、土壤供肥特性与肥料效应,统筹考虑了氮、磷、钾三种大量元素及其他微量元素的供应,根据缺什么补什么,缺多少补多少的原则,开展科学经济施肥和平衡有效施肥,从而使土壤养分的供应能够全面满足作物生产的需要,提高肥料利用率,减少氮磷养分损失。盐城市大丰区在全区建立测土配方施肥示范方40个,每公顷能够减施化肥纯品30～45 kg;巢湖地区根据蔬菜地养分供应能力和甘蓝的营养特性,运用测土配方施肥技术,使肥料施用量减少30%,氮、磷淋失量分别减少90%和78%;浙江省临安区谢家桥村山核桃平衡施肥可降低氮磷流失30%以上。

②推广有机肥料应用。有机肥施入土壤,经微生物分解,可缓释出各种养分供植物吸收,避免化学氮磷肥快速释放带来流失;有机肥是改良土壤的主要物质,利用微生物在分解过程中生成分泌酶和腐殖质,调节土壤物质和进行能量转化,促进土壤团粒结构形成,增强土壤保水保肥能力,减少氮磷流失风险;有机肥可提高土壤难溶性磷的有效性,减少化学磷肥施用量。因此,以农业废弃物如秸秆、处理过的畜禽粪便、沼液沼渣、菌渣、绿肥等富含一定氮磷养分的有机物料来替代部分化肥,达到减少化肥施用量、降低农田面源污染风险的效果。研究表明,太湖流域稻麦轮作系统采用有机肥与无机化肥配施,与传统农户施肥处理相比可减少氮用量25%左右,产量略有增加,稻季径流氮损失减少6%～28%,麦季径流和渗漏损失减少25%～46%;江苏无锡秸秆还田处理使稻麦两熟制农作物产量略有增加,减少稻麦两熟制氮磷径流损失量7%～8%。

③改善施肥方式。在施肥过程中采用多种施肥方式相结合的方法,如叶面施肥、分次施肥、基肥与追施结合、化肥深施和定点施肥等,建议少施多次,减少雨前表施现象,不宜选择中午施肥,减少氨挥发损失。盐城市大丰区在4月及10月,印发施肥技术明白纸,由镇农技中心发放到农户用来指导春播、秋播施肥工作;如皋市对农民专业合作社、种植大户家庭农场等新型农业经营主体开展施肥培训,均取得了良好的效果。

④农药减量化。利用高效助剂、自走式喷杆喷雾机、遥控无人机等技术集成进行精准用药,提高农药利用率,减少使用化学药剂;推行物理防治、生物防治和推广高效低毒低残留农药等绿色防控措施,有效控制农药使用量;采用土地轮休、水旱轮作、深耕暴晒、施用有机肥料等农业措施,提高土壤对农药的环境容量,保障农业生产安全、农产品质量安全和生态环境安全;加强对农药废弃物的管理,禁止随意废弃农药包装物,完好无损的包装物可由销售部门或生产厂商统

一回收。如皋市推进农药使用量零增长行动,全面推进绿色防控,2018年农药用量较2010年减少28%,高效低毒低残留农药使用占比90%以上。

(2)秸秆资源化利用

2021年国务院印发《关于加快建立健全绿色低碳循环发展经济体系的指导意见》中提出加快农业绿色发展,推进农作物秸秆综合利用。各地区相继开展了秸秆综合利用工作,提出了相应的综合利用形式及补贴政策,提升了秸秆的资源化利用率。研究团队结合调研及研究成果对秸秆资源化措施进行分析,总结出以下4种秸秆资源化利用技术,为推进农作物秸秆综合利用提供借鉴。

①秸秆还田技术。秸秆还田是普遍实施的一项培肥土壤地力的增产措施,能增加土壤有机质,改良土壤结构,使土壤疏松,孔隙度增加,容量减轻,促进微生物活力和作物根系的发育。秸秆还田增肥增产作用显著,一般可增产5%~10%。秸秆还田分为直接还田与间接还田,直接还田技术是目前使用最直接、最容易推广的方式之一,包括粉碎还田、覆盖还田和高留茬还田。粉碎还田是指将不宜直接作饲料的秸秆粉碎后均匀地抛撒到地表,再利用机械进行耕翻入土;覆盖还田是指在农作物收获前,将秸秆粉碎或整秆直接均匀覆盖在地表,或在作物收获秸秆覆盖后,进行下茬作物免耕直播;高留茬还田是指在收割农作物时,保证适宜数量的稻麦基部茎秆,直接耕翻入土。间接还田分为过腹还田、沤制还田、过圈还田三种,过腹还田是指将秸秆作为饲料喂养牛、羊等食草性家畜,并将排出的粪便作为一种有机肥施入土壤中;沤制还田是把大量的作物秸秆放入发酵池中,然后加入畜禽粪便,利用微生物进行发酵后再还田使用;过圈还田主要应用在养殖场,是把秸秆散铺到大牲畜圈内,均匀摊铺,经过一段时间后,把混有牲畜粪便的秸秆放入发酵池中发酵,然后再进行还田使用。2019年,盐城市大丰区采用直接还田技术完成农作物秸秆还田150余万亩,秸秆机械化还田率达80%。

②秸秆食用菌生产技术。农作物秸秆中碳氮含量丰富,是制作食用菌培养料的最佳原料,如干麦秸含碳量为46%,含氮量为0.53%,玉米秸秆含碳量为40%,含氮量为0.75%。各类秸秆经切割、粉碎并配以一定比例的米糠、玉米粉、畜禽粪便、石灰、过磷酸钙等辅料后,均可制作成各类食用菌的栽培原料。同时,培养食用菌产生的菇渣,可直接投入沼气池中用来发酵,也可用于养殖牲畜,培育蚯蚓;蚯蚓可用来制作蛋白肥料,还可继续用来养殖鱼类和鸡鸭,养鱼所用池塘中的废水和废渣可用于肥料还田。食用菌投入小、见效快、收益高,是群众增收和提高农产品质量的优良产业,同时具有较好的经济、生态及社会效益。

③秸秆气化技术。秸秆气化技术是解决农村燃料供给和减少秸秆污染的一项较为实用和有效的技术,其通过将农作物秸秆等生物质原料切碎后,在缺氧条

件下进行不完全燃烧，产生大量氢气、甲烷和一氧化碳等可燃气体，将燃气进行冷却、除杂、去焦处理后，可作为燃气供给农户。根据资料表明，每利用 1 万 t 秸秆代替煤炭，可减少 1.4 万 t 二氧化碳、100 t 二氧化硫及 100 t 烟尘排放，环境效益显著。

④秸秆堆肥技术。秸秆堆肥技术是利用一系列微生物对作物秸秆等有机物进行矿质化和腐殖化作用以实现秸秆有机肥料制作。堆制初期以矿质化过程为主，后期则以腐殖化过程占优势。通过堆制可使有机物质的碳氮比变窄，有机物质中的养分得到释放，同时可减少堆肥材料中的病菌、虫卵及杂草种子的传播。因此，堆肥的腐熟过程，既是有机物的分解和再合成的过程，又是一个无害化处理的过程。

另外，为帮助农民实施资源化利用成本，调动农民积极性，建议区域发布相应政策，以加大对秸秆资源化利用的资金扶持力度。如大丰区在对秸秆机械化还田每亩补助 25 元的基础上，另外奖补镇村每亩 5 元的工作经费。为了确保秸秆综合利用工作有序推进，应进一步加强秸秆收贮体系建设。按照政府推动、市场运作、企业牵头、经纪人参与的原则，完善秸秆收储利用体系。大力发展"合作服务""村企结合"等多种形式的收贮服务，鼓励相关公司、企业深入村组和田间地头开展专业化收贮业务，提高秸秆收贮运输服务水平。大力发展农作物联合收获、捡拾打捆、贮存运输全程机械化，建立较为完善的秸秆田间机械化处理体系，保障区域内的秸秆资源有效收贮利用。如大丰区对新建的年收贮稻麦秸秆5 000 t 以上的收贮加工中心一次性补助 20 万元，对年收贮稻麦秸秆 1 000 t 以上的收贮点每吨补助 25 元；对新购置秸秆打捆机械给予每台（套）8 000 元补助。

（3）划定农田污染风险区

划定农田污染防控空间，有利于加强农田监管，减少农田面源污染。在水域、岸线生态空间范围内，禁止非法围垦种植，置换已经划在其范围内的基本农田，同时实施农田分区、分时段综合处理和控制。根据农田距离河湖的位置划分不同污染风险区，距离河湖越近，区域污染风险越高。对于高风险区严格实行总量控制，发展生态循环农业，给予一定生态补偿，其他地区兼顾产量和环境，发展绿色种植业，推行减肥、减药、节水的绿色生产模式；根据污染发生过程中不同时间的污染程度进行分时段控制，农田污染防治重点在于雨季控制农田径流，尤其是施肥一周内径流和初期雨水径流（此时污染物浓度较高），尽量进行前置截留与生态处理。必须注意与气象预报结合，及时预留储水空间，争取将排出的涝水循环利用。

3.3.1.2　过程阻断技术

农田面源污染物质大部分随降雨径流进入水体，在其进入水体前，通过新建或利用现有沟渠,建立生态拦截系统,可有效阻断径流水中氮、磷等污染物进入水环境,是控制农田面源污染的重要技术手段。

（1）生态田埂

农田地表径流是氮磷养分损失的重要途径之一,也是残留农药等向水体迁移的重要途径。田埂主要起到保水、田间便道以及界定土地权属边界的作用,如果田埂过低,当累积降雨量较大时,很容易产生地表径流,农田土壤里的肥料、农药被雨水淋溶随径流入河,造成水体污染。通过加高田埂,同时配置多种植物,可对农田径流中的氮、磷等物质进行拦截、吸附、沉积、转化及吸收利用,达到控制养分流失,实现养分再利用的效果。

现有农田田埂高度一般仅为 20 cm 左右,在遇到较大的降雨时,很容易产生地表径流。利用已有的田埂重新设计加工,将现有田埂加高 10～15 cm,结合控制灌溉技术,可有效防止 30～50 mm 降雨时产生地表径流,在实现蓄水增产的同时,减少氮磷物质的迁移运输,实现经济效益与环境效益的良好结合,如图3-3 所示。研究表明,太湖地区将田埂高度增加 8 cm,农田径流量和氮素径流排放分别降低 73% 和 90%。生态田埂的植物根系固土作用明显,一方面吸附农田径流中的污染负荷,另一方面增加了农田的生物多样性,维持了农田的生态平衡,减少农作物的病虫害发生。考虑植物生长周期的影响,可采用多物种复种的方式,根据当地植物类型,穿插配置草本、乔木与灌木植物。

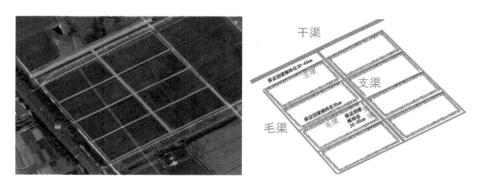

图 3-3　生态田埂改造示意图

（2）生态沟渠

田间沟渠是农田系统中重要的排灌水设施,既是农业面源污染物的最初汇集地,也是农业面源污染物向下游河流、湖泊迁移的重要通道。如果沟渠为纯粹的土质沟渠,沟渠内堆积了枯萎腐烂的杂草造成淤积,容易导致引排水不畅,且未及时清理的植物腐殖质会对沟渠水体释放营养盐元素,增加排水污染负荷。

如果沟渠过度硬质化,虽然有利于排水,但是对田间面源污染物拦截效率较低,不利于农田面源污染防治。因此,设计、建设兼顾排水和拦截农田面源污染物的生态沟渠具有重要意义。生态沟渠通过在沟渠中配置多种植物,并设置透水坝、节制闸等辅助性工程措施,使其能够减缓水流流速、促进泥沙颗粒沉淀,增强生态沟渠对氮、磷的吸收和拦截作用,从而净化水质。研究表明,太湖宜兴稻区生态沟渠对氮、磷的拦截效率平均可达40%。昆明蔬菜种植区生态支沟对氮、磷拦截效率可达35%和50%。

生态沟渠用于收集农田径流、渗漏排水,一般分布在田块间,如图3-4所示。通常由初沉池(水入口)、泥质或硬质生态沟框架、植物结合透水坝组成。初沉池位于农田排水出口与生态沟渠连接处,用于收集农田径流颗粒物。生态沟渠框架采用泥质还是硬质取决于当地土地价值、经济水平等因素。土地紧张、经济发达的地区建议采用水泥硬质框架,而土地不紧张、经济实力弱的地区可以采用泥质框架。生态沟渠框架(沟底、沟板)用含孔穴的水泥硬质板建成,空穴用于植物(作物或草)种植。植物是生态沟渠的重要组成部分,可由人工种植或自然演替形成,既能拦截农田径流污染物,也能吸收径流水、渗漏水中的氮磷养分,达到控制污染物向水体迁移和氮磷养分再利用的目的。透水坝可采用砾石或碎石在河道中的适当位置人工垒筑坝体,通过坝体的可控渗流来调节坝体的过流量,同时可以产生跌水曝气提高水体溶解氧,去除水体中部分有机物和营养盐。

图3-4　生态沟渠示意图

（3）生态拦截带

生态拦截带又称生态隔离带,是一种成本低廉且富有成效的生态工程措施,从15至16世纪开始在欧洲得到应用。生态拦截带可用于控制旱地系统氮磷养分、农药残留等向水体迁移。将旱地的沟渠建成生态型沟渠,同时在旱地的周边建设生态隔离带。由地表径流携带的泥沙、氮磷养分、农药等通过生态隔离带被阻截,将大部分泥沙,部分可溶性氮磷养分、农药等留在生态拦截带内,拦截带内种植的植物可吸收径流中的氮磷养分,达到控制地表径流,减少地表径流携带的氮磷等向水体迁移的效果,如图 3-5 所示。

图 3-5　生态拦截带示意图

生态拦截带宽度应兼顾土地价值和污染拦截效率,拦截带植物应兼顾污染拦截效率和植物利用价值。生态拦截带拦截污染物效率与污染物形态、径流量、拦截带宽度、拦截带植物密度及其生长情况、坡度、土壤性质等有关。研究表明,太湖宜兴蔬菜地周边生态拦截带对总氮、总磷拦截效率最高可达 90%。

3.3.1.3　末端净化技术

农田面源污染经过生态沟渠等过程阻断措施后,仍会存在部分污染物质,沟渠中的汇流被收集后,通过末端强化净化与资源化处理可进一步消减污染物质。末端净化可将现有废旧塘池进行生态改造和功能强化,使其转变为生态塘系统,对污染物进行强化净化和深度处理。

生态塘系统是由多个沉降塘或滞留塘组成并共同发挥生态净化功效的系统工程。沉降塘位于系统的前端,深度一般大于 1 m;滞留塘位于系统的后端,深度约 0.3 m。生态塘系统不仅能有效拦截、净化农区污染物,还能滞留农区氮磷污染,塘内的水可用于灌溉,实现循环利用。研究表明,昆明蔬菜种植区生态塘对氮、磷滞留率可达 20% 以上。

农田径流导入生态塘系统的途径应以"利用地形坡度,重力自流"为原则,可采用地下暗管或地面生态沟渠的方式。在构建生态塘系统时,宜遵循当地地势、地形、地貌和实际情况,因地制宜,可通过整理、利用田间废弃池塘及低洼涝地进行建设。水生植物的布置宜选择当地挺水、浮水和沉水植物,并在浅、中、深水区进行优化配置。生态塘系统长期运行后,需对其定期进行清淤,清除的淤泥经过合理处理可回用肥田。

3.3.2 畜禽养殖污染治理技术

畜禽养殖污染治理应坚持资源化、无害化和减量化的原则,综合运用非工程措施和工程措施进行污染控制。其中,非工程措施包括科学制定畜禽养殖规划、完善制度体系建设、加强污染防治保障措施;工程措施包括源头消减、过程控制及粪污资源化利用。

3.3.2.1 非工程措施

(1)科学制定畜禽养殖规划

①落实种养结合发展。中国种养结合的历史分为四个阶段:"自给自足"下的种养自发性循环阶段(公元前 1046 年至 1948 年);新中国成立后"以粮为纲"下的辅助式循环农业推进阶段(1949 年至 1977 年);改革开放后种养业专业化发展导致的链条逐步断裂阶段(1978 年至 2011 年);新时代生态文明指引下的种养关系重构阶段(2012 年至今)(Feng,et al. ,2023)。2015 年,国务院发布了《关于加大改革创新力度加快农业现代化建设的若干意见》,提出深入推进农业结构调整,开展粮改饲和种养结合模式试点。随后中共中央及农业农村部在多个文件上对实施种养结合提出相应的要求。落实种养结合发展,首先应构建种养结合发展机制,主推农牧结合循环处理利用模式,实行以地定畜,促进种养业在布局上相协调,精准规划引导畜牧业发展。在实施畜禽粪污还田过程中,要有稳定且匹配的农田、园地、林地等消纳地,原则上以三头生猪当量匹配一亩的农田、园地、林地,应结合当地农田、园(林)地土壤消纳能力、种植作物品种和区域环境容量等具体情况作出调整。在养殖密度过大,农田无法消纳畜禽粪污时,需配套建设相应的污染无害化处理设施及探寻合理的处置模式。

②优化养殖区域布局。2016 年,环保部(现生态环境部)及农业部(现农业农村部)印发《畜禽养殖禁养区划定技术指南》(以下简称指南),对畜禽养殖禁养区划定做出了相关的要求及指导。根据指南要求,饮用水水源保护区、自然保护区、风景名胜区、城镇居民区和文化教育科学研究区禁止建设养殖场或禁止建设有污染物排放的养殖场。研究团队对禁养区划定管理情况进行了相关的调研,如如皋市、盐城市大丰区均已印发设置禁养区、限养区及适养区的相关文件,并已开始对禁养区内养殖场进行关停或搬迁。禁养区的划定应结合环境保护及畜

禽养殖业发展情况,加强畜禽养殖管理,引导畜牧业绿色发展。

③加快产业转型升级。畜禽养殖场的规范化管理是减少畜禽养殖污染的重要途径,也是开展畜禽粪污资源化利用的基础。以推动畜牧业生产方式转变为目标,大力发展畜禽标准化规模养殖,支持规模养殖场发展生态养殖,改造圈舍设施,提升集约化、自动化、现代化养殖水平。建设自动喂料、自动饮水、环境控制等现代化装备,推广节水、节料等清洁养殖工艺和干清粪、微生物发酵等实用技术,实现源头减量。加强规模养殖场精细化管理,推行标准化、规范化饲养,推广散装饲料,使用微生物制剂、酶制剂等饲料添加剂和低氮低磷低矿物质饲料配方,提高饲料转化效率,严格规范兽药和铜、锌饲料添加剂的生产和使用。加快畜禽品种遗传改良进程,提升母畜繁殖性能,提高综合生产能力。落实畜禽疫病综合防控措施,降低发病率和死亡率。促进规模养殖场圈舍标准化改造和设备更新,配套建设粪污资源化利用设施。发展生态养殖技术。在源头上规范饲料中添加剂的含量。逐步推广干清粪方式,最大限度地减少废水的产生和排放。畜禽养殖宜因地制宜地利用农业废弃物(如麦壳、稻壳、谷糠、秸秆、锯末、灰土等)作为圈、舍垫料,或采用符合动物防疫要求的生物发酵床垫料。不适合铺设垫料的畜禽养殖圈、舍,宜采用漏缝地板和粪、尿分离排放的圈舍结构,以利于畜禽粪污的固液分离与干式清除。

(2)完善制度体系建设

①严格落实畜禽规模养殖环评制度。2017年,《国务院办公厅关于加快推进畜禽养殖废弃物资源化利用的意见》(国办发〔2017〕48号)中提出严格落实畜禽规模养殖环评制度。对畜禽规模养殖相关规划依法依规开展环境影响评价,调整优化畜牧业生产布局,协调畜禽规模养殖和环境保护的关系。新建或改扩建畜禽规模养殖场,应突出养分综合利用,配套与养殖规模和处理工艺相适应的粪污消纳用地,配备必要的粪污收集、贮存、处理、利用设施,依法进行环境影响评价。对于大型养殖场、养殖小区应编制环境影响评价报告书;小型养殖场、养殖小区应填报环境影响评价登记表。对符合畜牧业发展规划环境影响评价要求的畜禽养殖建设项目,可适当简化环境影响评价报告书的内容。对未依法进行环境影响评价的畜禽规模养殖场,生态环境部门应予以处罚。

②完善畜禽养殖污染监管制度。实施畜禽规模养殖场分类管理,对设有固定排污口的畜禽规模养殖场,依法核发排污许可证,依法严格监管;对大型养殖场进行实时排放监控。

③建立畜禽规模养殖场直联直报信息管理平台。构建统一管理、分级使用、共享直联的管理平台,对区域内所有养殖场进行核查,并建立环保台账,上报地

区农委、生态环境部门。台账内容包括养殖场和养殖小区名称、养殖地址、联系方式、养殖种类、数量、疫病防控、废弃物的产生和综合利用、污染物排放、病死畜禽无害化处理措施等情况,每年应至少两次定期向当地环境保护行政主管部门提交排放污水、废气、恶臭以及粪肥的无害化监测报告。另外,对每个养殖场的畜禽存栏量、粪便产量、每车粪便的运输起点和终点、粪便存储空间(自有或租用)、每车粪便的氮磷含量以及耕地和菜地的面积等数据进行登记。通过查询台账,就有可能识别出不合规的养殖场,进而防止环境破坏。

④健全畜禽养殖监测标准体系与污染减排核算制度。健全畜禽粪污还田利用和监测标准体系,完善畜禽规模养殖场污染物减排核算制度,制定畜禽养殖粪污土地承载能力测算方法,细化到村,按每个村的土地承载能力确定养殖规模,超过的需要调减养殖总量。完善肥料登记管理制度,强化商品有机肥原料和质量的监管与认证。

⑤落实规模养殖场主体责任制度。规模养殖场、养殖小区是畜禽养殖污染防治的责任主体。畜禽规模养殖场要严格执行环境保护法、畜禽规模养殖污染防治条例、水污染防治行动计划、土壤污染防治行动计划等法律法规和规定,切实履行环境保护主体责任,建设污染防治配套设施并保持正常运行,或者委托第三方进行粪污处理,确保粪污资源化利用。畜禽养殖标准化示范场要带头落实,切实发挥示范带动作用。

⑥健全绩效评价考核制度。以规模养殖场粪污处理、有机肥还田利用、沼气使用等指标为重点,建立畜禽养殖废弃物资源化利用绩效评价考核制度,纳入政府绩效评价考核体系。农委、生态环境部门可联合制定具体考核办法,对各区域开展考核。各街道要对本行政区域内畜禽养殖废弃物资源化利用工作开展考核,定期通报工作进展,层层传导压力。强化考核结果应用,建立激励和责任追究机制。

(3)健全防治保障措施

①强化组织领导。畜禽粪污资源化利用涉及收集、储存、运输、处理、利用等多个环节,应构建合力推进、部门联动的工作格局。如生态环境部门负责畜禽养殖污染防治的统一监督管理;农业部门负责畜牧业监督管理以及畜禽养殖污染防治相关工作,对畜禽养殖废弃物综合利用的指导和服务;街道按照职责做好畜禽养殖污染防治工作,负责对本行政区域内畜禽养殖污染治理设施建设与运行情况进行监督管理,协助生态环境部门、农业部门以及其他有关部门实施畜禽养殖污染防治工作;行政村可以制定和实施有关畜禽养殖废弃物处置等村规民约,对本村居民开展畜禽养殖污染防治的宣传教育,发现畜禽养殖污染环境的,应当

及时制止并向生态环境部门报告。将畜禽养殖污染防治任务完成情况作为政府年度目标责任考核的重要内容,层层明确目标任务,落实防治工作责任,并根据目标任务完成情况采取相应的奖惩措施。

②加大宣传动员。开展畜禽养殖污染防治工作的宣传教育,营造良好的舆论氛围。通过广播、电视、报刊、网络、微博、微信等不同媒介,开展项目区域畜禽养殖污染防治的舆论宣传,通过形式多样的宣传教育活动,切实提高畜禽养殖场(养殖小区)、养殖户和广大群众的环保意识。定期组织开展以畜禽养殖污染防治法规政策、畜禽排泄物治理和资源化利用实用技术为主要内容的专项培训,将畜禽养殖从业者、基层干部、行业管理人员作为主要培训对象,引导养殖场运用先进的养殖工艺和动物营养调控技术,转变畜禽养殖方式,从源头上减少畜禽养殖污染物排放量,推广适合当地发展、符合健康养殖要求的畜禽养殖污染防治工艺和养殖技术,优先推广农牧结合、种养循环模式,切实提高畜禽养殖资源化利用水平。充分发挥行业协会、社会舆论的监督作用,及时通报各地畜禽养殖污染治理工作进展、亮点与问题,对治理不力、严重污染水环境的生产主体进行曝光,规范禽畜养殖行为,进一步提高广大养殖场主和人民群众的责任意识,形成群防群治畜禽养殖污染的良好氛围。

③加强监督监管。通过多部门联合监督、专项监督和日常性监督等多种监管方式加大对畜禽养殖污染的日常监督和执法管理。加快未建设污染治理设施的规模化畜禽养殖场的治理设施建设。强化病死动物尸体无害化监管,依法切实履行病死动物尸体无害化处理工作属地管理职责,切实落实养殖业主"承诺制"。加强对已完成治理的畜禽养殖场(养殖小区)及畜禽粪便收集处理设施的现场监督,对违法行动进行依法查处。针对畜禽养殖排泄物偷排、漏排、直排现象,采取多种检查方式,加大执法力度。将畜禽养殖污染治理与生态创建、各类农业财政扶持资格、生态环保专项资金申报、各类生态环保评估等挂钩,不断加大综合整治力度。

④加大财政支持。落实好国家、省、市环保和涉农财政资金,逐步加大对畜禽养殖污染防治工作的资金投入,充分运用税收、信贷、价格等经济手段吸引社会资金投入畜禽养殖污染防治工作。拓宽资金投入渠道,加强资金整合,逐步建立政府、企业、社会多元化投入机制,加大畜禽养殖污染防治资金支持。重点保障畜禽排泄物治理技术研究、引进、试点等工作经费,鼓励养殖企业与高校、科研院所合作,通过技术研发和生产实践,创新畜禽养殖污染防治的新方法、新途径。加大对生态畜牧业建设的政策扶持,优先制定和实施针对畜禽养殖废弃物减量化,沼气工程、养殖场标准化改造,有机肥生产使用,污染治理设施建设和运营,以

及环评收费、后期环境监测收费等优惠的扶持措施。鼓励发展畜禽粪便、沼液收集处理配送的社会化服务组织,发展有机肥加工、沼液综合利用和新能源开发。

3.3.2.2 工程措施

(1)畜禽养殖污染源头削减

畜禽养殖的粪污处理问题已成为制约畜牧业规模化、集约化发展的重要障碍,畜牧业要走好可持续健康发展的路子,合理解决畜禽粪便污染问题十分关键。以生猪养殖为例,清粪方式的选择不仅关系到猪舍是否能保持清洁舒适,能否为生猪生长提供良好环境,还决定着清粪用水量及产污量的多少,决定了后期粪污处理的难易程度和成本差异。常见的清粪方式包括水冲粪方式、水泡粪方式及干清粪方式。对不同清粪方式的猪场用水量和出水水质进行统计发现(表3-1),相对水冲粪、水泡粪清粪方式的高耗水量及产生的高昂污水处理成本,干清粪方式得到的猪粪水分少,约为水冲粪耗水量的 $1/4\sim1/3$,营养成分损失少,肥料价值高,且可降低尿液处理成本,因此,推荐使用干清粪方式对粪污进行收集。

表 3-1 不同清粪工艺的猪场用水量和出水水质

项目	水冲粪	水泡粪	干清粪
平均每头猪用水量/($L \cdot d^{-1}$)	$35\sim40$	$20\sim25$	$10\sim15$
万头猪场用水量/($m^3 \cdot d^{-1}$)	$210\sim240$	$120\sim150$	$60\sim90$
BOD_5/($L \cdot d^{-1}$)	$5\,000\sim6\,000$	$8\,000\sim10\,000$	$200\sim800$
COD_{Cr}/($L \cdot d^{-1}$)	$11\,000\sim13\,000$	$8\,000\sim24\,000$	$800\sim1\,500$
SS/($L \cdot d^{-1}$)	$17\,000\sim20\,000$	$28\,000\sim35\,000$	$100\sim350$

(2)畜禽养殖污染过程控制技术

畜禽养殖污染治理模式主要有就地处理模式、收运异地还田模式、集中处理模式三类。其中,就地处理模式需要养殖户对畜禽粪污进行处理,通常采用厌氧＋还田、堆肥＋废水处理、发酵床、简易化粪池4种方式就地处理后,就近土地消纳利用;收运异地还田模式是指按照"截污建池、收运还田"的第三方运营模式开展畜禽养殖污染低成本资源化利用;集中处理模式依靠粪污集中处理中心/有机肥厂收集处理,推行"统一收集＋有机肥生产"模式。

针对不同规模的养殖场(户),选择的粪污处理与资源化利用模式不同。对于规模化养殖场,粪污处理可选择就地处理模式的厌氧＋还田、堆肥＋废水处理、发酵床处理,或者采用集中处理模式,不推荐采用收运异地还田模式。因为规模化养殖场日产粪污量大,很难找到足够大的消纳空间,且需要建设的积粪池规模较大。对于中型规模养殖场,粪污处理可考虑模式较多,可选择就地处理模式的厌氧＋还田、堆肥＋废水处理、发酵床处理方式,或者"截污建池、收运还田"的收运异地还田模式,或者集中处理模式。对于分散型养殖户,考虑到其数量多、规模小及处理成本等问题,有还田空间情况下可采用就地处理模式中的简易化粪池处理后还田,或者委托第三方收集还田的收运异地还田模式。

①就地处理模式包括厌氧＋还田、堆肥＋废水处理、发酵床、简易化粪池4种就地处理方式。

一是厌氧＋还田。以厌氧发酵工艺为主的处理方式是较为先进的粪污处理与资源化利用工程,该类处理工艺流程示意图如图3-6所示。厌氧发酵工艺通常包括粪污收集贮存、预处理、厌氧处理和沼液、沼渣储运等过程。该模式充分考虑周边的沼液、沼渣消纳能力和区域环境容量的要求。厌氧处理产生的沼气经脱硫脱水后可能源化利用,沼液、沼渣等可作为农田、大棚蔬菜田、苗木基地、茶园等的肥料。

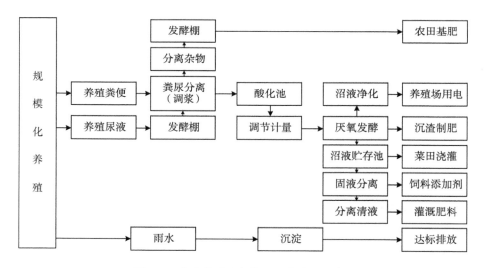

图3-6 畜禽养殖厌氧处理工艺流程示意图

二是堆肥＋废水处理。该模式是资源利用的能源环保模式。粪便处理建议与其他农业废弃物混合堆肥,废水处理建议以生态处理技术为主,实现废水达标排放或综合利用。畜禽粪便堆肥主要有自然堆肥、条垛式主动供氧堆肥、机械翻堆堆肥等方式。畜禽粪便堆肥通常包括前处理、好氧发酵、后处理和贮存等过程。发酵前需与发酵菌剂、秸秆等混合,同时调节水分、碳氮比等指标,在发酵过程中不断翻堆,从而促使其腐熟。粪便堆肥处理合适的有机物含量为20%～

60%,含水率为 40%～65%,温度为 50～65℃,初始碳氮比为(20～40)∶1,pH 值为中性或者弱碱性,堆肥时间为 10～30 d,翻堆频率为 2～10 d/次,发酵过程不少于 7 次。

清粪后的废水直接经过格栅后进入化粪池,再进入生态处理单元,生态处理单元一般使用氧化塘。贮存池、化粪池等应具有防渗透功能,以防污染地下水。在畜禽粪便堆肥场,根据现场条件及相关要求,设置相应的雨水收集处理系统。

三是发酵床养猪技术,它是以发酵床为基础的粪尿免清理的新兴环保生态养猪技术。其核心是猪排泄的粪尿被发酵床中的微生物分解转化,无臭味,养殖过程污水零排放,对环境无污染。发酵床垫料主要由微生物发酵剂及锯末、谷壳等农业有机废弃物组成,厚度一般为 60～90 cm。将垫料各组分按比例混匀,堆积发酵至 60～70℃,然后将垫料摊开,即可发挥发酵床的粪尿消纳功能。发酵床垫料的温度一般保持在 40～50℃。废弃的垫料可进行资源转化,用于生产肥料、蘑菇基质等农业产品。其最大的优势主要体现在"零排放"。

四是简易化粪池,它是利用重力沉降和厌氧发酵原理,对粪便污染物进行沉淀、消解的污水处理设施。沉淀粪便通过厌氧消化,使有机物分解,易腐败的新鲜粪便转化为稳定的熟污泥。在粪便不能及时进行无害化处理和资源化利用时,应设置专门的畜禽粪便贮存设施。畜禽粪便贮存设施应远离水源地,以免对地下水源和地表水造成污染,并且与周围各种建筑物之间的距离应不小于 400 m。为防止粪便贮存的臭味影响生活管理区,畜禽粪便贮存设施的选址应在生活管理区常年主导下风向,并尽量远离风景区以及住宅区;同时不能建在坡度较低、经常发生水灾的地方,以免在雨量较大或洪水暴发时,池内污水溢出而污染环境。

4 种就地处理方式的优缺点如表 3-2 所示。

表 3-2　4 种就地处理方式的优缺点对比

技术/工艺	厌氧＋还田	堆肥＋废水处理	发酵床	化粪池
优点	工艺成熟,占地少 处理效率高 管理简单 能源利用 沼液可作为肥料还田	利用自然条件 成本低、易操作	养殖过程无污染 操作简单,省人力 节约水资源 垫料可回收利用	工艺简单 运行维护方便 造价低
缺点	施工稍复杂 用水较多 沼液量大,运输难	占地面积大 干燥时间长,效率低 易受天气影响 对大气和地表水 造成污染	建设成本较高 对气候适应性差 不能用化学药品和抗生素 猪拱食易降低免疫力, 引起呼吸道疾病	处理效率低 处理规模小
投资	造价相对较低	造价相对较低	造价相对较高	造价低

②收运异地还田模式。在考虑经济性和资源化利用等方面,通过"截污建池、收运还田"的粪污处理模式进行粪污资源化利用,不强调增加"干湿分离"等处理环节,养殖场户只需根据养殖规模,出少量资金建一个粪污或沼液贮存池,足够贮存一个月左右粪污产生量并确保雨污分流,即可保证粪污不外排并就地发酵腐熟;所积存的沼液粪肥则由当地粪肥收运合作社(第三方)按照"有偿清运"的原则运走,并送至附近需肥的种植户,实行"付费还田"。该模式缩短了工艺链条、减少了处理环节、降低了用肥成本、提高了专业化程度,破解了粪污资源化模式的高成本瓶颈,让养殖户"管得住"粪污,让种植户"用得起"粪肥,实现粪污"存得住、用得掉、不排放"。运行模式如图 3-7 所示。

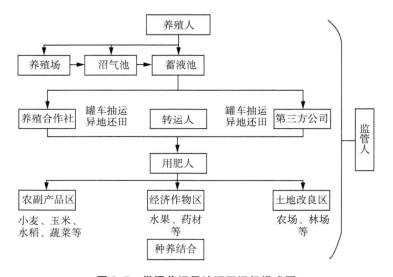

图 3-7　粪污收运异地还田运行模式图

按照"有偿清运、付费还田、成本自负、长期运营"的原则构建市场化沼液粪肥"收运还田"机制。研究出台扶持沼液粪肥"收运还田"第三方服务主体的具体措施,扶持资金不直接投向养殖户,避免无偿清运还田。政府补贴向扶持第三方服务主体启动和发展倾斜,明确车辆、泵、转运罐等收储运专用装备购置和第三方在服务推广期间的运行费用等补贴标准,有效扶持第三方服务主体迅速发展壮大。

根据地区实际选择第三方服务主体。一般而言,动员当地经济能人、种养专业合作社建立的沼液粪肥"收运还田"专业合作社投资较低、灵活性强、启动运转快、政府扶持补贴较低,比较适宜养殖场规模小、分散广的地区,但专业性差、可持续发展的不确定因素多、需要政府跟踪指导扶持;专业公司则组织性和专业性强,对禽粪资源化利用自成体系,无须政府过多跟踪扶持,比较适宜养殖场规模大、相对集中的地区,但对养殖场(户)沼液粪肥收集的标准也较高,政府扶持补贴相对较高。

在引导扶持沼液粪肥"收运还田"第三方服务主体市场化发展时,注重缩短工艺链条、减少处理环节、简化操作流程、降低劳动强度、提高专业化水准,不断降低粪污资源化成本和难度,实现所有养殖场(户)粪污"存得住、用得掉、不排放",促进养殖业发展和生态环境保护协调共赢。

坚持农牧生态联动发展,依托沼液肥发展有机农业,结合组织消纳场布局有机村、有机果园和有机菜园发展,大力发展有机农业提产增收,打造有机村(区)品牌。

一套完善的畜禽粪污治理和资源化利用工作体系如图 3-8 所示。

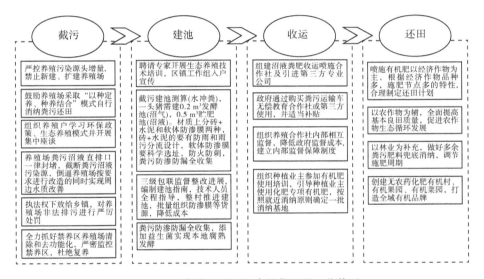

图 3-8　畜禽粪污治理和资源化利用工作体系

③集中处理模式。集中处理模式以推行"统一收集+有机肥生产"模式为主,对规模化畜禽养殖场产生的粪便统一收集处理生产优质有机肥。对固体粪便采用粪车转运—机械搅拌—堆制腐熟—粉碎—有机肥的处理工艺,提高肥料附加值;对养殖污水采用养殖场污水暂存—吸粪车收集转运—固液分离—高效生物处理—肥水贮存—农田利用的处理工艺,提高处理效率,实现污水资源化利用。建设内容主要包括养殖场粪污暂存设施、粪污转运设备、有机肥生产设施、污水高效生物处理和肥水利用设施等。

(3)畜禽粪污资源化利用

种养结合利用粪肥养分是当前有效利用畜禽粪肥的最优途径。2017 年,《国务院办公厅关于加快推进畜禽养殖废弃物资源化利用的意见》(国办发

〔2017〕48 号)中要求构建种养循环发展机制,促进种养业在布局上相协调,精准规划引导畜牧业发展。据估计,我国畜禽粪便中氮、磷养分量分别相当于同期化肥使用量的 79% 和 57%,高效利用养殖废弃物对于减少化肥使用量意义重大。粪肥替代化肥施用可以减少化肥生产和施用,避免资源的浪费和温室气体的排放。畜禽粪便养分还田利用涉及畜舍饲养、粪便收集、粪便贮存、土壤作物利用的整个种养循环过程,各环节的养分损失差异很大。因此,在选择畜禽养殖废弃物种养结合还田利用模式时,应重视对于粪肥养分管理、农田合理施用粪肥等的研究。

①粪肥施用采用粪肥定量施用原则。农田作为畜禽粪便的消纳场所,其容量既取决于土壤的质地肥力,又受作物收获时籽粒和秸秆吸收量的影响。控制粪肥施用量对减少氮挥发损失尤为重要。据相关研究,猪粪便固体部分中氮磷比(TN/P_2O_5)大概在 0.9 左右,农作物所需的氮磷比在 1.5 左右,在粪肥为满足作物对氮的需要而进行施肥后,将会使土壤中磷的含量增加。建议根据作物磷需求量与土壤磷测定来确定施肥时磷的需求量,以达到使用适当粪肥施用量的目标。研究发现,针对粮食、蔬菜和果树等农林作物不同的生产模式,大田作物、蔬菜的粪污氮、磷养分消纳量要大于果树;在固液分离—液体厌氧发酵处理模式下,种植粮食作物、蔬菜、果树,每亩农田每年分别可承载 2～3 头、4～5 头、1 头存栏猪所排放的废弃物。

②粪肥能否有效施用与施肥方式有关。粪肥停留在地表的时间越长,其因灌溉水或雨水径流导致的损失就越大,氨挥发造成的流失也就越大,因此将粪肥与表土混合可有效降低养分的流失状况。研究表明,深施有利于减少氨的挥发和径流损失。撒施后翻耕和条施后覆土处理能有效抑制氨的挥发和氧化亚氮的排放损失,相关研究表明,液态粪肥喷施后翻耕比表土条施的氨损失量低 55%。当液体、固体粪肥施用时,深耕并立即覆盖是最有效的减排技术。

③粪肥能否有效施用与施肥季节有密切关系。氮素的流失与季节有关,应尽量避免在秋季及初冬时节施肥,推迟到冬末或初春施肥有利于减少养分流失而增加作物对养分的吸收。在作物生长旺盛的季节,根系的吸收能力强,所施加的粪肥中的速效养分可以被作物迅速吸收,从而有利于减少养分的损失。

3.3.3　水产养殖污染治理技术

水产养殖污染防治贯彻"控制总量、合理投饵、规范用药、因地制宜、治管并重"的技术原则,推行"清洁生产、全过程控制、资源化利用、强化管理"的技术路线。采用非工程措施及工程措施相结合的方式,引导养殖企业和养殖户选择最佳的养殖模式、养殖技术和适宜的污染防治技术措施,控制水产养殖污染。其中,非工程措施包括优化养殖布局、优化养殖结构及加强政策监管;工程措施包括池塘循环水清洁养殖技术、稻渔综合种养技术。

3.3.3.1 非工程措施

(1)优化养殖布局

2019 年,农业农村部等十部委联合印发了《关于加快推进水产养殖业绿色发展的若干意见》。2021 年,国务院印发《"十四五"推进农业农村现代化规划》,对于加强区域布局提出了要求。在保持可养水域面积总体稳定的前提下,优化养殖生产布局,开展水产养殖容量评估,科学评价水域滩涂承载能力,合理确定养殖容量。科学确定湖泊、水库、河流和近海等公共自然水域网箱养殖规模和密度,调减养殖规模超过水域滩涂承载能力区域的养殖总量,对部分水体实施退渔还湖工程。科学调减公共自然水域投饵养殖,鼓励发展不投饵的生态养殖。推进养殖网箱网围布局科学化、合理化,加快推进网箱粪污残饵收集等环保设施设备升级改造,禁止在饮用水水源地一级保护区、自然保护区核心区和缓冲区等开展网箱网围养殖。以主要由农业面源污染造成水质超标的控制单元等区域为重点,依法拆除非法的网箱围网养殖设施。

(2)优化养殖结构

①发展生态健康养殖。创建水产健康养殖示范,发展生态健康养殖模式。严控养殖投入品使用,实施养殖化学品淘汰、限制、替代措施,依法规范、限制使用环境激素类化学药品。全面推广配方饲料、精量投饵技术以及循环水养殖技术,减少水体营养物质来源。推动用水和养水相结合,对不宜继续开展养殖的区域实行阶段性休养。严格执行禁渔制度和湖泊休渔制度。全面禁止位于生态红线一级保护区范围内的人工养殖,针对富营养化湖泊、水塘及过度养殖水体控制养殖规模,实行轮休、轮养,采取措施恢复水质。

②提高养殖设施和装备水平。按照现代渔业标准,建设高效渔业生产设施,大力提升设施装备水平,推进节能减排、工厂化养殖、循环养殖、智能管控等渔业设施装备建设,推进水产养殖机械化、自动化,实施生产数字化改造示范工程和装备制造数字化示范工程,逐步推广应用卫星遥感、移动互联网、物联网等现代信息技术手段,建设数字智能化养殖示范区。

③加大质量安全监管。加强水产品质量安全监管能力建设,推进产销一体化的质量安全追溯信息网络、水生动物疫情和养殖病害预警预报防控体系、养殖企业的诚信档案体系建设,加强渔业污染事故调查处理和水产品质量安全突发事件应急处置能力,提高水产品质量安全水平。

④建设现代渔业水产原良种体系。加强原良种选育、繁殖、保护和推广,健全良种生产体系,强化水产苗种检验检疫,建设种质检测中心,全面实行苗种生产许可证制度,扶持一批基础较好的水产苗种生产企业创建省、市级水产良种基地,推动省级以上良种场、骨干企业和生产基地的水产品苗种育繁推一体化,提高水产良种化覆盖率。

(3)加强政策监管

①建立健全水产养殖许可证制度。对规模以上的水产养殖场的建设进行环境影响评估,确定环境容纳量或养殖容量。养殖区内符合规划的养殖项目,应当科学确定养殖密度,合理投饵、使用药物,防止造成水域的环境污染,养殖生产应符合《水产养殖质量安全管理规定》。完善全民所有养殖水域使用审批,健全使用权的招、拍、挂等交易制度,推进集体所有养殖水域承包经营权的确权工作,全面推进养殖权登记和养殖证核发工作,加强水域养殖权保护和救济政策研究,切实维护养殖渔民合法权益。加强渔政执法,查处无证养殖,对非法侵占养殖水域滩涂行为进行处理,规范养殖水域滩涂开发利用秩序,强化社会监督。

②制定经济政策,科学推动养殖发展。水产养殖业是市场经济的组成部分,受市场波动影响大,其发展、调整和治理工作必须符合市场规律。在现有的技术条件下,流域内水产产业集中、污染技术的应用都会产生一定的成本,这在很大程度上会影响技术政策的实施。因此,政府应该充分利用信贷、利率和税收等财政政策,对技术政策的实施给予支持,提高技术政策实施的经济可行性,解决技术政策推广过程中的"市场失灵"问题。同时,可根据情况引入政府、社会、企业参与的 PPP 高效治理模式,发挥财政资金的引导作用,鼓励社会资金进入水产养殖业。改革完善渔业油价补贴,重点支持池塘标准化改造等。发展渔业互助保险,建立健全渔业保险支持政策,加快推进水产养殖保险,增加渔业保险保费补贴,推动开展高温、寒潮、洪涝等渔业灾害保险。

3.3.3.2 工程措施

工程措施主要是采取进排水改造、生物净化、人工湿地、种植水生蔬菜花卉等技术措施开展集中连片池塘养殖区域和工厂化养殖尾水处理,推动养殖尾水资源化利用或达标排放。以池塘循环水清洁养殖技术及稻渔综合种养技术为例进行阐述。

(1)池塘循环水清洁养殖技术

基于池塘循环水清洁养殖技术,构建一套独立的水循环系统,通过建立集约化养殖池塘、生态化养殖池塘、尾水汇集区、湿地净化区、净水汇集区五个区域,用管道相连,使用一次动力提水,依次顺流,实现养殖用水循环和能量物质的逐级利用,同时保护水域环境,提升水产品品质,提高养殖经济效益。根据建设循环型水产养殖要求,依据水域生态学原理,对现有的水产养殖池进行改造,构建池塘循环集约化养殖系统,该系统主要由集约化养殖池塘和生态化养殖池塘组成,是一个相互独立又紧密连接的整体。

（2）稻渔综合种养技术

稻渔综合种养是一种"一水两用、一田多收、生态循环、高效节能"的农业可持续发展新模式。2019 年,农业农村部等十部委联合印发了《关于加快推进水产养殖业绿色发展的若干意见》,提出大力推广稻渔综合种养,提高稻田综合效益,实现稳粮促渔、提质增效。通过对稻田实施工程化改造,构建稻渔共作轮作系统。通过规模开发、产业经营、标准生产、品牌运作,能实现水稻稳产、水产品新增、经济效益提高、农药化肥施用量显著减少,是一种生态循环农业发展模式。根据《中国稻渔综合种养产业发展报告（2018）》分析,全国稻渔综合种养水产品单位产量 77.16 kg/亩,且稻渔综合种养比单种水稻亩均效益增加 90.0％以上,采用新模式的亩均增加产值在 1 000 元以上,带动农民增收 300 亿元以上。根据示范点测产验收结果,化肥施用量最高减少了 80.0％,农药施用量最高减少 50.7％。

3.4 农村生活污水治理技术

农村生活污水具有收集难度大（地形复杂）、污水量小（人均排放量 80～100 kg/d）、日变化系数大（排水不连续、日变化系数为 3.5～5.0）、污水浓度不稳定、可生化性较好（利于生物处理）等特征（鞠昌华 等,2016）。农村经济条件限制以及居民环境保护意识的缺乏,使得农村生活污水治理现状不容乐观。农村污水处理设施建设普遍存在"建不起、建不好、用不当"等问题。其中,"建不起"是指部分村镇经济水平低,建不起农村污水处理设备,村民质疑众筹购买污水处理设备、收取污水处理费用,不拥护、不支持。"建不好"是指农村排水点多分散、管网建设薄弱,部分农户无污水管道,无法将污水排入处理设施,污水收集率低;未做到因地制宜,部分区域工艺设计与排放要求不匹配,技术经济效果差;农村处理设施设计照搬城市处理的经验,导致设施的规模过大、管网长度过长、管网设置不合理等。"用不当"是指部分处理设施建成后因缺乏日常维护运营费用,变成"晒太阳"工程,重建设、轻管理,缺少专业技术人员操作,导致污水处理设施大量闲置。

农村生活污染是大江大河的源头污染之一,鉴于农村生活污水的特点以及治理困境,我国农村生活污水治理效果虽然不断提升,但与国家法规政策要求和江河湖库治理的客观需要还存在较大差距,必须进一步强化治理。考虑到农村生活污水治理是一项系统工程,涉及技术、资金、运维、监管等方面,受农村自然条件、经济发展水平、人口聚集程度、污水处理规模和排放去向等多种因素影响。因此,需要针对农村生活污染排放及治理现状,明确治理目标和治理方式,探索低成本、易运维的治理措施。

3.4.1 治理现状分析

3.4.1.1 治理政策

近年来,我国不断推动农村污水处理,农村污水处理政策随着农村污水处理现状而不断变化。由最早的"'以奖促治'促进农村污水处理"到"以县级行政区域为单元,实行农村污水处理统一规划",再到如今的"梯次推进农村生活污水治理,推进黑臭水体修复""探索低成本治理、统筹农村改厕和污水、黑臭水体治理,因地制宜治理"。我国农村污水处理政策如表 3-3 所示。

表 3-3 我国农村污水处理政策列表

政策要点	具体文件
"以奖促治"促进农村污水处理	《关于实行"以奖促治"加快解决突出的农村环境问题的实施方案》(国务院,2009 年)
制定农村污水处理相关技术指南及规范	《分地区农村生活污水处理技术指南》(住建部,2009 年,编制东北、华北、东南、中南、西南、西北六个地区的指南);《农村生活污染控制技术规范》和《农村生活污染防治技术政策》(原环境保护部,2010 年)等
第一次制定规划目标	《中华人民共和国国民经济和社会发展第十二个五年规划纲要》、《国家环境保护"十二五"规划》(国务院,2011 年)等
以县级行政区域为单元,实行农村污水处理统一规划	《水污染防治行动计划》(国务院,2015 年)、《关于请做好农村生活污水治理示范县项目对接工作的函》(住建部村镇建设司,2015 年)等
梯次推进农村生活污水治理,推进黑臭水体修复	《乡村振兴战略规划(2018—2022)》(国务院,2018 年)、工业和信息化部《关于加快推进环保装备制造业发展的指导意见》(2017 年)等
探索低成本治理,统筹农村改厕和污水、黑臭水体治理,因地制宜治理	《农村黑臭水体治理工作指南(试行)》(生态环境部,2019 年)、《关于全面推进乡村振兴加快农业农村现代化的意见》(国务院,2021 年)等

3.4.1.2 规范体系

在国家层面上,为推进农村生活污水规范治理,生态环境部、住房和城乡建设部、农业农村部等提出了一系列的技术规范、指南或标准(具体如表 3-4 所示),初步构成了国家农村生活污水处理技术指南体系,为各地区农村生活污水处理提供规范性的指导(王波 等,2021)。

表 3-4　我国农村生活污水治理技术规范、指南或标准

年份	印发部门	技术规范、指南或标准
2010 年	原环境保护部	《农村生活污染控制技术规范》(HJ 574—2010)
2010 年	住房和城乡建设部	东北、华北、东南、中南、西南和西北六大地区的农村生活污水处理技术指南
2013 年	原环境保护部	《农村生活污水处理项目建设与投资指南》
2019 年	住房和城乡建设部	《农村生活污水处理工程技术标准》(GB/T 51347—2019)
2020 年	农业农村部办公厅、国家卫生健康委办公厅和生态环境部办公厅	《农村厕所粪污无害化处理与资源化利用指南》
2021 年	国家市场监督管理总局(国家标准化管理委员会)	《农村生活污水处理设施运行效果评价技术要求》(GB/T 40201—2021)

在地方层面上,我国地域跨度大,农村地区经济水平、自然条件、人口密度和村庄分布聚集度差异性较大,国家层面技术指南难以满足各地实际需求(王夏晖等,2021)。为针对性地指导农村生活污水治理,规范农村生活污水处理设施的设计、建设、运行和管理,提高农村生活污水治理效率。自 2008 年起,上海、江苏等地率先出台农村生活污水处理技术指南;截至 2022 年,全国 20 个省市已先后出台了地方正式或试行的地方技术指南(规范或指引),如表 3-5 所示。

表 3-5　我国部分省区市农村生活污水治理技术指南(规范或指引)

序号	年份	省区市	发布单位	技术指南(规范或指引)
1	2012	浙江省	浙江省质量技术监督局	《农村生活污水处理技术规范》(DB33/T 868—2012)
2	2015	贵州省	贵州省农业委员会,贵州省质量技术监督局	《农村生活污水处理技术规范》(DB52/T 1057—2015)
3	2017	山东省	山东省质量技术监督局	《农村生活污水处理技术规范》(DB37/T 3090—2017)
4	2017	宁夏回族自治区	宁夏回族自治区住房和城乡建设厅,宁夏回族自治区质量技术监督局	《农村生活污水处理工程技术规程》(DB64/T 1518—2017)
5	2021	新疆维吾尔自治区	新疆维吾尔自治区市场监督管理局	《农村生活污水处理技术规范》(DB65/T 4346—2021)
6	2020	山西省	山西省市场监督管理局	《农村生活污水处理技术指南》(DB14/T 727—2020)
7	2023	云南省	云南省市场监督管理局	《农村生活污水治理技术指南》(DB53/T 1163—2023)

序号	年份	省区市	发布单位	技术指南(规范或指引)
8	2021	江西省	江西省市场监督管理局	《农村生活污水治理技术指南(试行)》(DB36/T 1446—2021)
9	2008	上海市	上海市建设和交通委员会,上海市税务局,上海市环境保护局,等	《上海市农村生活污水处理技术指南(试行)》
10	2008	江苏省	江苏省建设厅	《农村生活污水适用处理技术指南》
11	2011	福建省	福建省住房和城乡建设厅	《福建省乡镇生活污水处理技术指南(试行)》
12	2012	河南省	河南省环境保护厅	《河南省农村环境综合整治生活污水处理适用技术指南(试行)》
13	2016	海南省	海南省生态环境保护厅	《海南省农村生活污水处理技术指引(试行)》
14	2016	广东省	广东省住房和城乡建设厅	《广东省农村生活污水处理适用技术和设备指引》
15	2016	广西壮族自治区	广西壮族自治区生态环境保护厅	《广西农村生活污水处理技术指南》
16	2017	安徽省	安徽省住房和城乡建设厅,安徽省城乡规划设计研究院	《安徽省农村生活污水处理技术指引指引(试行)》
17	2019	河北省	河北省生态环境保护厅	《河北省农村生活污水治理技术导则(试行)》
18	2019	辽宁省	辽宁省环境保护厅,辽宁省质量技术监督局	《辽宁省农村生活污水处理技术指南(试行)(征求意见稿)》
19	2020	湖南省	湖南省生态环境保护厅	《湖南省农村生活污水治理技术指南(试行)》
20	/	湖北省	湖北省环境保护厅	《湖北省农村生活污水处理适用技术指南(试行)》

已发布的地方指南(指引、导则或规范)仍存在部分问题(王波 等,2021)。一是部分发布时间较早的技术指南沿用城镇污水排放标准、指南落地性较差,有待进一步修订和完善,如福建省指南适用范围为 3 000 t/d 以下,高于国家统一要求的 500 t/d。二是部分技术指南中设计用水量和排水系数过大或不够精细化,容易导致设计处理能力偏大,设施建成后污水收集率和正常运行率偏低。三是部分技术指南推荐的处理技术工艺适应性不强,如适应经济发达、治理意愿高地区的技术不一定适应于经济欠发达、治理意愿一般的地区,多数集中式处理技术装备适应性较差,鞠昌华等指出部分村庄采用工艺过于简单,无法有效处理污水的同时产生新的集中污染源,处理效果有限并难以达到排水要求(鞠昌华 等,

2016）；还有村庄盲目参考城市污水收集与处理规划，建设大型城市污水厂的缩小版，技术难度过大，超出其经济承受能力和管理水平。四是部分指南与农田灌溉、生态农业需求衔接不足，某些指南要求农村生活污水处理"达标"排放，忽视了农业生态对初步处理后的污水的接收能力和需求，上海、河南等制定技术指南较早的省（市），对尾水利用、农田回用、粪肥利用等方面考虑不足，有待更新完善。五是对设施建成后运行维护和监管要求不够详尽，如河南、贵州、上海三省（市）指南中未列专门条款说明，河北省规定较为原则性，对于运行主体及维护过程说明有待完善等；对资金来源规定不够明确等。

针对省级农村生活污水处理技术指南体系不完善、设计参数宽泛、处理工艺适应性差、运维要求不详、资源利用不够等问题，提出了完善体系、核准参数、研发技术、强化运维等方面的建议，以期为规范和加强农村生活污水治理提供科技支撑。一是加快制定或修订省级农村生活污水处理技术指南。同时，在制定或修订指南时建议明确对污水处理设施运行主体、资金渠道、运维监管等方面的规定，为农村生活污水治理提供系统性和完备性的指导。二是注重设计水量和水质的实地调研和监测。合理测算农村生活污水收集率，确定生活污水排放系数。三是研发农村生活污水生态化、资源化处理工艺。突破城镇处理模式"小型化"固有设计思维，创新农村生活污水处理设计模式，充分利用坑塘沟渠、湿地、农田等自然处理系统。四是强化设施运维长效机制建设。建议以县为单元，建立以县级政府为责任主体、乡镇为管理主体、村级组织为落实主体、农户为受益主体、运维机构为服务主体的"五位一体"农村生活污水治理设施运维管理体系（王波 等，2021）。

3.4.1.3　排放标准

农村水污染治理是农村环境整治的一大难题，虽然越来越多的农村地区逐步建设了相应的生活污水处理设施以及污水收集管网系统，但由于水环境标准体系不完善，《城镇污水处理厂污染物排放标准》（GB 18918—2002）和《污水综合排放标准》（GB 8978—1996）已不能满足农村生活污水排放管理要求，成为制约农村水污染治理进程的重要因素。

2018 年 9 月，生态环境部办公厅、住房和城乡建设部联合印发了《关于加快制定地方农村生活污水处理排放标准的通知》（环办水体函〔2018〕1083 号），要求各地加快制定地方农村生活污水处理排放标准，提升农村生活污水治理水平。2019 年 7 月，中央农办等九部门联合印发了《关于推进农村生活污水治理的指导意见》（中农发〔2019〕14 号），提出加快标准制修订，构建完善农村生活污水治理标准体系。

目前，全国各地都已开展或完成了农村生活污水处理设施排放标准的制定工作。具体标准如表 3-6 所示。

表 3-6   31 个省区市农村生活污水处理排放标准汇总表

行政区	序号	地区	标准名称	印发时间	施行时间
直辖市	1	北京市	《农村生活污水处理设施水污染物排放标准》(DB11/1612—2019)	2019 年 1 月 7 日	2019 年 1 月 10 日
	2	上海市	《农村生活污水处理设施水污染物排放标准》(DB31/T 1163—2019)	2019 年 6 月 14 日	2019 年 7 月 1 日
	3	天津市	《农村生活污水处理设施水污染物排放标准》(DB12/889—2019)	2019 年 7 月 9 日	2019 年 7 月 10 日
	4	重庆市	《农村生活污水集中处理设施水污染物排放标准》(DB50/848—2021)	2021 年 9 月 18 日	2021 年 12 月 8 日
省份	5	浙江省	《农村生活污水处理设施水污染物排放标准》(DB33/973—2021)	2021 年 9 月 9 日	2022 年 1 月 1 日
	6	江苏省	《村庄生活污水治理水污染物排放标准》(DB32/3462—2020)	2020 年 5 月 13 日	2020 年 11 月 13 日
	7	安徽省	《农村生活污水处理设施水污染物排放标准》(DB34/3527—2019)	2019 年 12 月 25 日	2020 年 1 月 1 日
	8	福建省	《福建省农村生活污水处理设施水污染物排放标准》(DB35/1869—2019)	2019 年 11 月 12 日	2019 年 12 月 1 日
	9	山西省	《农村生活污水处理设施污染物排放标准》(DB14/726—2019)	2019 年 11 月 1 日	2019 年 11 月 1 日
	10	四川省	《农村生活污水处理设施水污染物排放标准》(DB51/2626—2019)	2019 年 12 月 17 日	2020 年 1 月 1 日
	11	湖南省	《农村生活污水处理设施水污染物排放标准》(DB43/1665—2019)	2019 年 12 月 25 日	2020 年 3 月 31 日
	12	广东省	《农村生活污水处理排放标准》(DB44/2208—2019)	2019 年 11 月 22 日	2020 年 1 月 1 日
	13	山东省	《农村生活污水处理处置设施水污染物排放标准》(DB37/3693—2019)	2019 年 9 月 27 日	2020 年 3 月 27 日
	14	海南省	《农村生活污水处理设施水污染物排放标准》(DB 46/483—2019)	2019 年 11 月 4 日	2019 年 12 月 15 日
	15	湖北省	《农村生活污水处理设施水污染物排放标准》(DB42/1537—2019)	2019 年 12 月 24 日	2020 年 7 月 1 日
	16	云南省	《农村生活污水处理设施水污染物排放标准》(DB53/T 953—2019)	2019 年 9 月 23 日	2019 年 12 月 23 日
	17	贵州省	《农村生活污水处理设施水污染物排放标准》(DB52 1424—2019)	2019 年 9 月 1 日	2019 年 9 月 1 日

行政区	序号	地区	标准名称	印发时间	施行时间
省份	18	甘肃省	《农村生活污水处理设施水污染物排放标准》(DB62/4014—2019)	2019 年 8 月 14 日	2019 年 9 月 1 日
	19	河北省	《农村生活污水排放标准》(DB13/2171—2020)	2020 年 12 月 28 日	2021 年 3 月 1 日
	20	江西省	《农村生活污水处理设施水污染物排放标准》(DB36/1102—2019)	2019 年 7 月 17 日	2019 年 9 月 1 日
	21	河南省	《农村生活污水处理设施水污染物排放标准》(DB41/1820—2019)	2019 年 6 月 6 日	2019 年 7 月 1 日
	22	青海省	《农村生活污水处理排放标准》(DB63/T 1777—2020)	2020 年 5 月 26 日	2020 年 7 月 1 日
	23	陕西省	《农村生活污水处理设施水污染物排放标准》(DB61/1227—2018)	2018 年 12 月 29 日	2019 年 1 月 29 日
	24	黑龙江省	《农村生活污水处理设施水污染物排放标准》(DB23/2456—2019)	2019 年 8 月 27 日	2019 年 9 月 26 日
	25	吉林省	《农村生活污水处理设施水污染物排放标准》(DB22/3094—2020)	2020 年 4 月 1 日	2020 年 4 月 1 日
	26	辽宁省	《农村生活污水处理设施水污染物排放标准》(DB21/3176—2019)	2019 年 9 月 30 日	2020 年 3 月 30 日
自治区	27	宁夏回族自治区	《农村生活污水处理设施水污染物排放标准》(DB64/700—2020)	2020 年 2 月 28 日	2020 年 5 月 28 日
	28	广西壮族自治区	《农村生活污水处理设施水污染物排放标准》(DB45/2413—2021)	2021 年 12 月 27 日	2022 年 6 月 27 日
	29	西藏自治区	《农村生活污水处理设施污染物排放标准》(DB54/T 0182—2019)	2019 年 12 月 20 日	2020 年 1 月 19 日
	30	内蒙古自治区	《农村生活污水处理设施水污染物排放标准(试行)》(DBHJ/001—2020)	2020 年 3 月 13 日	2020 年 4 月 1 日
	31	新疆维吾尔自治区	《农村生活污水处理排放标准》(DB65 4275—2019)	2019 年 10 月 24 日	2019 年 11 月 15 日

针对已经发布实施的农村生活污水处理排放标准,从适用范围、分级情况、控制指标、标准限值四个方面进行比较分析,研究各地区在制定标准时考虑因素的异同点(周文强、贾冰,2020)。

①适用范围:根据 2013 年发布的《村镇生活污染防治最佳可行技术指南(试行)》(HJ-BAT-9)中的核算标准,农村生活污水处理设施规模通常不高于 400 m³/d,考虑到随着居民生活水平的提高,农村地区居民用水量有所增加,各省市地方标准中适用范围主要确定为 500 m³/d 以下的处理规模。部分地区如上海市地方标准明确适用范围为小于 300 m³/d 的处理规模。

②分级情况:31 个省区市农村生活污水处理排放标准共有 8 种分级方式。其中,天津、山东和浙江 3 个省市排放标准分为一级和二级;21 个省区市分为一级、二级和三级;上海市分为一级 A 和一级 B;江苏、安徽分为一级 A、一级 B 和二级;福建、甘肃、河北、北京分级方式与其他省区市不同,具体如表 3-7 所示。

表 3-7　31 个省区市农村生活污水处理排放标准分级情况统计表

序号	省区市	省区市个数	分级情况
1	天津、山东和浙江	3	一级、二级
2	山西、四川、广东、海南、新疆、河南、青海、陕西、云南、湖南、黑龙江、辽宁、贵州、重庆、广西、江西、吉林、宁夏、内蒙古、湖北、西藏	21	一级、二级、三级
3	上海	1	一级 A、一级 B
4	江苏、安徽	2	一级 A、一级 B、二级
5	福建	1	一级 A、二级 A、二级 B
6	甘肃	1	一级、二级、三级 A、三级 B
7	河北	1	一级 A、一级 B、二级、三级
8	北京	1	一级 A、一级 B、二级 A、二级 B、三级
合计		31	

各省市地方标准分级主要考虑以受纳水体的水环境等级和处理设施规模进行标准分级,地表水环境等级越高,处理设施规模越大,排放要求越严格。以长三角地区为例,上海、浙江以地表水环境质量标准中的水环境功能进行分级;江苏根据区域特点,按照饮用水水源保护区、太湖流域一级保护区、国家级生态保护红线、通榆河保护区等区域的环境敏感程度进行分级;而安徽则是同时考虑受纳水体水环境等级和处理设施的规模,如表 3-8 所示。

表 3-8　长三角地区农村生活污水处理排放标准分级原则

地区		一级标准		二级标准
		A 标准	B 标准	
江苏省		饮用水水源保护区、太湖流域一级保护区、国家级生态保护红线	太湖流域二级、三级保护区,通榆河一级、二级保护区,省级生态保护红线	其他地区
上海市		排入Ⅲ类及以上水域(包括自然保护区水域以及其他重点生态保护和建设区)	其他水域	—
浙江省		位于重要水系源头、重要湖库集水区等水环境功能重要地区和水环境容量较小的平原河网地区的新建设施		其他地区
安徽省	规模≥100 m³/d	排入Ⅲ类水域(划定的饮用水水源保护区除外)	排入Ⅳ、Ⅴ类水域	—
	规模≥5 m³/d,<100 m³/d	—	排入Ⅲ类水域(划定的饮用水水源保护区除外)	排入Ⅳ、Ⅴ类水域和其他水域
	规模<5 m³/d	—	—	全部

注:①Ⅱ类、Ⅲ类、Ⅳ类及Ⅴ类水体是指《地表水环境质量标准》(GB 3838—2002)所规定的水体;②规模均指农村生活污水处理设施的设计规模。

从排放标准分级情况的对比分析中发现,虽然多数地区采用了水体的环境功能分类,但农村大部分水域的水环境功能尚未得到明确规定。因此,对受纳水体水域的水环境功能进行规范且明确的划分,更有利于当地农村生活污水排放标准的执行,且分级需要有机地结合其他相关标准,因地制宜形成适合当地的排放标准。

③控制指标:各省市地方标准在控制指标的选取上总体差异不大,控制指标选取的差异主要体现在指标的执行强度(重庆、福建、山西和浙江 4 个省市控制指标分为基本控制指标和选择控制指标)以及阴离子表面活性剂、粪大肠菌群和五日生化需氧量等指标增设方面。具体 31 个省区市控制指标统计情况如表 3-9 所示:有 17 个省区市的控制指标均为 pH 值、悬浮物、化学需氧量、氨氮、总氮、总磷和动植物油 7 项指标,如天津、江苏、四川、湖南、广东等。重庆、福建、山西和浙江 4 个省市控制指标分为基本控制指标和选择控制指标。基本控制指标必须执行,包括 pH 值、悬浮物、化学需氧量、氨氮等;选择控制指标为总氮、总磷或动植物油中的一项或多项,当进水中含有农村餐饮行业排水时,增加动植物油作为控制指标,当出水排入湖库或氮、磷不达标水体时,增加总氮或总磷作为控制指标。浙江、安徽、山东、海南、河北 5 省在 7 个指标基础上增加了粪大肠菌群数

指标(粪大肠菌群是因为人类粪便对水体造成的污染,需要深度消毒处理才能去除)。上海和青海2个省市在7个指标基础上增加了阴离子表面活性剂指标(阴离子表面活性剂与农村旅游业的兴起有关,在餐饮废水中含量较多,处理较为复杂)。北京市在7个指标基础上增加了五日生化需氧量指标。新疆在7个指标基础上去除了总磷指标,增加了粪大肠菌群数指标。西藏在7个指标基础上去除了总氮指标。内蒙古在7个指标基础上去除了动植物油指标。

表3-9   31个省区市农村生活污水处理排放标准控制指标统计表

序号	省区市	控制指标	指标个数	备注
1	重庆	基本控制指标:pH值、悬浮物、化学需氧量、氨氮、总磷; 选择控制指标:总氮和动植物油	7	分为基本和选择控制指标
2	福建	基本控制指标:pH值、悬浮物、化学需氧量、氨氮; 选择控制指标:总氮、总磷和动植物油	7	
3	山西		7	
4	浙江	基本控制指标:pH值、悬浮物、化学需氧量、氨氮、总磷、粪大肠菌群数; 选择控制指标:总氮和动植物油	8	分为基本和选择控制指标;增加粪大肠菌群数指标
5	新疆	pH值、悬浮物、化学需氧量、氨氮、总氮、动植物油、粪大肠菌群数	7	较其他省区市增加粪大肠菌群数指标,无总磷指标
6	安徽	pH值、悬浮物、化学需氧量、氨氮、总氮、总磷、动植物油和粪大肠菌群数	8	增加粪大肠菌群数指标
7	山东		8	
8	海南		8	
9	河北		8	
10	上海	pH值、悬浮物、化学需氧量、氨氮、总氮、总磷、动植物油和阴离子表面活性剂	8	增加阴离子表面活性剂指标
11	青海		8	
12	北京	pH值、悬浮物、化学需氧量、氨氮、总氮、总磷、动植物油和五日生化需氧量	8	增加五日生化需氧量指标
13	西藏	pH值、悬浮物、化学需氧量、氨氮、总磷和动植物油	6	无总氮指标
14	内蒙古	pH值、悬浮物、化学需氧量、氨氮、总氮、总磷	6	无动植物油指标

序号	省区市	控制指标	指标个数	备注
15	天津、江苏、四川、湖南、广东、湖北、云南、贵州、甘肃、江西、河南、陕西、黑龙江、吉林、辽宁、宁夏、广西	pH值、悬浮物、化学需氧量、氨氮、总氮、总磷和动植物油	7	共17个省区市

④标准限值：各省区市地方标准由于分级情况不同，采用了不同的标准限值，不能统一直接进行比较。但总体与城镇标准相比，农村地区的排放标准限值普遍有所放宽。除 pH 值外，具体各省区市排放标准限值如表 3-10 所示。对于常规的 7 项指标进行分析，具体如下：一是 pH 值：各省市要求范围均为 6～9。二是化学需氧量（COD_{Cr}）：山西、天津、北京、河北、广东以及长三角地区排放标准较为严格，西藏自治区的排放标准相对较为宽泛，标准限值达 200 mg/L。三是悬浮物（SS）：北京、上海、天津、山东、青海、陕西、新疆等地排放标准较为严格，最高限值为 20 或 30 mg/L，其他省市最高限值为 40～60 mg/L。四是氨氮：云南、天津、青海、山西标准较为严格。五是总氮：西藏不考核总氮排放指标；17 个省区市中，只有最严的分级限制排放浓度不超过 20 mg/L，其他分级无控制要求；北京、上海、河北分为二级控制要求，最严格标准达到 15 mg/L。六是总磷：新疆不考核总磷排放指标；河北、北京排放标准较严格，最宽松限值仅为 1 mg/L；陕西、辽宁、贵州、宁夏、西藏、甘肃 6 省区市排放标准较宽松，最严格限值达到 2 mg/L。七是动植物油：内蒙古不考核动植物油指标；天津、长三角地区（上海、江苏、安徽、浙江）、河南、湖南、福建、广东、新疆、江西 11 省区市排放标准较严格，最宽松限值仅为 5 mg/L，上海、北京两地甚至严格至 3 mg/L；海南、云南、黑龙江、广西、吉林、西藏 6 省区市排放标准较宽松，最宽松限值达到 20 mg/L。

3.4.1.4 治理技术

目前，我国农村生活污水处理工艺比较多，归纳起来可以分为生物处理技术、生态处理技术及其组合技术（陈小攀 等，2020；王波 等，2021）。

（1）生物处理技术

生物处理技术根据污泥的生长状态可以分为活性污泥法和生物膜法。其中，活性污泥法一般适用于大型污水处理。虽然其工艺成熟，但存在运行成本高、耐冲击负荷能力不强、管理复杂以及污泥膨胀的问题，因此不适用于农村生活污水的处理，但水解酸化池可用来对农村生活污水进行预处理，提高生活污水

表 3-10　31 个省区市农村生活污水处理排放标准对比表

单位：mg/L

序号	省区市	CODcr			SS			氨氮(以 N 计)			总氮(以 N 计)			总磷(以 P 计)			动植物油		
		一级	二级	三级	一级	二级	三级	一级	二级	三级	一级	二级	三级	一级	二级	三级	一级	二级	三级
1	天津市	50	60	/	20	20	/	5(8)	8(15)	/	20	/	/	1	2	/	3	5	/
2	山东省	60	100	/	20	30	/	8(15)	15(20)	/	20	/	/	1.5	/	/	5	10	/
3	浙江省	60	100	/	20	30	/	8(15)	15(25)	/	20	/	/	2(1)	3(2)	/	3	5	/
4	山西省	50	60	80	20	30	50	5(8)	8(15)	15(20)	20	30	/	1.5	3	/	3	5	10
5	四川省	60	80	100	20	30	40	8(15)	15	25	20	/	/	1.5	3	4	3	5	10
6	河南省	60	80	100	20	30	50	8(15)	15(20)	20(25)	20	/	/	1	2	/	3	5	5
7	湖南省	60	100	120	20	30	50	8(15)	25(30)		20	/	/	1	/	3	3	/	5
8	广东省	60	70	100	20	30	50	8(15)	15	25	20	/	/	1	/		3	/	
9	黑龙江省	60	100	120	20	30	50	8(15)	25(30)	15	20	35	35	1	3	5	3	5	20
10	辽宁省	60	100	120	20	30	50	8(15)	25(30)	25(30)	20	/	/	2	3	/	3	5	10
11	海南省	60	80	120	20	30	60	8	20	25	20	30	/	1	3	/	3	5	20
12	新疆维吾尔自治区	60		100	20	25	30	8(15)		25(30)	20			/	/	/	5		
13	云南省	60	100	120	20	30	50	8(15)	15(20)	15(20)	20	/	/	1	3	/	3	5	20
14	贵州省	60	100	120	20	30	50	8(15)	15	25	20	30	/	2	3	/	3	5	10
15	重庆市	60	100	120	20	30	40	8(15)	15(25)	15(25)	20	/	/	2(1)	3(2)	4(3)	3	5	10

续表

序号	省区市	COD_Cr 一级	二级	三级	SS 一级	二级	三级	氨氮(以N计) 一级	二级	三级	总氮(以N计) 一级	二级	三级	总磷(以P计) 一级	二级	三级	动植物油 一级	二级	三级
16	广西壮族自治区	60	100	120	20	30	50	8(15)	15	15(25)	20			1.5	3	5	3	5	20
17	江西省	60	100	120	20	30	50	8(15)	25(30)	25(30)	20	/	/	1	3	/	3	5	/
18	陕西省	60	80	150	20	20	30	15	15	/	20	/	/	2	2	3	5	5	10
19	吉林省	60	100	120	20	30	50	8(15)	25(30)	25(30)	20	35	35	1	3	5	3	5	20
20	青海省	60	80	120	15	20	30	8(10)	8(15)	10(15)	20			1.5	3	5	3	5	15
21	宁夏回族自治区	60	100	120	20	30	40	10(15)	15(20)	20(25)	20	30		2	3	/	3	5	10
22	内蒙古自治区	60	100	120	20	30	50	8(15)	15	25(30)	20			1.5	3	5	3	/	/
23	湖北省	60	100	120	20	30	50	8(15)	8(15)	25(30)	20	25		1	3	/	3	5	10
24	西藏自治区	60	100	200	20	30	50	15(20)	25(30)	25(30)	/			2	3	/	3	5	20

序号	省区市	COD_Cr 一级A	一级B	二级	SS 一级A	一级B	二级	氨氮(以N计) 一级A	一级B	二级	总氮(以N计) 一级A	一级B	二级	总磷(以P计) 一级A	一级B	二级	动植物油 一级A	一级B	二级
25	安徽省	50	60	100	20	30	50	8(15)	15(25)	25(30)	20	30	/	1	3	/	3	5	5
26	上海市	50	60	/	10	20	/	8	15	/	15	25	/	1	2	/	1	3	/
27	江苏省	50	60	100	/	/	/	5(8)	8(15)	25(30)	20	30	/	1	3	/	1	3	5

续表

序号	省区市	COD_Cr				SS			氨氮(以N计)			总氮(以N计)			总磷(以P计)			动植物油		
		一级A	一级B	二级A	二级B	一级B	二级A	二级B	一级A	二级A	二级B	一级A	二级A	二级B	一级A	二级A	二级B	一级A	二级A	二级B
28	福建省	60	100	100	120	20	30	50	8	25(15)	25(15)	20	/	/	1	3	/	3	5	5

序号	省区市	COD_Cr			SS			氨氮(以N计)			总氮(以N计)			总磷(以P计)			动植物油		
		一级A	三级A	三级B	一级B	三级A	三级B	一级A	三级A	三级B	一级A	三级A	三级B	一级A	三级A	三级B	一级A	三级A	三级B
29	甘肃省	60	120	200	20	50	100	8(15)	15(25)	25(30)	20	/	/	2	3	/	3	5	15

序号	省区市	COD_Cr				SS				氨氮(以N计)				总氮(以N计)			总磷(以P计)			动植物油			
		一级A	一级B	三级A	三级B	一级A	一级B	三级A	三级B	一级A	一级B	三级A	三级B	一级A	三级A	三级B	一级A	三级A	三级B	一级A	一级B	三级A	三级B
30	河北省	50	60	100	150	10	20	40	50	5(8)	8(15)	15	25	15	20	/	0.5	1	/	1	3	10	15

序号	省区市	COD_Cr				SS			氨氮(以N计)				总氮(以N计)		总磷(以P计)				动植物油		
		一级A	一级B	三级A	三级B	一级A	一级B	三级A	一级A	一级B	三级A	三级B	一级A	一级B	一级A	一级B	三级A	三级B	一级A	一级B	三级A
31	北京市	30	50	60	100	15	20	30	1.5(2.5)	5(8)	8(15)	25	15	20	0.3	0.5	0.5	1	0.5	1	3

注：括号外的数值为水温＞12℃的控制指标，括号内的数值为水温≤12℃的控制指标。

的可生化性,并减小后续处理工艺的处理负荷。相比而言,生物膜法运行费用低、管理简单、抗冲击负荷能力强,具有很高的处理效率。

(2) 生态处理技术

污水生态处理技术主要包括三类工艺:人工湿地、土地处理和稳定塘。其中,人工湿地是对天然湿地的模拟,利用系统中植物、基质、微生物间的协同作用降解污染物,脱氮除磷效果较好,占地面积较大,管理方便,但受气候的影响较大,适用于气候适宜、有可用土地的地区。土地处理是指利用农田、林地等土壤—微生物—植物构成的陆地生态系统,对污染物采用综合净化处理生态工艺,包括慢速渗滤系统、快速渗滤系统、地表漫流系统、地下渗滤系统。实际情况下多用地下渗滤系统,因为该系统不受气候影响,但管理不当可能会污染地下水,适用于经济条件较好,气候寒冷的地区。稳定塘又称氧化塘,是经过人工适当修整后设围堤和防渗层的污水池塘,处理负荷小,处理效率不高,占地面积大,投资小,运行费用低,适用于气候条件较好,远离居住区的地区。

(3) 生物生态组合技术

目前国内采用的处理工艺多是生物和生态组合处理工艺,因为已有的研究和运用经验表明,组合工艺的运行稳定性更高,更易获得持续高效的处理效率,常见的几种组合工艺比较如表 3-11 所示。

我国农村经济发展水平不一,因此在选择污水处理工艺时应结合当地自然环境、管理水平和经济条件,优先选择处理效率高、运维成本低,并且处理达标后的水可以回用的水治理技术。对于人口稀少,经济欠发达、距离远且不便于日常维护的地区优选无动力工艺;对于人口集中化程度高且经济水平高的村庄,可选用有动力或者微动力农村生活污水处理设施。

3.4.2　治理技术体系

3.4.2.1　收集模式选择

提高生活污水收集率是农污处理的关键环节。全国多地地方技术指南都将污水收集模式分为纳管收集、集中收集和分散收集 3 种(图 3-9),且均体现出优先考虑纳管收集的思想,符合国家对农村污水收集的要求。因此,由于农村地理位置、地形地貌状况、村庄布局、居民集中程度、污水收集范围、用地及经济要求等的不同,建议以下面三种模式开展农污收集工作。

表 3-11　常见的几种组合工艺比较

工艺名称	适用范围	占地面积	投资估算	处理效果	优点	缺点
接触氧化+人工湿地	适用于排放要求较高的分散处理系统。污水处理规模为50~200 m³/d。适用于采光效果好、建筑密度较低的村庄(应用太阳能);适用于进水 NH_3-N、TN 较低的项目;适用于有合适的洼地或池塘可以利用的村庄。	1.5 m²/(m³·d)	主体设施水投资约6 000元/(m³·d⁻¹)。直接运行维护成本约为0.25~0.35元/t。	出水水质可达到 GB 18918—2002 中的一级 B	出水水质好,容积负荷高,占地面积小,耐冲击,适应性强(应用太阳能),没有污泥膨胀问题,运行管理方便	填料容易堵塞、坍塌,需要鼓风曝气;设备、基建投资和运转费用偏高的缺点。
A/O+人工湿地	适用于进水浓度较高,处理要求高的项目。地埋式和地上式 A/O 系统分别适用于处理规模20~200 t/d 和>200 t/d 的污水处理项目。适用于冬季气温及水温较低的地区,如东北、苏北地区。具有投资较低,出水水质高的优点。	取决于厌氧池的大小	处理规模为40~300 m³/d时,主体设施吨水投资约3 000~7 000元/(m³·d⁻¹),直接运行维护成本约为 0.2~0.4元/t。	出水水质可达到 GB 18918—2002 中的一级 B,脱氮效果显著。	工艺成熟,运行稳定可靠,采用鼓风曝气,保温性能好,冬季运行效果较好。	系统相对较复杂,设备多,维护管理要求高。鼓风曝气系统噪声较高,须采取降噪措施,未设置厌氧段,TP 去除效果一般
土壤渗滤	适用于范围进水浓度较低的项目。悬浮物浓度宜低,防止堵塞。处理规模不宜过大,宜低于50 t/d。适用于有足够可利用土地的场合	4 m²/(m³·d)	主体设施水投资约8 000元/(m³·d⁻¹)。直接运行维护成本约为0.15~0.3元/t。	出水水质可达到 GB 18918—2002 中的一级 B	强化厌氧处理,并结合土壤渗滤处理,一级提升,能耗低。该技术无损地面景观,受外界气温影响小。	进水浓度不宜过高,悬浮物浓度要低,滤层防堵措施须加强。占地面积较大,处理规模较小。
一体化设备	适用于风景旅游区、水源保护区等对水环境保护要求极为严格的地区。也可适用于高浓度污水/行业废水的处理,具有出水水质好,占地面积小,设备化程度高的优点。	3~6 m²/(m³·d)	吨水投资 9 000~12 000元,运行费用主要是曝气及 MBR 反洗消耗的电费,约为 0.4~0.6元/t。	出水水质可达到 GB 18918—2002 中的一级 A	它集抗冲击性强,能耗低,维护管理简便,见效快等优点为一体。	工程施工要求较高,适用于急需解决农村生活污水污染问题且土地和水资源较少的地区。

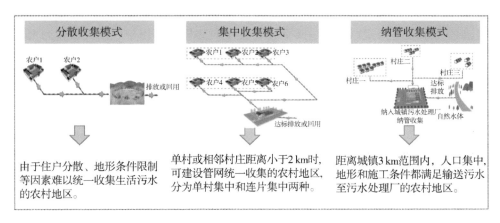

图 3-9　农村生活污水治理典型模式示意图

（1）纳管收集模式

纳管收集模式是指农村生活污水通过管网收集输送到城镇污水处理厂统一处理的治理方式,如图 3-10 所示。这种方式主要适用于聚集程度高、紧邻城镇（3 km 范围内）、地形条件有利于生活污水依靠重力流入市政污水管网的村庄。在庭院收集的基础上,将农户污水排至村镇公共排水系统进行收集,再排至市政污水处理系统进行处理。可在村镇居民居住集中、人口相对密集的村镇采用,通常服务人口为 50~5 000 人,服务家庭数 10~1 000 户,污水收集量为 5~500 m³/d。应根据地区自然地理情况,尽可能减少管网长度,简化污水收集系统,节省管网建设资金。

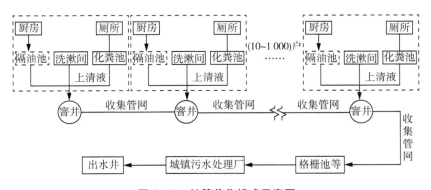

图 3-10　纳管收集模式示意图

（2）集中收集模式（多户连片污水收集模式）

集中收集模式是针对生活污水无法纳入城镇污水处理厂的村庄,将单个或多个自然村农户的生活污水进行统一收集,再排至村级污水独立处理设施进行处理的污水收集模式,如图3-11所示。集中收集模式适用于农户人口较为聚集的农村地区,收集处理水量为2~5 m³/d,一般服务人口20~50人,服务家庭数2~15户,污水处理设施布置在村落中。为降低污水收集系统的建设投资,在单户收集系统基础上,根据村镇庭院的空间分布情况和地势坡度条件,将各户的污水用管道或沟渠引入污水处理设施。

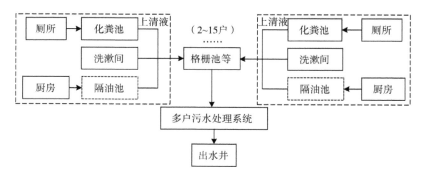

注:若该户为农家乐经营户,则虚线框内隔油池必须设置;若为普通住户,可不设隔油池。

图3-11　集中收集模式示意图

（3）分散收集模式

分散收集模式指对单户或相邻农户产生的生活污水就近处理的污水收集模式,如图3-12所示。这种方式主要适用于无法集中铺设管网或集中收集处理污水的村庄,特别是农户居住较为分散的山区、丘陵地带。一般污水量不大于5 m³/d,一般服务人口5~20人(考虑家畜养殖污水量),主要收集模式为将厕所化粪池(上清液)和厨房、洗衣、洗浴等排放的污水统一收集,并排放至设在庭院内的污水处理设施。

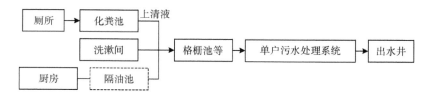

注:若该户为农家乐经营户,则虚线框内隔油池必须设置;若为普通住户,可不设隔油池。

图3-12　分散收集模式示意图

3.4.2.2　适宜工艺选择

我国地域广阔,各地区气候、地形、经济水平相差较大,因此在对全国的气候、地形地貌、各地的经济水平以及人们的生活习惯进行总结的基础上,将全国划分为东南水系发达地区、华北平原地区、东北高寒地区、中南地形复杂地区、西北寒冷干旱地区和西南山地地区 6 个区域,根据各区域的特点因地制宜地提出适合该地区的污水处理技术和模式,具体如表 3-12 所示。

表 3-12　我国各片区适用技术总结

片区	代表省市	推荐技术
东南水系发达地区	上海市、江苏省、浙江省、福建省、广东省、海南省等地	①长三角、珠三角地区采用好氧生物处理技术或生物生态相结合的方式; ②福建和海南采用成本低的微动力或无动力技术
华北平原地区	北京市、天津市、河北省、山西省、山东省大部和河南省北部等地	①污水量小、浓度低的地区可采用人工湿地、土地渗滤处理技术; ②经济条件好、污水量大、浓度较高的地区可采用 A/O 等工艺
东北高寒地区	黑龙江省北部、青海省、西藏自治区、甘肃省、内蒙古自治区部分地区等	以生态技术为主体的工艺
中南地形复杂地区	湖北省、湖南省、安徽省、河南省和江西省等地	①秦岭淮河以北可采用化粪池或厌氧生物膜反应池进行简单的处理; ②秦岭淮河以南可利用现有的池塘采用多塘技术或者人工湿地系统
西北寒冷干旱地区	内蒙古自治区中西部、新疆维吾尔自治区大部、宁夏回族自治区北部、甘肃省中西部等地	适应当地气候的改进版生态处理技术
西南山地地区	广西壮族自治区、云南省、贵州省、四川省、西藏自治区等地	①广西、云南两地可选择人工湿地系统; ②贵州可推广跌水式生态工艺; ③四川地区考虑将生态工艺与生物工艺联合使用

（1）东南水系发达地区

以江苏、浙江、上海和广东为代表的长三角、珠三角地区农村经济发达、人口密度大、土地资源紧张、水环境污染严重、水质性缺水问题突出,因此应选择处理效果好、占地面积小的好氧生物处理技术或采用生物生态相结合的方式,例如接触氧化/人工湿地/生态塘;而福建和海南等经济欠发达地区的农村则应优先采用运行成本相对低的微动力或无动力处理技术。

（2）华北平原地区

华北平原也是我国主要的农业区,农村耕地占全国的 1/5,农村人口众多,具有污水浓度低、人均日产生量小于南方、污水排放量与收入水平有关等特点。结合北方地区的气候特征、水资源条件、水质特征、经济条件和给排水条件,提出以下建议：生活污水产生量小、污染物浓度低的地区可采用人工湿地、土地渗滤处理技术；水量较大、污染物浓度较高、经济条件较好的地区可采用 A/O 等处理工艺。

（3）东北高寒地区

东北地区农村生活污水具有水量偏少且水质变化大的特点，因此以生态技术为主体的工艺比较适合该地区。但东北地区冬季气温偏低，导致人工湿地等生态处理工艺运行效果不佳，为克服气温条件的影响，提出以下几种方案：①选择合适的填料、优化基质填料的组成和配比等解决人工湿地冬季运行效率低的问题。②冬季时人工湿地只作为储水池，不对污水进行处理，夏季再进行处理。③改进湿地结构，将人工湿地设计成双层构造，冬季上层湿地充当保温层，依靠地下植物根系、基质吸附和微生物的代谢作用发挥净化效能。另外，可向湿地中投加高效低温功能菌，改善低温期微生物群落活性，促进水体营养物质的良性循环。④采取保温措施，如植物覆盖、冰雪覆盖、薄膜法或温棚覆盖。通过比较，薄膜保温法具有出水水质好、操作简单、成本低的优点，比较适合在我国北方地区推广应用。⑤种植耐寒植物，选择适合冬季气候条件的植物，提高低温条件下人工湿地对水中污染物的处理效率。

（4）中南地形复杂地区

中南地区地形地貌复杂，包括山地、丘陵、岗地和平原等。农村人口数量、村镇数量多且人口密度较大，很多行政村位于重要水系（如淮河、巢湖、鄱阳湖、洞庭湖等）流域，未经处理的农村生活污水直排对水环境影响较大。该地区经济总量在全国处于中等偏下水平，区域内经济发展不平衡，农民生活方式、水平差异较大。在设计中南地区污水处理系统时可以充分利用当地地形，如利用原有的陡坡地势，设计人工湿地结合厌氧和跌水接触氧化的复合处理工艺。总的来说，中南地区可以秦岭—淮河为界划为秦岭—淮河以南和秦岭—淮河以北。其中，河南和安徽北部属于秦岭—淮河以北，用水量较小且经济欠发达，这些地区农村大部分采用旱厕或有家禽畜养，有利用厩肥施用农田和菜地的习惯，农村污水很少外排，排放的少量污水可考虑采用化粪池或厌氧生物膜反应池进行简单的处理；秦岭—淮河以南的农村多傍水而建，池塘往往成为受纳水体，这些地区可利用现有的池塘采用多塘技术或者人工湿地系统。

（5）西北寒冷干旱地区

西北地区地形以高原、盆地和山地为主，冬季严寒而干燥，夏季高温，降水稀少，气温的日较差和年较差都很大。该地区水资源匮乏，村民的用水量也较少，随着新农村建设的推进，自来水普及率增加，部分经济条件较好的村庄普及了马桶、淋浴等卫生设施,使得用水量不断增加,这直接导致农村排水量增大。西北地区的生态条件脆弱,一些传统生态技术并不容易推行,所以需要在传统生态处理技术的基础上进行改进,以适应当地的气候条件,如在冬季采用植物覆盖和薄膜覆盖联合的保温方法,种植陆生木本植物作为湿地植物等方式。陕南地区虽然地处西北但又与西北地区的干旱不同,该地区水资源丰富,与南方地区相近,但气温仍偏低且经济较为落后,所以需结合南北方工艺。

(6)西南山地地区

西南山地地形复杂,以丘陵、山地、高原为主。区域气候类型多样,大部分地区属于亚热带、热带季风气候,经济在全国处于中下水平,农村人口众多。同时,由于少数民族聚集以及独特的人文风光使该区域成为旅游的热点区域,因此,以农家乐为代表的旅游得到快速发展,农村生活用水量也迅速增长,很多农村污水因为没有处理措施直接排入河流,对当地的生态环境造成极大的破坏。结合西南地区污水处理现状,对西南地区农村污水处理技术的选择提出以下建议:广西壮族自治区、云南省两地生态资源丰富,气候温暖,可以选择人工湿地系统;贵州省地势陡峭,缺水少雨,可推广跌水式生态工艺;四川省地形复杂,气候多样,经济基础条件参差不齐,应考虑将生态工艺与生物工艺联合使用。总体而言,在经济条件较好的地区,可以铺设管网修建城镇集中式污水处理厂;在经济条件一般的地区,可以采用厌氧与人工湿地的组合工艺;在无充足土地资源或排水要求较高的山区或景区可以采用微动力曝气的一体化设备。

3.4.2.3 治理模式选择

(1)选择原则

①运营维护简单:设施规模越小,越难以稳定运行,需要优选工艺,不能套用市政污水处理工艺,应以方便日后运营维护为主要考量。

②抗冲击负荷强:农村污水水量水质波动大,应选择抗冲击负荷能力强的工艺,宜选择固体材料作为载体,如人工湿地、生物接触氧化、一体化 MBR 膜、高负荷地下渗滤复合技术和土壤型高负荷微生物滤床技术,不宜采用传统的工业、城市污水处理的活性污泥曝气法工艺。

③技术经济性好:农村生活污水可生化性较好,适合采用技术经济性较好的生物法处理,考虑到农村财力薄弱、收费难、自运维管理缺乏等因素,应选择投资建设成本低、运行费用低、维护成本低、可辐射面广、操作简单易行的处理工艺;不宜采用 MBR、超滤、纳滤、反渗透等膜处理工艺(水质标准要求特别高的区域除外)。

④可分散可集中:最好选择设施规模可大可小、可分散可集中、可拼接可扩

建的处理工艺,这样既可大量节约管网建设投资,也不用为了考虑后期人口增长因素超前建设过大的处理设施。

(2) 三种模式

综合进水水质条件、出水水质标准、土地条件、地形地貌等,可将治理模式分为简单模式、常规模式和强化模式三种,具体选择因素参考如图 3-13 所示。

3.4.2.4 设施运管模式

农村生活污水处理设施的运行、维护及管理宜采用建管统筹,统一运行、统一维护和统一管理。按照污水收集系统、处理设施、动力等辅助设施的运行维护和管理要求,编制维护手册,建立健全维护记录和保存制度。定期对污水收集管网及其相关构筑物进行巡视检查。对管网中出现的漏、坏、堵、溢、露等问题,及时处理和修复。对严重影响设施正常运行的问题,应及时向主管部门报告,尽快修复设施。应注意对管网保温、防护材料及设施的检查。做好新建住户污水接入村管网系统的协调工作。禁止违章占压、违章排放、私自接管以及其他影响管道排水的各种行为。农村污水设施应根据有关要求,定期进行进出水监测。坚持建设与运行并重的原则,因地制宜探索长效运行维护机制。

常见的运行维护模式主要有:属地(村镇)自行运行管护、委托第三方专业公司运行管护和污水处理设施建设运行一体化管护三种模式,具体如表 3-13 所示。

当村庄生活污水使用的收集系统和污水处理设施运行管理简单,自行运行管护可以满足管网和设施的运管要求的,可采用自行运行管护的方式。当村庄生活污水使用的收集系统和污水处理设施运行管理困难,需要专业的管护人员才能保证管网和设施的正常运行时,应聘用专业人员或专业管护公司进行管护。此外,兼顾地方财政确定运管模式,如地方财政有足够的经济能力,可以聘用专业人员或专业管护公司对生活污水收集系统和处理设施进行管护的,尽量采用第三方专业公司运行管护的方式;地方财政经济实力有限,难以支付第三方运行管护的费用,并且生活污水收集系统和处理设施运行管理简单的,可采用自行运行管护的方式;地方财政当前经济紧张,但生活污水收集系统和污水处理设施运行管理困难的,宜采用设施租赁、分期支付等方式。

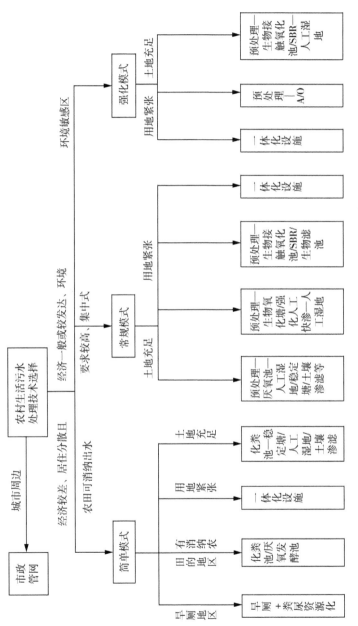

图 3-13 农村生活污水治理组合技术模式的选择

表 3-13 运行维护模式一览表

模式	主要特点与要求
属地(村镇)自行运行管护	一些经济发展水平不高、污水治理刚起步或者设施较为分散的村庄,可选择属地自行运行管护模式。庭院式污水处理或污水收集户数较少的设施,可由农户自行维护管理。由于农户对污水处理设施运维管护专业知识缺乏,设施出现故障通常无法自行解决,容易被遗弃荒废。对于这种模式,应定期跟踪检查,加强技术培训和专业指导
委托第三方专业公司运行管护	政府购买服务模式:此模式较为常见,一般是由政府投资建成农村生活污水处理设施,委托第三方(具备专业能力的企业或事业单位)进行运行维护;地方政府或村集体拥有设施产权,并对设施运行情况进行监督管理,根据污水治理的绩效向第三方支付费用
	设施租赁模式:由村镇委托第三方公司以租赁设施的形式,对污水进行达标处理并支付相关处理费用;污水处理设施产权归第三方,政府或村镇作为业主根据绩效支付污水处理费用
建设运行一体化管护	建设运行一体化模式将设施建设与后期运行一体化捆绑,项目所在地政府根据运行绩效分期向企业拨付项目资金。 采用建设-运行-管护一体化的模式,就农村生活污水处理设施项目与企业签订特许权协议,授权签约方企业承担该项目的投资(融资)、建设和维护,在协议规定的特许期限内,许可其建设和经营特定设施,回收投资并赚取利润。政府对基础设施建设和运行有监督权和调控权。特许期满,签约方的企业将该设施无偿或有偿移交给政府部门

第 4 章

区域水问题综合治理
关键技术应用研究

基于区域水问题综合治理模式框架,选取江苏省盐城市大丰区城区为研究对象,研究大丰区城区水问题综合治理技术方案。研究对象选取原因如下:一是大丰区处于平原河网地区,区域内水系发达,涉及老城区、开发区及农村区,区域类型较为全面,其水问题具有典型性。二是大丰区城市防洪圩区内水系较为独立,外部因素影响较小,具有较为典型的区域性特性。三是大丰区各类资料完备,具有包括水系、水利工程、管网、排口、工业企业、底泥、农业等基础资料,以及河道信息、水质数据等监测资料,有利于分析治理模式应用效果。大丰区区域水问题综合治理,在着重解决水环境问题的基础上兼顾防洪排涝。因此,本章重点阐述以水环境治理为核心的区域水问题综合治理的应用研究。

4.1 研究区域概况

盐城市大丰区属江苏省盐城市辖区,位于江苏省中部、盐城市东南,地处江苏沿海,淮河流域尾闾,里下河地区下游。东连黄海,南与东台市接壤,西与兴化市接壤,北与亭湖区、射阳县交界,总面积为 3 059 km²。本次研究区域位于大丰区城区,研究面积为 74.6 km²,如图 4-1 所示规划区。

大丰区为滨海淤积平原,总体地势较为平坦。地形南宽北窄,南北长约 63 km,东西宽约 44 km,地面高程 1.8~4.5 m,除沿海滩涂外,全区地势东高西低、南高北低。由于地处亚热带与暖温带过渡地带,兼受海洋性、季风性气候影响,大丰区气候温和,降水充沛,四季分明,雨热同季。根据资料,1956—2017 年大丰区多年平均年降水量为 1 075.0 mm,且降雨主要月份为 6~9 月。

图 4-1 研究区域地理位置示意图

4.2 目标思路及技术路线

4.2.1 研究目标

以实现"水污染有效防控、水环境整洁优美、水生态系统健康、水工程长效管护、水制度不断完善、水文化传承弘扬"为总体目标，按照"控源截污是前提，河道治理是基础，生态修复是强化，活水调控是支撑，长效运维是保障"的系统治理思路，实现污染源控制、水动力改善及水环境容量提升，根本性改善河网水环境，修复水生态系统，使城区重要水体二卯酉河、大四河、西子午河的水质达到地表水环境质量Ⅳ类标准。

4.2.2 研究思路

围绕大丰区水问题综合治理目标，全面调查城区主要污染源，计算研究区污染源负荷与水环境承载能力，确定污染减排、治理与水环境容量提升目标，从水环境容量提升和水环境综合整治两方面提出大丰区水问题综合治理措施。水环境容量提升措施通过优化水动力条件和改善水生态格局以提高水系自身污染承载能力，一为运用现有闸泵工程，因势利导，制定水动力调控时间计划，间歇性地按需、按序活水，使水体有序流动；二为恢复岸线和河道水生态系统功能，改善水系生态格局，形成具有活力的城市水生态空间。水环境综合整治措施通过污染控制和河道治理以减少污染入河量，一为开展排口、管网与排水户的交叉调查检测，优化管网建设，集中处理农村生活污水；二为梳理排查工业企业，完善档案体系，实施信用评价，加强监督管理；三为开展底泥污染评价，确定污染风险，确定清淤范围及深度；四为以源头削减、输移控制、末端处理为手段进行城市初期雨水综合控制；五为以种养结合为出路，控制农业面源污染，强化资源化利用。

4.2.3 技术路线

本次研究技术路线图如图4-2所示。

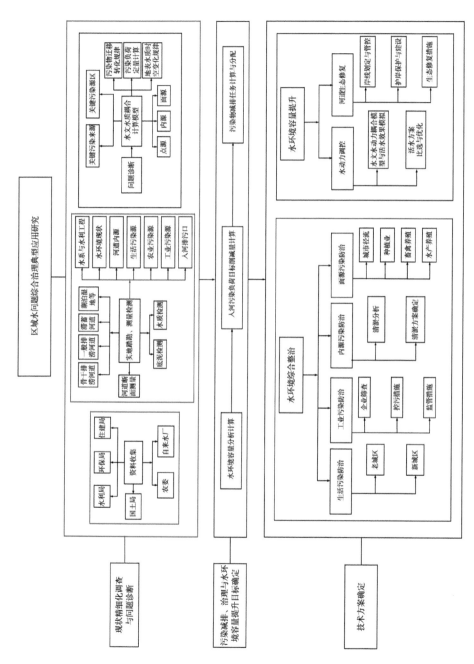

图 4-2　研究技术路线图

4.3 区域现状精细化调查

4.3.1 基本信息调查

4.3.1.1 行政区划

研究区域内分为老城区与新城区,新城区细分为城南新区、城东新区、高新区、开发区及服务业集聚区。按照行政村划分,规划区可分为 19 个行政村,如图4-3 所示。

图 4-3 研究区行政区划图及行政村分区示意图

4.3.1.2 人口状况

根据统计资料,研究区域内常住人口总数约为 18.5 万人,其中城镇居民占82.9%。人口以老城区最为密集,达 5.2 万人,同德、万丰、泰西、阜丰人口相对集中,且多为城镇人口。各行政区面积及常住人口状况如表 4-1 所示。

表 4-1　各行政村面积及常住人口状况表

序号	行政村	占地面积(km²)		常住人口	
		城镇	农村	城镇	农村
1	泰西	1.42	1.56	14 137	3 226
2	红花	0.81	0.80	0	4155
3	和瑞	0.02	0.23	0	326
4	泰丰	0.12	1.04	0	2 919
5	双喜	0.001	0.58	0	2 360
6	新民	3.03	1.24	5 881	0
7	老城区	4.14	0	52 066	0
8	同德	2.25	0.79	39 747	3 951
9	德丰	0.24	1.04	0	2 916
10	阜南	0.43	1.31	0	2 257
11	阜丰	0.57	1.88	17 297	3 387
12	大新	0.30	0.55	3 341	1 641
13	阜北	0.11	0.64	0	2 446
14	建设	0.02	0.07	0	0
15	裕华	0.37	0.07	889	0
16	丰裕	0.70	0.56	4 171	0
17	万丰	0.35	1.01	13 323	2 015
18	河口	0.01	0.18	2 278	0
19	灶圩	0	0.02	0	81
合计		14.89	13.57	153 130	31 680

4.3.1.3 土地资源

土壤类型方面,规划区内土壤类型包括潮土、湿潮土和水稻土,其中潮土为规划区内主要土壤类型,约占 75%,湿潮土约占 24%,集中在规划区北部及西部,而水稻土占比较少且多集中在规划区内西侧老斗龙港附近。

规划区内主要土地利用种类约 20 种,其中城市、村庄、建制镇占 38.2%,水浇地、旱地、水田、果园、设施农用地等农业用地占 35%,河流、沟渠、坑塘等水面面积占 16.35%。土地利用状况如图 4-4 所示。

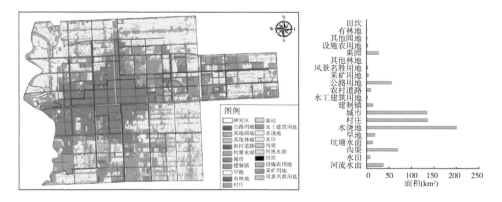

图 4-4　土地利用状况示意图

4.3.2　水系及水利工程调查

4.3.2.1　水系调查

（1）河道特征

研究区内河网密布,纵横交错,如以 18 m 的河道宽度作为阈值,则主要河道为四横九纵的河网格局,如图 4-5 所示。横向河道为:南中心河、二卯西河、东红星河、通港航道;纵向河道为:老斗龙港、红花中心河、大四河~西子午河、二里半复河~恒泰河、团结河~斗私河、五一河~新跃河、福成河、福东河、中子午河。

由于该区过去为老垦区,民国时期各盐垦公司采取河网化、条田化的模式统一开发河道,即南北方向平均每 1.3~1.5 km 设置排河,标准一般在底宽3~5 m,深 2.5 m 左右;东西方向平均每 200~250 m 设置条沟,标准一般在底宽 3~5 m,深 2.0 m 左右。因此,除主要骨干河道外,还有新德中心河、新民中心河等一般排涝河道和众多排沟、支流等蓄滞河道,如横向河道有新村河、幸福河、供电北沟、同德五排河、四中北沟、长乐河、朝阳河,纵向河道有新民中心河、红花中心河、恒泰河、斗私河、新跃河、德西中心河、实小西沟、大新中心河。很多河道平时干旱无水,但在灌溉期或汛期排涝时可以发挥一定作用。

图 4-5　研究区水系分布示意图

　　研究区水面主要由骨干排涝河道、一般排涝河道、滞蓄河道以及其他湖泊、湿地等组成。经调查,该区现状综合水域面积率达 12.46%,骨干排涝河道、一般排涝河道、滞蓄河道和其他湖泊水域面积率分别占 2.88%、2.30%、6.30% 和 0.98%。其中,滞蓄河道水域面积占总体水域面积的 51%。"竹节河"现象普遍,影响了日常水系畅通、水体交换、环境卫生,仅在汛期具备较小的调节功能,水资源、水环境、水景观等相关功能退化。经统计,这些滞蓄河道单条河道平均长度一般约为 200 m,总体数量为 3 100 余条,总长度约为691 km。虽然部分滞蓄河道可能存在堵塞与黑臭现象,然而由于数量众多,其对于维持城市水域面积率、水资源供给以及补偿区内滞蓄空间有重要的意义,因此,在实际治理过程中,应采用标本兼治的思路,而不是随意填埋。

　　(2) 河道断面测量

　　为了对大丰主城区内的河道、闸泵等资料进行复核,并直观感受河道水系连通、水质状况等现状,对研究范围进行了全覆盖式现场踏勘和河道断面测量。测量断面近 400 个,其中郊区以及主城区河宽 30 m 以上河道,每隔 500 m 测一个断面;主城区河宽 10~30 m 河道,每隔 300 m 测一个断面;主城区河宽 10 m 以下河道,每隔 200 m 测一个断面。典型断面测量如图 4-6 所示。

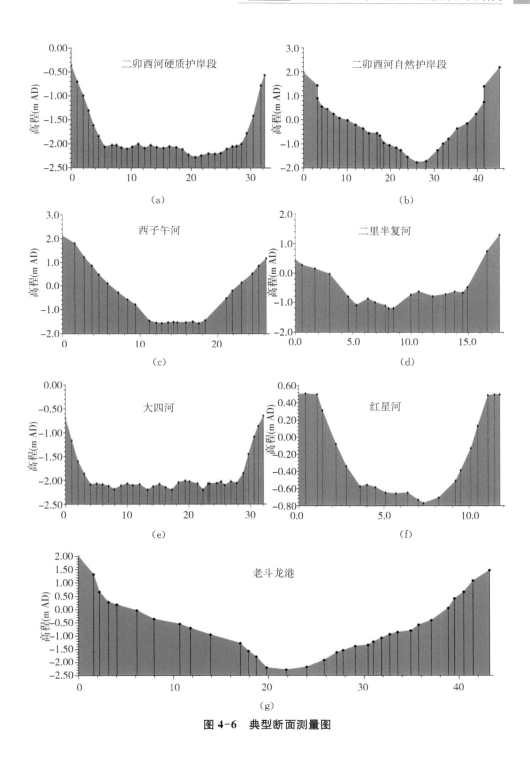

图 4-6 典型断面测量图

4.3.2.2 水利工程调查

（1）工程建设

研究区内地势平坦，高程差小，河水流动性差，通过修建大量闸泵工程，实现了排涝、调水和活水功能。经调查，截至2018年底，研究区域共建成22个涵闸、44座闸泵（包括原有泵站、改造泵站、拆建和新建泵站），流量共达236.16 m³/s，排涝模数2.78 m³/(s·km²)。其中，排涝流量小于4 m³/s的排涝站有30座。已建的44座闸泵中双向泵24座，可向圩区内引水总流量达54 m³/s，区域范围为完整圩区，水利工程充足，水闸、泵站位置分布如图4-7所示。

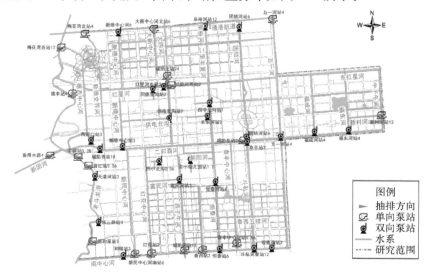

图 4-7　研究区闸泵空间分布示意图

（2）工程调度

现行的调度方案为开启城防西站闸门，河水经二卯西河进行南北分流，通过几个大的泵站（城防北站、城防东站、城防南站、红花闸泵站、恒泰河闸泵站、新德中心河南站）向外排水。调度主要依靠泵排的方式降低水位，然后打开城防西站闸门引水进城。但降低了水位的同时也减小了水环境容量，而且造成了水体流动性分配不均，难以实现城区内水质全面提升。

4.3.3　水质及水生态调查

4.3.3.1　水质现状

经研究区2018年水质河道水质监测及数据分析，研究区重要水体二卯西河、大四河、西子午河重点断面水质为劣Ⅴ类。根据调研结果显示,部分非骨干河道存在黑臭现象,农村末端水头部分被阻断,影响了水体流动性。

通过对研究区域内重点断面进行水质分析,二卯酉河及大四河各断面主要污染物为 NH_3—N 及 TP。从时间上分析,各断面在 2018 年大部分检测月份未达到目标水质指标,其中 7 月污染情况最为严重,如图 4-8 所示。从空间上分析,以二卯酉河为例,从上游至下游的各断面分别为化工桥断面、东方红桥断面、丰裕渡断面。化工桥断面整体水体水质为Ⅳ类,而东方红桥断面及丰裕渡断面水体水质为劣Ⅴ类,说明从化工桥断面至丰裕渡断面,尤其是化工桥断面至东方红桥断面存在污染源入河现象。

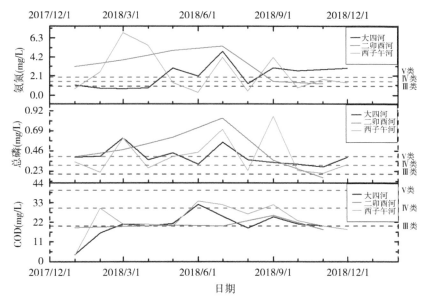

图 4-8　重点河道水质指标时间变化趋势图

4.3.3.2　岸线现状

河道岸线是维护河道健康的重要屏障,研究团队对研究区域内岸线建设及管理现状进行详细的调研。对于岸线建设情况,研究区域内主要河道的岸线情况包括硬质护岸、生态护岸及自然护岸。其中硬质护岸占比约为 40%、老城区;生态护岸占比约为 17%,主要分布于城东新区及高新启动区;自然护岸比约为44%,主要分布于城南新区、开发区及服务业集聚区。

对于岸线管理情况,调研发现已经划定的河道蓝线范围较窄,不利于河道保护。以滞蓄河道为例,河道蓝线区域仅划到河口位置,阻隔或缓冲污染物入河的空间明显不足,导致河道边坡侵蚀严重,雨季极易发生水土流失,同时道路、农田面源污染等直接汇流入河。此外,研究区域岸线内存在大量占用现象,如违建、违种、违占等,如图4-9所示。违建主要是指住宅房屋违建、旱厕违建等。岸线上存在的这些占用现象为历史遗留问题,在我国许多类似地区较为普遍。

图 4-9 河道岸线利用现状

4.3.3.3 水生态现状

根据调研情况显示,研究区域内部分水域生态系统遭到破坏,某些支流河道淤塞断流严重,研究区域内某些具有蓄滞功能的城区小河道被填埋,造成水系不畅,加上河道淤积、植物疯长等因素,导致部分支流河道出现严重的萎缩、淤塞,危害河道水生态状况。此外,区域水生植物多样性较低。经过实地踏勘调研发现,规划区城区及农村河道的水生植物多样性均较低,硬质岸线陆域与水域隔断,水生植物生长区域被压缩,现存的水生植物中以水花生和浮萍数量较多,分布较广。水生动物、底栖动物种类减少,大丰区近海资源丰富,但近年来河道水质恶化,导致水生动物和底栖动物的多样性下降,如图4-10所示。

图 4-10 水生态现状

4.3.4 污染源调查

4.3.4.1 生活污染源调查

（1）生活污水

研究区域生活污水收集处理模式主要以管道收集至污水处理厂为主,但由于部分管网建设不完善、合流管道直排溢流、雨污管道混接、管道质量问题、管网运行管理问题、小区雨污分流改造不完全等问题,研究区域生活污水直排、溢流情况依然严重。根据调研,研究区域共发现 65 个存在污水排放现象的市政排水口(调查时间阶段为 2018 年 12 月至 2019 年 6 月),如图 4-11 所示。其中,39 个分布在二卯西河、大四河、西子午河、二里半复河、红星河、新民中心河上;新德中心河、供电北沟、红花中心河、恒泰河、朝阳河、五一河等重要河道上也有部分排口。此外,还存在若干个小区私接排口。

图 4-11 存在污水排放现象的市政排水口分布示意图

（2）生活垃圾

大丰区的生活垃圾收集转运体系虽然覆盖了区域内的所有行政村,但尚不完善,如小垃圾房、垃圾桶、村庄垃圾清运车等数量不足,部分合并乡镇的偏远行政村距离建制镇垃圾转运站较远,垃圾转运不便。目前,大丰区生活垃圾仅做到"混合"清运处理,生活垃圾分类尚处于起步阶段,多数居民垃圾分类意识薄弱,且尚未实施垃圾分类。

4.3.4.2　工业污染源调查

工业污染是破坏水环境质量的重要污染源之一,相比生活污染会带来大量难降解的污染物质。研究团队就工厂分布、工业类型、工业用水排水特征(废水类型、流量及主要污染物质)和废水处理情况等对研究区域内工业污染开展调查。调查采取档案资料统计分析与现场实地调研相结合的方法,具体包括:企业抽样调查、入河排污口调查、岸线工业污染源调查、污染源自动监控系统调查等方式。调查结果显示研究区存在工业废水偷排、未达标纳管以及污水管网破损等问题。

4.3.4.3　内源污染源调查

由于居民日常生产生活排放的污染物,城市河道底部沉积物中往往含有大量的污染物质,这些污染物在一定条件下会向上部水体释放,易造成水体水质恶化。研究团队系统调查研究区域清淤历史情况、底泥淤积现状及污染现状。调查显示,研究区域从 2017 年至 2018 年,陆续对 32 条河道或河段开展清淤工作,河道清淤长度共计 57.5 千米。其中,2017 年清淤河道包括二卯西河城区段、大四河南段、二里半复河南段、新德中心河、红星河、五一河、西子午河北段、红花中心河南段、恒泰河南段等部分河段;2018 年清淤河道包括红花中心河北段、恒泰河北段、团结河北段、实小西沟、德丰中心河、福东河等河道或河段。

为查清研究区域现状底泥淤积深度,底泥碳氮磷与有机质污染、重金属污染以及污染释放情况。研究团队在 34 个河段开展现场检测并采集 22 个底泥表层样品、12 个柱状样品,带回实验室分析。分析结果显示,研究区域已清淤河道中,57%的河道底泥深度小于 40cm,未清淤河道中 83%的河道底泥淤积深度在40cm 以上;根据 EPA 制定的底泥分类标准,研究区底泥氮磷均处于中度至重度污染状态;以《土壤环境质量 农用地土壤污染风险管控标准》(GB15618—2018)中的土壤污染风险筛选值作为参考值进行内梅罗污染指数的评价,基于江苏省滨海土壤元素背景值,开展地累积指数及潜在生态危害指数分析,结果显示,Cr、Ni、Cu、Zn、As、Pb 处于低生态风险状态。

4.3.4.4　农业面源污染源调查

河道沿线农业面源污染调查包括农田面源污染、畜禽养殖污染、水产养殖污染等,研究团队对区域内农业种植结构及污染情况,河道沿线畜禽或水产养殖类型、规模、粪污处理方式及是否存在违养现象等方面进行详细调查。

在种植业污染方面,化肥亩均施肥量为 795 kg/hm^2,高于全国平均水平496.6 kg/hm^2;岸坡存在围垦种植现象,约 70%~80%的河道岸坡上种植农作物;农业基础设施薄弱,沟渠和田埂建设标准较低。

在畜禽养殖污染方面,养殖场存在偷排漏排现象;区域内粪污资源化利用率仍需提高,目前大部分畜禽粪污能够得到有效的资源化处理,但是生猪粪污的资源化利用还停留在养殖户自行处置的阶段;末端还田方式以表层还田为主,容易释放出有毒有害物质,对作物和土壤造成危害。

在水产养殖污染方面,存在利用末端水体、排涝沟渠和农田灌溉沟渠进行养殖的现象;养殖塘大量投入的肥料、饲料、药物及环境改良剂等,在进排水不区分的条件下,造成养殖水体中有毒有害物质累积,对养殖生物产生毒性影响,导致养殖水产品生长受限,品质和经济性下降。

4.3.5　污水收集及处理系统调查

4.3.5.1　污水收集系统调查

污水收集系统调查详细梳理了研究区域管网建设情况。老城区排水体制以截流式合流制为主,其他分区由于是新建城区,已建管网以雨污分流制为主。而根据小区与主管网不同的污水收集模式之间结合,形成了内分外分(小区分流、主管网分流)、内分外合(小区分流、主管网合流)、内合外分(小区合流、主管网分流)、内合外合(小区合流、主管网合流)及地块自处理(小区自行处理)五个污水收集类型。

4.3.5.2　污水处理系统调查

（1）集中式污水处理厂

研究区域内污水主要输送至老城北污水处理厂、新城北污水处理厂、开发区污水处理厂和城南污水处理厂处理,研究团队对各污水处理厂情况进行了梳理,结果如表 4-2、图 4-12 所示。

表 4-2　研究区污水处理厂信息表

污水厂名称	老城北污水处理厂	新城北污水处理厂	开发区污水处理厂	城南污水处理厂
设计日处理量(万 t/d)	3	6(一期)	1	2
实际日处理量(万 t/d)	2.8	调试中	0.05	0.6
服务面积(km²)	27.5	54.4	14.2	10
主要生化处理工艺	CAST	CAST	HUSB+CASS/厌氧水解+A/O	厌氧水解+A/O

续表

污水厂名称	老城北污水处理厂	新城北污水处理厂	开发区污水处理厂	城南污水处理厂
尾水排放标准	一级 B	一级 A	一级 A	一级 A
尾水出路（近期）	北中心河	北中心河	南中心河	南中心河
尾水出路（远期）	压力管直排黄海			

图 4-12　研究区污水处理厂及服务范围分布示意图

（2）农村生活污水处理设施

研究区域内大中街道泰西村、阜丰村、泰丰村、裕华村以及经济开发区的新民村已实施农村生活污水治理措施。目前，研究区域内现状村庄污水治理模式主要分为纳管处理和集中处理两大类。研究区域内各村庄污水处理实施情况如表 4-3 所示。

表 4-3　各村庄污水处理实施情况表

区域	村落	污水处理方式	处理量（t/d）	排放标准	受益人数
大中镇	泰西村	膜处理技术	100	V 类水	1 240
	阜丰村	A/O 工艺	40	一级 B	760
	泰丰村	A/O 工艺	50	一级 B	70
	裕华村	污水接管	—		—
	红花村	污水接管	—		400

续表

区域	村落	污水处理方式	处理量(t/d)	排放标准	受益人数
经济开发区	新民村	污水接管	—	—	—

4.4 区域水问题诊断

在大丰区经济社会发展、城市化进程快速推进的过程中,城市河道呈现出了亚健康的发展趋势,城区水环境恶化、内河水系不畅、外围水系不配套、河道水动力微弱、生态系统功能退化等问题凸显。

4.4.1 水动力模拟

建立大丰主城区河网一维水动力数学模型,用于研究主城区水力特性,并为后期方案模拟分析奠定基础。在大丰主城区一维水动力模型构建的基础上,选取原型观测水位数据对模型参数进行率定以及水动力模型的验证。

4.4.1.1 水动力数学模型构建

一维水动力数学模型构建包括计算区域的确定、计算模型的创建、模型参数的初选、初始条件的设定、边界条件的设定五个部分。

(1)计算区域的确定

本研究模拟的范围为大丰主城区河网,北至通航港道,东临中子午河,南到南中心河,西靠老斗龙港。主城区大小河道约 42 条,内部河网总长度约149.8 km。

(2)计算模型的创建

①河道断面创建。断面是一维模型计算的基本单元,大丰主城区一维模型中断面的创建均为实测断面。对于实测断面,首先将断面数据整理成模型软件需要的格式,然后通过模型软件中"数据导入中心"工具,将整理完成的河道 ID 及河道断面数据批量导入模型中,如图 4-13 所示。断面导入后,需对断面数据进行检查和修正,确保数据的准确性。

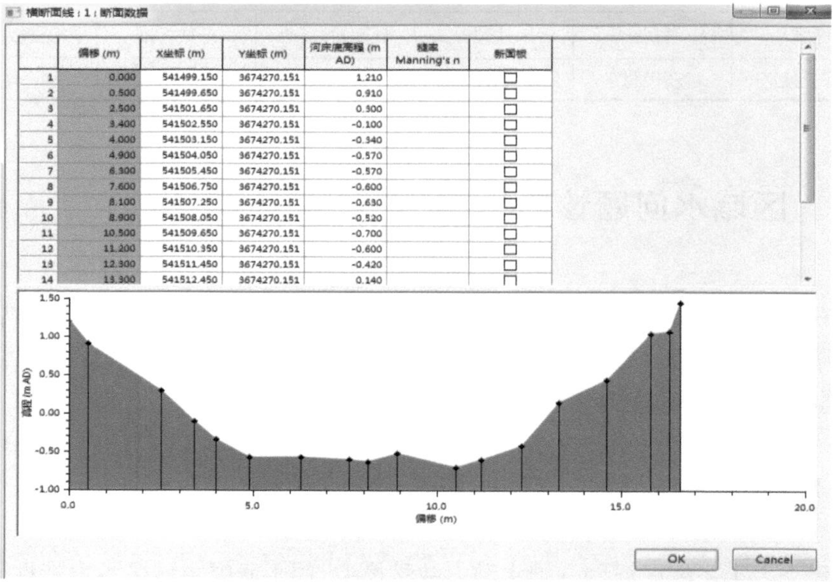

	偏移 (m)	X坐标 (m)	Y坐标 (m)	河床底高程 (m AD)	糙率 Manning's n	断面板
1	0.000	541499.150	3674270.151	1.210		□
2	0.500	541499.650	3674270.151	0.910		□
3	2.500	541501.650	3674270.151	0.300		□
4	3.400	541502.550	3674270.151	-0.100		□
5	4.000	541503.150	3674270.151	-0.340		□
6	4.900	541504.050	3674270.151	-0.570		□
7	6.300	541505.450	3674270.151	-0.570		□
8	7.600	541506.750	3674270.151	-0.600		□
9	8.100	541507.250	3674270.151	-0.630		□
10	8.900	541508.050	3674270.151	-0.520		□
11	10.500	541509.650	3674270.151	-0.700		□
12	11.200	541510.350	3674270.151	-0.600		□
13	12.300	541511.450	3674270.151	-0.420		□
14	13.300	541512.450	3674270.151	0.140		□

图 4-13　实测断面数据模型

其间对城区内 42 条河道进行测量或补测，大丰主城区河网模型共创建断面 378 个。

②河段的创建与连接。在实测河道断面导入模型完成并检查修正后，需要创建河段。创建河段需依照水系底图以及影像图，画出穿越河道断面的河道中心线，然后选中河道中心线创建河段，软件会把河道中心线以及与其相交的河道断面用于创建河段。大丰主城区模型共创建河段 176 段。河段创建完成后，依据水系底图、河段影像图把所有的河段连接成一个完整的河网，如图 4-14 所示。模型共建河道大致 42 条，内部河网总长度大约 149.8 km。

③水工构筑物的添加。河网模型构建完成后，需对其添加水工构筑物。本模型构建中所需概化的水工建筑物主要包括闸门、泵站和堰等，在模型中所有水工构筑物以“连接”的形式，设置于河段之间。

对于水工建筑物，在创建对象之后，均需要输入建筑物对应的几何尺寸信息。例如：闸门需要选择闸门类型，然后输入闸底高程以及闸门宽度；堰需要选择堰的类型，然后输入堰顶高程和堰宽；泵站需要选择泵的类型，然后输入泵的启闭水位以及最大泵排流量。本模型中共创建主城区范围内闸门 44 座、泵站 44 座。

④水工构筑物的调度添加。水工构筑物创建完成后，需要对闸站、泵站以及堰添加调度规则，水动力模型软件通过编写 RTC(Real Time Control)来对水工

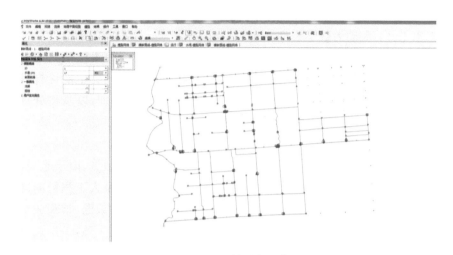

图 4-14　河网构建数据模型

构筑物的调度进行模拟。一个 RTC 的构成至少包括以下三个部分：①调节器（regulator）：控制对象（水工构筑物）；②范围（range）：控制规则的条件属性；③规则（rule）：设置对象的运行工况。当调度复杂时，需要添加：④逻辑（logic）：多个范围（条件）的逻辑组合（and、or 等）；⑤变量（variable）：由范围、逻辑或常量等通过表达式衍生出其他值（例如由流量计算出累计流量）；⑥表格（table）：通过关系表格，将已有属性转变为不能直接获取的属性；⑦控制（controller）：用更为复杂的控制来设置调节器（通常与规则里的控制结合使用）。

本项目闸站、泵闸、溢流堰的调度分为两类：①实际调度；②方案设计时的调度。

（3）模型参数的初选

根据《水力学手册》《河道整治规划设计规范》等相关参考文献中有关人工渠道以及天然河道的经验值赋予不同的糙率初始值。总体原则为高级别河道糙率小于低级别河道、断面较宽河道小于断面较窄的河道。骨干河道（二卯西河，西子午河，大四河）n 选取 0.022 5～0.025，其他河道选取 0.025～0.03。

（4）初始条件的设定

设定大丰区水位初始值。根据大丰区现场水位条件，已知城防西站和城防东站近年水位数据，将城防西站及城防东站对应数据映射作为外边界初始条件。

（5）边界条件的设定

边界条件主要为水位边界。大丰主城区模型的水位控制点主要是城防西站和城防东站水位。取 2019 年 3 月 5 日—7 日城防西站及城防东站水位为边界，城防西站水位为 1.16~1.25 m,城防东站水位为 0.97~1.15 m。

4.4.1.2　水动力数学模型率定

大丰主城区河网模型构建完成后,需要利用前期实测的水位数据等对模型进行率定和验证,进一步优化模型,提高其模拟精度,为后续方案的设计计算与方案效果的评估提供可靠的支撑。本节包含实测数据的处理,以及将处理好的数据用于一维水动力模型的率定和验证。

(1) 实测数据处理

在模型率定前,需要对收集的大量数据(如闸站的水位数据、电子水尺数据、人工观测数据、闸站的调度数据、边界条件水位流量数据以及人工测量内部河道的水位数据等)进行筛选、修正、查漏补缺。然后将处理好的数据,整理成水动力模型软件需要的形式。其中输入模型中的数据,主要包括两大类:一是边界条件数据,包含上下游控制点的水位数据、上游来水流量数据以及所有泵站、闸站、溢流堰的调度数据;二是用于率定验证的水位数据,包括原型观测期间的人工读数水位数据、电子水尺水位数据以及闸站内外的水位数据。

①闸站和电子水尺的水位数据较易处理,闸站和电子水尺水位数据的优点是:数据等间隔长历时,等间隔性易于处理成模型中所需格式,长历时性易于为模型提供足够的数据用于率定验证;数据存在的系统误差容易消除,一般存在的误差主要是基准高程的偏差,可统一对其修正。存在的主要问题在于:个别数据由于人为或者超出仪器记录范围等原因,与实际值存在偏差。

②人工观测水位数据处理难度比较大,主要原因在于:数据量大,每天每隔 5 min 生成一个数据;数据误差不统一,存在人为读数偏差、基准点高程偏差以及个别点数据缺失等问题;数据格式不统一,人为读数时间间隔不统一,由于软件数据格式的要求,需要内插成等时间间隔数据。

③闸站、溢流堰开度数据。闸站、溢流堰等水利工程的开关对于河道水位的影响很大,因此需要收集率定验证期间所有闸门的开关情况。难点主要有:数据量大,需要确定研究范围内所有闸门的开度情况,本研究范围内闸门 44 座、泵站 44 座;部分闸站只能提供开启和关闭的时间段,无法提供在这个时间段内闸门开度的大小;部分水闸即使关闭还存在漏水现象。

(2) 数学模型率定

模型率定即利用多目标最优化方法获得模型参数的非劣解集,利用离散型协调规划从非劣解集中选出满意的模型参数,最后通过对非劣解集模拟的过程线的范围及形状的分析,对模型的有效性进行评价。采用率定后的河道糙率,骨干河道(二卯西河,西子午河,大四河)糙率选取 0.022 5~0.025,其他河道选取

0.25~0.03。对特定期间的大丰主城区河网进行反演计算,并对计算结果进行对比。选取供电北沟的观测断面,将计算结果与实测成果进行对比分析,分析水位对比情况。

综合分析数学模型中供电北沟河道水位数据可知,计算值与实测值大小和波动趋势都吻合较好。其中前期供电北沟水位平均偏差 1.9 cm,后期供电北沟水位平均偏差 3.1 cm。综合分析全区计算值与实测值大小,平均误差控制在 3~5 cm,精度满足本项目的应用需求,如图 4-15 所示。

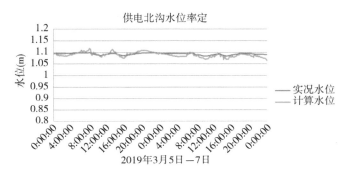

图 4-15　供电北沟实况水位与计算水位数据

4.4.2　水污染模拟

大丰城区污染物按照排放方式可分为点源污染、非点源污染和内源污染。点源污染包括工业、城市生活和农村生活污染等三种类型,非点源污染分为城市径流、农田径流(旱地径流)、畜禽养殖、水产养殖和其他径流污染五类。内源污染主要指底泥污染。图 4-16 是研究区污染负荷模拟框架图,分别采用不同模式估算各污染源的污染负荷。点源污染中,一部分通过污水处理厂处理后再排入河道,另一部分随地表水直接排放流入河道。非点源污染中,在降雨的驱动下,一部分以地表水的方式流入河道,其他则是经过土壤和地下流入河道。水产养殖污染直接进入湖库中,并最终纳入河道。内源污染主要考虑河道底泥污染释放到河道当中。

4.4.2.1　点源污染负荷计算

点源污染包括生活污染和工业污染,其中生活污染可分为城市生活污染和农村生活污染。

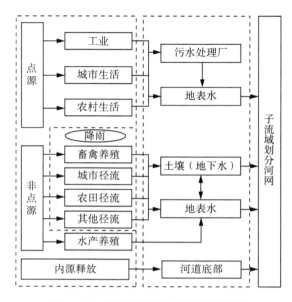

图 4-16 研究区污染负荷模拟框架图

（1）生活污染

以各行政区域为单元，分别核算研究区域内城镇和农村生活污染产生量，并通过入河系数估算生活污染入河量。生活污染入河量估算结果如表 4-4 所示。

表 4-4 各行政区生活污染物总入河量估算

序号	行政村	生活污水（万 t/a）	入河量(t/a)			
			COD	NH$_3$—N	TN	TP
1	泰西	116.23	149.14	16.49	23.11	1.77
2	河口	12.13	48.53	4.85	8.49	0.49
3	红花	0.95	3.81	0.38	0.67	0.04
4	和瑞	8.52	34.09	3.41	5.97	0.34
5	泰丰	6.89	27.56	2.76	4.82	0.28
6	双喜	44.43	46.37	5.29	6.87	0.58
7	新民	393.38	410.49	46.86	60.83	5.13
8	灶圩	311.85	359.51	40.39	54.51	4.38
9	老城区	8.51	34.06	3.41	5.96	0.34
10	同德	6.59	26.36	2.64	4.61	0.26
11	德丰	140.58	175.93	19.52	27.13	2.10

序号	行政村	生活污水（万 t/a）	入河量（t/a）			
			COD	NH$_3$—N	TN	TP
12	阜南	30.03	45.51	4.92	7.26	0.52
13	阜丰	7.14	28.57	2.86	5.00	0.29
14	大新	0.00	0.00	0.00	0.00	0.00
15	阜北	6.72	7.01	0.80	1.04	0.09
16	建设	31.51	32.88	3.75	4.87	0.41
17	裕华	106.55	128.57	14.35	19.68	1.55
18	丰裕	17.21	17.96	2.05	2.66	0.22
19	万丰	0.24	0.95	0.09	0.17	0.01
合计		1 249.48	1 577.30	174.83	243.67	18.79

注：因数据四舍五入，可能会存在偏差，下同。

（2）工业污染

根据实际调研情况，对明显有入河排污口且有实测数据的企业，优先采用实测数据，计算入河污染量；对明显有入河排污口但缺少实测数据的企业，采用类比法和系数法，计算入河污染量；对于无入河排口的其余企业，以抽样调查结果为参考，结合用水量报表、行业统计数据及污染源普查数据等相关资料，确定行业产污系数、污水纳管率及入河系数，核算入河污染量。

工业污染入河污染量统计结果如表 4-5 所示。

表 4-5　研究区域工业污染入河污染量统计表

序号	名称	废水排放量（万 t/a）	COD 排放量（t/a）	NH$_3$—N 排放量（t/a）	TP 排放量（t/a）
1	盐城市大丰 ＊ ＊ 织染有限公司	43.80	6.43	1.26	0.48
2	盐城市大丰区 ＊ ＊ 冷冻食品厂	0.29	0.35	0.04	0.01
3	盐城 ＊ ＊ 精锻股份有限公司	0.55	0.75	0.04	0.00
4	其他企业	39.78	24.96	1.23	2.07
合计		84.42	32.50	2.57	2.56

4.4.2.2　内源污染负荷计算

内源污染负荷计算依据为底泥柱状样品释放实验结果，研究团队于研究区域内选取了 12 个柱状样采样点，以检测研究区域主要河道内源污染释放速率，其余点位释放速率就近选择。

主要河道底泥释放污染负荷的计算结果如表4-6所示。

表4-6　研究区域主要河道底泥释放污染负荷

序号	河道名称	COD释放速率[mg/(m²·d)]	NH₃-N释放速率[mg/(m²·d)]	TP释放速率[mg/(m²·d)]	COD年释放量(t/a)	NH₃-N年释放量(t/a)	TP年释放量(t/a)
1	二卯西河	-28.22	37.46	23.77	-3.84	5.09	3.23
2	西子午河	-49.15	50.21	37.99	-0.50	0.51	0.39
3	大四河	4.33	-92.13	1.64	0.20	-4.30	0.08
4	四中北沟	-93.84	71.55	2.28	-0.05	0.04	0.00
5	长乐河	-37.37	430.71	55.41	-0.06	0.68	0.09
6	朝阳河	3.74	-526.64	5.94	0.03	-4.02	0.05
7	供电北沟	-59.33	-491.29	18.62	-0.13	-1.08	0.04
8	同德五排沟	-79.62	100.82	11.44	-0.04	0.06	0.01
9	红星河	-93.84	-92.13	1.64	-2.15	-2.11	0.00
10	团结河	-61.03	-27.33	12.70	-5.58	-2.50	1.16
11	新跃河	-112.13	37.46	23.77	-2.59	0.86	0.55
12	德丰中心河	-93.84	-92.13	1.64	-0.83	-0.81	0.01
13	新德中心河	-61.03	-27.33	12.70	-0.47	-0.21	0.10
14	二里半复河	-61.03	-27.33	12.70	-1.18	-0.53	0.25
15	五一河	-78.06	-5.73	16.39	-1.31	-0.10	0.28
16	福成河	-78.06	-5.73	16.39	-0.44	-0.03	0.09
17	福东河	-78.06	-5.73	16.39	-0.40	-0.03	0.08
18	新民中心河	-16.40	11.69	11.17	-0.14	0.10	0.10
19	红花中心河	-70.27	-0.38	26.18	-1.15	-0.01	0.43
20	恒泰河	-44.63	5.07	18.23	-0.45	0.05	0.18
21	斗私河	-44.63	5.07	18.23	-0.50	0.06	0.20
22	幸福河	-72.81	23.07	21.31	-0.82	0.26	0.24
23	新村河	-78.06	-5.73	16.39	-0.70	-0.05	0.15
24	中子午河	-78.06	-5.73	16.39	-1.20	-0.09	0.25
25	实小西沟	-61.03	-27.33	12.70	-0.19	-0.09	0.04

序号	河道名称	COD 释放速率 [mg/(m²·d)]	NH₃-N 释放速率 [mg/(m²·d)]	TP 释放速率 [mg/(m²·d)]	COD 年释放量 (t/a)	NH₃-N 年释放量 (t/a)	TP 年释放量 (t/a)
26	德西中心河	−61.03	−27.33	12.70	−0.43	−0.19	0.09
合计					−24.90	−8.42	8.11

4.4.2.3　非点源污染负荷计算

非点源污染负荷包括城市径流、农田径流、畜禽养殖和水产养殖及其他少部分由降雨引起的侵蚀污染负荷。研究区域非点源污染计算通过城市分布式水文水质耦合模型进行计算,模型包括污染负荷产生模块和入河模块两部分。污染负荷产生模块用于计算流域内的水、泥沙以及各种污染物质的产生量,其中污染物质包括吸附态和溶解态等两种类型。污染物入河模块用于计算流域中的污染物在水动力作用下进入河道的径流量和污染物浓度。

根据分布式水文水质耦合模型计算结果,统计研究区域非点源污染负荷,并与以排污系数法计算得到的污染负荷年统计值进行对照,以初步评估计算结果的合理性,计算结果如表 4-7 所示。

表 4-7　2018 年研究区非点源污染负荷入河量计算结果

类型	TN				TP			
	年统计 (t)	模型模拟 (t)	绝对误差 (t)	相对误差 (%)	年统计 (t)	模型模拟 (t)	绝对误差 (t)	相对误差 (%)
城市径流	14.78	12.61	−2.17	−14.71	3.82	2.73	−1.09	−28.54
畜禽养殖	8.80	10.21	1.41	16.04	1.33	0.97	−0.37	−27.43
农田径流	3.42	5.16	1.74	50.91	0.51	0.66	0.15	28.39
水产养殖	3.17	3.17	0.00	0.00	0.71	0.71	0.00	0.00
其他径流	0.00	0.89	0.89	—	0.00	0.51	0.51	—
合计	30.17	32.04	1.87	6.1	6.37	5.58	−0.80	−12.55

通过模型计算,研究团队对非点源污染时空分布特征进行了分析。对比土地利用类型,发现农村和农田区域单位面积的 TN 非点源污染负荷偏高。另外,水产养殖区域造成水库坑塘污染负荷产生较多。相比 TN,单位面积 TP 产污负荷偏高区域主要位于农田,且主要是旱地和水浇地。

根据模型模拟结果,统计研究区污染物每月的入河 TN 和 TP 总负荷量,结果如图 4-17 所示。由图可知,入河非点源污染负荷主要分布在 5~8 月,其余时间相对较少,这与降雨关系基本一致。

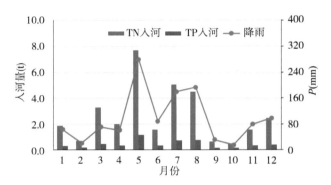

图 4-17　研究区域非点源污染负荷入河量月尺度模拟结果

4.4.3　水环境污染总体分析

根据上述结果统计点源、非点源和内源等三种污染物主要来源,进一步分析研究区域总的污染负荷状况,如表 4-8 所示。

表 4-8　2018 年研究区各类源污染负荷排放量计算结果　　　单位:t/a

类型	COD	NH₃—N	TN	TP
生活污染	1 577.30	174.83	243.67	18.79
农田面源	12.57	2.52	3.42	0.51
水产养殖	21.86	1.73	3.17	0.71
畜禽污染	85.65	4.28	8.80	1.33
城市面源	129.97	9.48	14.78	3.82
工业源	32.50	2.57	2.57	2.56
内源	−24.90	−8.42	−8.42	8.11
合计	1 834.95	186.99	267.99	35.83

根据子流域划分结果,统计各子流域内部的年尺度污染排放量结果。其中面源入河量部分根据上面的模型模拟得到,内源释放量主要根据河道在各子流域的分布计算得到,生活源入河量是以各子流域城市(或农村)面积占比统计城市(或农村)人口和污染物入河量,工业源入河量主要通过三个工厂位置和工业园区在各子流域面积占比分布计算得到。研究区各个子流域的各类污染源排放

量的空间分布结果如图 4-18、图 4-19 所示。从空间上看,污染物排放量主要分布在研究区西边,即大丰老城区。从类型上看以生活源为主,面源、内源和工业源占比较低,部分子流域工业源 TP 排放量较多。

图 4-18 各类污染源 TN 排放量空间分布示意图

图 4-19 各类污染源 TP 排放量空间分布示意图

4.4.4　污染减排与水环境容量提升需求分析

4.4.4.1　水环境容量分析计算

研究区位于淮河流域平原河网地区,河道水系交错复杂,如以每条河流进行水环境容量的计算将十分复杂,可考虑将研究区水域进行概化,水域概化的结果,就是能够利用简单的数学模型来描述水质变化规律。区域边界以大丰区防洪圩区为界,且有固定的进水口和出水口,因此将研究区水域概化为一个整体,废水排放可概化为集中的排污口。

建立零维数学模型对大丰研究区进行水环境容量的计算。零维模型是一种理想状态,把所研究的水体看成一个完整的体系,当污染物进入体系后,立即完全均匀地分散到这个体系中,对于非持久性污染物(COD、NH_3—N 等),考虑污染物的衰减。

根据选取的计算模型和参数,计算得到研究区水环境容量。为保证研究区主要河道二卯酉河、大四河、西子午河水质达标,将研究区水环境容量与污染物入河量现状进行对比,分析研究区目前的水环境容量使用情况,具体如表 4-9 所示。

表 4-9　研究区目前的水环境容量使用情况

序号	指标	入河污染物量(t/a)	水环境容量(t/a)	超容率(%)
1	COD	1 834.95	2 209.39	—
2	NH_3—N	186.99	114.69	63%
3	TP	35.83	21.20	69%

由表 4-9 可知,在Ⅳ类水质目标要求下,研究区河道 COD 仍有剩余容量,而 NH_3—N 和 TP 均有不同程度超标,超容率分别达到 63% 和 69%。因此,若要达到研究区Ⅳ类水质目标,需合理利用 COD 的剩余容量,并对 NH_3—N 和 TP 实施总量减排措施,特别是要加强对 TP 污染物的控制。

4.4.4.2　污染物减排任务计算与分配

由于研究中治理工程和措施针对污染物最终入河环节,因此可以把入河污染负荷的目标削减量作为减排任务。综合考虑研究区现状排污格局、污染源可控性和经济技术可行性等因素,将减排总量按污染贡献分析法逐一分配至研究区的各控制单元和各污染源,确定各控制单元和污染来源的减排任务。

根据上述水环境容量核算及污染物排放量计算,为达到水质目标,研究区主要水体规划年需要消减的污染物负荷情况如表 4-10 所示。

表 4-10 水体污染物削减量核算表

序号	指标	入河污染物量(t/a)	水环境容量(t/a)	需削减负荷(t/a)	削减率(%)
1	COD	1 834.95	2 209.39	——	——
2	氨氮	186.99	114.69	72.30	39%
3	TP	35.83	21.20	14.63	41%

4.5 区域水环境系统治理

按照"控源截污是前提,河道治理是基础,生态修复是强化,活水调控是支撑,长效运维是保障"的工作思路,根据大丰区水环境污染形势以及污染减排、治理与水环境容量提升的分项目标,从控源截污、河道治理、生态修复、活水调控与水管理提升五个方面开展水环境综合治理。

4.5.1 生活污染防治

根据生活污染源调查分析,生活污染源包括生活污水及生活垃圾。其中管网建设不完善、合流管道直排溢流、雨污管道混接、管道质量问题、管网运行管理问题、小区雨污分流改造不完全是生活污水影响水环境的主要原因;垃圾收集处理体系的不完善是生活垃圾产生污染的主要原因。根据问题导向,研究制定了针对性的防治措施。

4.5.1.1 完善生活污水收集处理系统

根据整个研究区生活污染特性和管网建设特征不同,将研究区分为老城区和新城区。具体表现为老城区人口密度大、污水产生量大,但地下排水管网建设年代久远、设计标准低、老化严重,使得大量污水未能被收集处理,而是就近排放入河,造成城区内河水水体污染严重。相对老城区,新城区人口密度则相对较小,管网建设也较为完善,因此,周边水体情况相对较好。新城区中,城南新区、城东新区在人口较为密集的村镇区域已建设管网,在人口密度较小的农村区域尚未建设管网;高新区管网建设程度较高,管网已基本覆盖整个区域;开发区管网建设尚不完善,区域内管网覆盖率较低;服务业集聚区主要为农村区域,管网建设尚未形成体系,污水基本未收集。

(1)老城区

针对老城区特征,研究以"优先解决突出问题,逐步解决一般问题,全面提升管理手段"的工作思路,层层推进老城区生活污染防治工作,具体工作如下。

①对于现状条件下只铺设合流管网的区域,尽快开展雨污分流改造工作,敷设污水管网。首先落实污水主干管的敷设,敷设的线路有人民路、康平路、工农路等道路沿线。同时,对于未铺设管网的城郊地区新增污水管网铺设,主要为红星河沿线以及德西中心河等污水管网的敷设。

②同步规划分期实施居民小区、各企业事业单位内部排水系统雨污分流改造。首先改造靠近二卯西河的区域,其次改造靠近大四河和西子午河的小区,最后改造其他小区。

③在雨污分流工程完成之前,或者部分区域短期内难以进行雨污分流的,考虑在排水口附近增设临时性的污水处理设备,对污水进行就地处理。经过对现状排口等的分析,综合确定在人民北路与二卯西河交汇处布置地埋式一体化污水处理设备,处理健康路至二卯西河、人民路至大四河区域的生活污水。

④对既有管网进行综合评价,综合确定需要重点检修和疏通的管线区段。具体包括人民路、黄海路附近排水干管的检测与清疏等。

⑤对于未与主体污水系统衔接上的污水管道,以及雨污水管混接的管网进行调查与改造,确保实现管道排水畅通,分流制区域雨污水各行其道。此项工作的重点和难点在于探查现有管网,寻查出问题管道。

(2)新城区

新城区包括城南新区、城东新区、高新区、开发区以及服务业集聚区。按照城市总体规划,结合现状管网铺设及道路建设情况,以完善管网建设为主要措施,提高污水收集率。首先根据地形高程等因素划分汇水区域,确定排水体制,然后按从干管到支管的顺序布置排水管网,考虑近远期结合,分期实施。管线布置尽量利用地形,采用重力流排除污水和雨水,并考虑管渠的施工、运行和维护方便。

4.5.1.2 完善生活垃圾分类收集处理

针对研究区域生活垃圾收集处理问题,实施垃圾分类,实现垃圾减量,最终减少垃圾给环境带来的污染。研究团队参考上海市、无锡市及常州市等区域垃圾分类收集的实施方案,为研究区域制定了包括垃圾分类方案、垃圾分类全程监督体系及垃圾无害化处理管理考核等系统的实施管理体系。

①垃圾分类方案为研究区域梳理出垃圾分类实施中的分类主体,并确定垃圾分类设施及垃圾分类的技术路线。

②垃圾分类全程监督体系为研究区域确定了制度执行主体及管理主体,并明确了监督体系架构,为分类方案实施提供了保障。

③垃圾无害化处理管理考核中确定了考核对象、考核内容,制定了考核办法

及评分细则,可促进研究区域垃圾无害化处理的开展。

4.5.2　工业污染防治

4.5.2.1　工业废水污染整治

研究团队对工业废水污染整治制定了三项实施措施。一为根据对工业企业污染源的调查结果,对存在问题的工业企业,制定相对应的专项治理;二为对企业相对集中且行业类别相似的工业园区,实施集中治理;三为根据排污口排查结果,实施排污口整治。

①专项治理:通过对研究区域内的工业企业环评审批、"三同时"验收、企业污水排放种类、工业生产废水排放量、废水预处理设施、废水排放去处、废水排放监测等情况的排查,针对各企业排查出的问题,给出"一企一策"的治理方案。

②集中治理:根据调研,研究区域内某工业园尚未对园区内企业的环评审批情况、废水排放量、废水与处理设施、在线监测系统等进行登记备案和统一管理,且园区内的部分企业还未纳管。根据相应问题,研究团队提出对应的集中处理措施,一为加快集中式工业污水处理厂建设,二为加快企业自建污水处理设施建设,三为加快污水配套管网建设,四为加快提高污水治理水平,五为加强运营监督管理,六为加大资金争取力度。

③排污口整治:对已发现的疑似工业废水排污口按照以下情形分类整治:一是需对所有疑似工业废水排污口进行溯源排查,对排口附近的工业企业严格调查其工业废水排放情况,找出排污口对应的工业企业及其废水排放情况。二是对无法确认其是否有流动污水的排污口,需对排污口处排污状态认真核实,确认其封堵情况。三是对确实有工业生产废水排出的排污口,应立即封堵,追查排污源头,并要求排污企业立即停工整改,封堵排污口,严禁工业废水直接入河。四是对雨污混流的排污口可考虑建设截流井进行预处理。

4.5.2.2　工业污染监督管理

①推进企业环保信用等级认定制度。由相关单位牵头,按照国家明确的水污染防治和排放标准,根据全面排查摸底情况,对项目区域内所有企业的污染物排放、环境违法行为、缴纳排污费情况、环评和"三同时"验收情况、信访投诉情况、环保机构情况、危险废物管理情况、固体废物综合利用率、参加环保会议与培训情况等均列入信用等级认定制度中,对企业逐一开展排放达标考核并实行环保信用分级认定管理。

②建立长效管理机制。通过严格环境资格准入、调优产业布局、依法淘汰落

后产能、实施最严格水资源管理、推进用水技改和循环利用、严格管控重点污染行业、推进入河排污口评估制度、推进工业集聚区水污染集中处理等措施控制工业污染排放,建立长效管理机制。

③明确政府管理机构职责。工业污染的监督管理很大程度上依赖于政府管理机构,通过明确政府管理机构职责,可以加强工业企业监管力度。

④完善水质在线监管系统。根据《排污单位自行监测技术指南 总则》(HJ 819—2017),对本研究区域范围内的达到一定废水排放量规模的企业(废水排放量>100 t/d)实行尾水排放监管全覆盖,直排进入河道的企业需在排污口对水质进行实时监测,接管进入污水处理厂的企业需在接管前对尾水水质进行实时监测。同时对所有污水处理厂的尾水都要有在线水质监测数据,确保所有进入河道的尾水都能够达标排放。

4.5.3　内源污染整治

4.5.3.1　内源污染整治措施

综合考虑底泥淤积深度、底泥肥力评价、重金属综合潜在生态风险评价结果、清淤历史等,提出河道生态清淤计划方案。鉴于河道清淤属于周期性工程,结合河道淤积实际应每隔3~5年开展必要的清淤工作。本次研究提出近三年的河道清淤规划方案,2020年清淤河道包括新民中心河、实小西沟、大四河、红星河、五一河南段、德丰中心河、供电北沟等部分河段;2021年清淤河道包括德西中心河、团结河、西子午河北段、新跃河等部分河段;2022年清淤河道包括福东河、斗私河、红花中心河、二卯西河等部分河段。本项目考虑生态清淤,后期需要结合水利清淤,并根据设计、施工阶段更详细的复测结果来确定清淤厚度。本次项目计划区域清淤量共约46.8万 m³,其中2020—2022年的清淤量分别为11.3万 m³、25.7万 m³和9.8万 m³。

4.5.3.2　底泥处置方案

根据底泥检测以及清淤历史可知,本工程区域内部分河段的淤泥淤积速度较快,因此需要定期对城区内河道进行清淤,目前清淤施工过程中的淤泥脱水大多采用晾晒、真空预压或机械脱水等方法。其中,晾晒法不仅占地面积大,施工周期长,且易产生臭味,对周边环境造成严重影响;真空预压法同样占地面积大,在城区内很难征用大面积土地用于淤泥脱水施工,往往需要运输至偏远地区再进行脱水,淤泥在城区内的运输将是一大难题;机械脱水法虽然占地面积小,对环境影响较小,但成本较高,考虑到工程区域内制定的三年清淤规划,以及未来城区内可能遇到的定期清淤问题,建议在城区内建设一座淤泥脱水站。对处置后的底泥实施资源化利用,包括处理后用作农用地、用作绿化种植土以及制作陶粒/制砖等。

4.5.3.3　尾水达标方案

尾水包括淤泥调节池沉淀后的上清液与淤泥脱水后的滤液。为实现无害化排放、综合性利用,需对这两种尾水进行适当的工艺处理。若不对 NH_3—N、COD 等指标做强制要求,可采用混凝沉淀法。余水水质 SS 指标排放标准为 150 mg/L,达标后就近排放进入附近河道;若需对 NH_3—N、COD 等指标做强制要求,则需要在物理分选的基础上,再进行进一步的深度水处理,对水体污染物指标进一步消解。

4.5.4　面源污染防治

4.5.4.1　城市径流污染防控

城市径流污染防治的重点在于降雨初期雨水的污染防治。由于城市土地资源紧张,因此,尽可能地与城市景观建设结合,优先利用低洼地形、植草沟建设、下凹式绿地、透水铺装等设施减少外排雨水量。针对雨水流行路径中涉及的大气污染溶解、径流冲刷和管道内污染物溶解等各个阶段进行分段治理,即通过源头污染削减、过程分散净化、末端集中处理等手段控制初期雨水径流污染,环环攻破,最终实现全过程控制。此外,针对建成区不同区域的功能布局、土地利用、人类活动的干扰程度不同,着重控制初期雨水污染严重区域是整体工作的重点和有效控制的前提。雨水径流污染防治技术路线如图 4-20 所示。

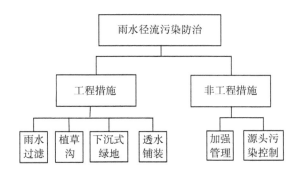

图 4-20　雨水径流污染防治技术路线

（1）工程措施

工程措施主要包括过程和末端径流污染控制措施。其中,过程控制是指通过建设各类分散式雨水处理设施,改变地表径流条件,促进雨水积存、下渗,减少地面雨水径流量,同时使雨水进入城市雨水管网系统前得到净化,其主要是针对中小降雨事件,能削减初雨污染和径流总量;末端控制则是利用物理、化学及生物的方法降解去除降雨中的污染物,主要分为就地处理(如氧化塘、雨水湿地、渗滤系统等集中型生态措施)和污水处理厂处理(雨水管网中收集到的初雨通过弃流装置,弃流至污水管或新建的初雨调蓄池中,随后送入污水处理厂进行集中处理)两种方式。

(2)非工程措施

非工程措施主要是指通过加强管理等从源头上减少或控制污染的排放,此措施是雨水径流污染控制中最根本、最经济的核心措施,包括加强管理,科学提高道路清扫频率和覆盖范围、改善清扫方法以保持城区路面清洁,减少垃圾散落和堆积;严格控制工业企业厂区地面的污染情况;环卫冲洗垃圾桶(箱)的污水要进入污水管网;开展汽车尾气的减排、交通量的管控等工作,同时严格控制工地的扬尘和焚烧时产生污染物;鼓励使用污染物质成分较少的汽车燃料、石油、农药、杀虫剂等,同时强化政策法规的制定和宣传,以控制初期雨水径流污染。

4.5.4.2 农田种植业污染防治

研究区域耕地面积占比较突出,河道水系又十分发达,面源污染治理意识不足,现状种植业面源污染成为水环境治理的突出问题之一。种植业污染重在"防、控、治、保"四个方面,遵循总量控制原则,按照源头控制、过程阻断、末端强化相结合的技术路线开展种植业污染综合防治工作。种植业污染综合防治以"防"和"控"为主,以"治"为辅,以"保"为多层保障落实。针对项目区种植业面源污染治理,应遵循以下两大基本原则:一是务必以源头污染减量控制为首要任务,重点调整农户的化肥农药施用和土地利用行为;二是不能盲目开展工程措施,凡工程措施必须配套相应的管理措施,否则工程措施不但达不到预期的效果,还会额外增加政府和农户的负担。种植业污染防治技术路线如图4-21所示。

(1)工程措施

工程措施体现了面源治理原则中"治"的作用。农田面源污染物主要是氮和磷,排放的大部分污染物在进入水体后浓度相对较低,由于浓度低,污染物来源多而分散,加大了治理难度,传统的脱氮除磷工艺去除效率较低、成本高且见效慢。因此考虑利用过程阻断技术,在夹带污染物质的降雨径流和农田退水进入河道之前,通过构建生态拦截净化系统,一方面减少径流量,另一方面净化径流水质,从而达到减少入河污染负荷的目的。过程阻断是控制农田面源污染的重要工程手段,针对项目区,首先采用生态田埂技术从农田内部拦截面源污染,结合生态拦截沟渠技术,在污染物离开农田后进行拦截阻断。

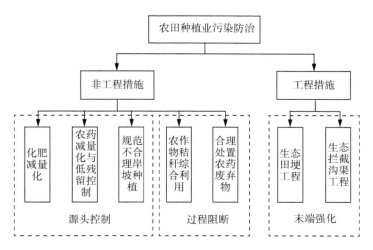

图4-21 种植业污染防治技术路线图

（2）非工程措施

非工程治理方式体现了面源治理原则中"防""控""保"的作用,包括源头控制和末端强化两个主要治理方面。其中针对化肥农药施用过量问题,主要措施包括推广测土配方技术和有机肥,加大农药减量化与低残留控制,减少化肥、农药投入量,继续推进秸秆科学还田。针对岸坡不合理种植问题,主要措施包括解决过度垦殖,取缔沿岸围垦种植行为,恢复原有土地利用功能,结合生态护岸种植水陆交错带植物。针对农田废弃物的不合理处置的问题,农业生产过程中产生的秸秆可以通过政府补贴的形式继续推进秸秆科学还田,一定程度上减少了化肥的施用。另外,可以鼓励农户将秸秆送至秸秆规模化利用企业处理(包括饲料化、基料化、原料化和燃料化利用),政府通过补贴、企业通过低价转卖的方式调动农户积极性。政府要对农药废弃包装物、废弃农膜加强监管;同时应加大宣传,提高农民的环保意识,引导农民改变不符合环保要求的生产方式和习惯,通过举办农业生产技术培训讲座指导农户科学施肥、种养结合、精细化管理,建立节约用水、科学施肥的奖励机制,激励农民自觉减少种植业污染。

4.5.4.3 畜禽养殖污染防治

统筹考虑环境承载能力、总量减排目标和污染防治要求,结合项目区域畜禽养殖现状和资源环境特点,按非工程措施和工程措施治理畜禽养殖污染。

首先根据周边农田面积确定大丰项目区畜禽养殖粪污使用量,以此确定限养区的适宜养殖规模。其次根据产业结构调整、土地利用布局和生态保护需要划定禁养区、限养区和适养区,主要河流两侧以及居民聚集地一定范围为禁养区,所有规模养殖业(包括养猪、牛、羊、鸡、鸭等),全部关停退养到位并对场地进行治理。最后坚持部门联动、宣传动员、监督监管和执法问责的管理体系,规范化限养区、适养区内养殖户养殖行为,对区域内限养区、适养区内规模养殖场按不同模式督促其布置污染治理设施,最终实现粪污低成本资源化利用,形成种养结合的良好局面。蓄禽养殖污染防治技术路线如图 4-22 所示。

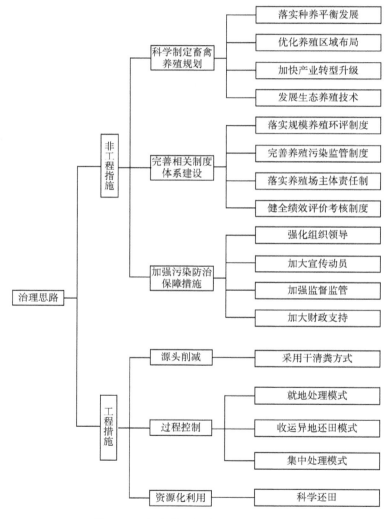

图 4-22　畜禽养殖污染防治技术路线图

(1)工程措施

根据第二次污染源普查统计并结合现场调研,项目区域规模化养殖场畜禽粪便及污水未全部实现无害化处理与零排放,部分畜禽养殖场养殖废水直排进入水体,大多数畜禽养殖场未建设污水处理设施,大部分生猪养殖场的固体废弃物利用方式为还田,项目区域所有规模化鸡场的粪污处理方式都是委托江苏苏港和顺生物科技有限公司进行资源化利用处理。

综合考虑以上现状问题,在工程措施上主要针对生猪粪污的处理处置方式优化提升。畜禽污染的防治处理主要从三个方面考虑,一是源头削减即清粪方式的选择建议;二是过程处理即针对不同规模养殖畜禽粪污资源化利用模式进行工艺技术优选;三是末端科学处置即科学合理还田建议。

(2)非工程措施

非工程措施是促进畜禽养殖污染防治的重要手段,主要包括科学制定畜禽养殖规划、完善制度体系建设及健全防治保障措施。其中,科学制定畜禽养殖规划主要包括落实种养结合发展、优化养殖区域布局、加快产业转型升级、发展生态养殖技术;完善制度体系建设主要包括严格落实畜禽规模养殖环评制度、完善畜禽养殖污染监管制度、落实规模养殖场主体责任制度及健全绩效评价考核制度;健全防治保障措施应加强组织领导,加大畜禽养殖污染防治工作宣传动员,通过多部门联合监督、专项监督和日常性监督加强监督监管,并落实好国家、省、市环保和涉农财政资金,加大财政支持。

4.5.4.4 水产养殖污染防治

水产养殖污染防治贯彻"控制总量、合理投饵、规范用药、因地制宜、治管并重"的治理原则,推行"清洁生产、全过程控制、资源化利用、强化管理"的技术路线。

坚持水产发展与资源环境承载力相匹配。根据大丰区水产养殖规划要求,合理优化水产养殖布局,提高规模化集约化水平,做到水产布局与资源承载力相匹配,妥善处理好水产养殖产业与环境治理、生态修复的关系,满足行业可持续性发展需要。

坚持当前治理与长期保护相统一。牢固树立保护生态环境就是保护生产力,改善生态环境就是发展生产力的理念。把生态建设与管理放在更加突出的位置,统筹农业内源外源污染控制,加大保护治理力度,推动构建水产养殖业可持续发展长效机制。

坚持试点先行与示范推广相统筹。充分认识水产养殖可持续发展的综合性和系统性,统筹考虑不同区域不同类型的资源和生态环境,围绕水环境污染突出问题开展试点工作,着力解决制约水产养殖可持续发展的技术难题,探索总结可复制、可推广的成功模式,因地制宜、循序渐进地扩大示范推广范围。

　　坚持市场机制与政府引导相结合。按照"谁污染、谁治理""谁受益、谁付费"的要求,着力构建公平公正、诚实守信的市场环境,积极引导鼓励各类社会资源参与水产养殖资源保护、环境治理和生态修复。着力调动农民、企业和社会各方面积极性,努力形成推进农业可持续发展的强大合力,发挥政府在推动农业可持续发展中具有不可替代的作用,要切实履行好顶层设计、政策引导、投入支持、执法监管等方面的职责。

　　(1)工程措施

　　水产养殖作为污染源的产生方,同时也直接受水体污染的影响。水产养殖废水处理相对于普通的污水处理来说,污染物种类少、含量变化小、生化过程耗氧量低。养殖水处理的水质范围、标准要细致、狭窄得多,并且水处理的目的也有所不同。水产养殖废水的处理除了要满足排放的标准之外,有时候还要根据需要满足循环利用的要求,使用频繁换水的方法来改善水质,势必造成水资源的巨大浪费。而对于一些冬季需要加温的养殖种类,直接将水排放还会造成能源上的流失,若对这类废水进行处理达到养殖用水的需求后回用,不仅可以减少环境的负荷,还可以大大节省热能源。为解决大丰项目区域水产养殖存在的问题,可从以下几个角度开展工程治理:一为通过天然水面退养及沟渠围网养殖清退等措施,减少对天然水面的占用及污染;二为实施池塘循环水清洁养殖技术,实现养殖用水循环和能量物质的逐级利用,同时保护水域环境,提升水产品品质,提高养殖经济效益;三为稻渔综合种养,形成生态循环农业发展模式。

　　(2)非工程措施

　　随着大丰区水产养殖业的蓬勃发展,水产养殖规模不断扩大,给环境造成一定压力,导致一系列环境问题的产生。从技术层面考虑,目前现有的技术种类繁多,各项技术重点、技术参数不同,在不同类型技术之间的选取与推广还受到经济成本、传统习惯和知识水平等社会要素的制约,为此应结合非工程措施共同改善水产养殖污染情况。一为推进水产养殖区划分类管理,划定"禁养区"、"限养区"和"适养区";二为优化养殖结构调整,推行健康、生态、智能的养殖模式;三为推动政策制度建设与管理系统强化,包括建立健全水产养殖许可证制度,制定经济政策科学推动养殖发展,建立和加强水产养殖环境管理系统等。

4.5.5　管理能力提升

　　大丰城区水环境提升是一项系统工程,除了生活、工业、农业、内源、水生态等方面的治理措施外,水环境提升更多地要依赖于科学的水管理。针对大丰项目区实际问题,在理顺管理体制机制、健全管理政策制度、筹措建设管理资金、强化科技支撑服务、带动全民积极参与和建设智慧水务等方面针对性地提出水管理提升措施,为实现全面提升城区河道水质,确保城区重要水体二卯西河、大四河、西子午河水质达到地表水环境Ⅳ类标准的总体目标提供坚实保障。

4.6　区域水环境容量提升方案研究

在控源截污和内源治理的基础上,提升区域水环境容量是十分必要的。以水动力精细化数学模型为驱动,从流域、区域、市域层面,合理利用优质丰富的水资源,综合现有堤坝、闸、泵等水利工程,利用现有水源,科学合理分配调度,制定最优调度方案。结合水系沟通、控导工程等工程措施,在确保河道满足城市防洪排涝标准、保障居民安全的同时,提升水体流动性。重建河流水生态系统,满足水生态基本功能,提高水体自净能力,形成具有高效自组织性的水生态系统,提高生物多样性,增强水生态空间活力,建立沟通城市与水的生态廊道。增加水环境容量,确保每条河流分配到优质水源,便水质稳定,全面提升河道水质,实现大丰主城区水资源可持续高效利用与水环境生态系统改善的良性循环。

4.6.1　水系优化调控方案

4.6.1.1　现状调度方案计算

现行的调度方案为闸引泵排的模式,首先打开城防西站闸门,水经二卯西河进行南北分流,通过几个大的泵站(城防北站、城防东站、城防南站、红花中心河泵站、恒泰河泵站)向外排水。调度频次每天 2 次,调度时间为每天上午 6:00—8:00,下午 14:00—16:00。

利用模型模拟现状调度方案,结果显示,现状调度所引水源主要为老斗龙港南部的水,水质较差且水体循环流动较差,城区内主干河道只有二卯西河流动性较好,二卯西河流通性较好河段流速可达 15 cm/s,大四河及西子午河流速均小于 10 cm/s,河道支流流通不畅,基本流速均小于 5 cm/s,近 70%河道水体流动性较差(流速小于 5 cm/s)。城区河道水位总体偏低,主干河道水位维持着 1.1~1.2 m,区域内水位差较小,水环境容量较小。

4.6.1.2　水利工程调度方案设计

针对大丰主城区水系和水位现状及总体水系规划情况,水动力调控方案为利用原备用水源地优质水源,打造两条清水通道,形成阶梯水位,根据此原则,最终设计的模拟方案如下。

(1)方案1:梯级水位方案

在老斗龙港上新建两座溢流堰,雍高老斗龙港北部水位,形成梯级水位差。大丰区内部闸门打开,通过闸引闸排,进行活水自流。

(2)方案2:梯级水位-闸泵优化调度方案

方案2为在方案1的基础上进行优化,在老斗龙港上新建两座溢流堰,雍高老斗龙港北部水位,形成梯级水位差。城区内部闸泵精准合理调度,按需配水。通过闸引闸排与闸引泵排合理结合,进行活水自流,如图4-23所示。

扩容新团河泵站,并在老斗龙港新建两座溢流堰,雍高老斗龙港北部水位,通过二卯西河及西红星河两条清水通道引新团河清水入主城区。其中,二卯西河水流进入主城区片,改善水质后从城防东站排出,另一部分水流南北分流,改善水质后从南北各泵闸排出。红星河水流自西向东,主要改善北部水质,尤其是大四河及二里半复河水质,从北部各泵闸排出。形成三级水位差,第一级为新团河、老斗龙港北,水位为1.35~1.45 m;第二级为主城区内河道,水位为1.17~1.35 m,第三级为城区外河道,水位为1.1~1.2 m。

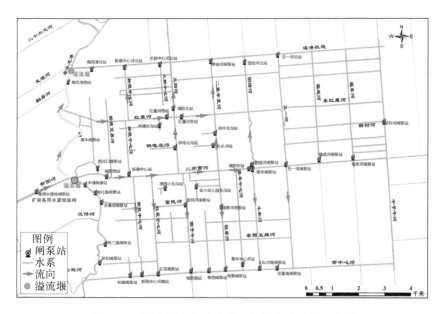

图4-23 活水调度方案水利工程及水流路径示意图

通过内部各闸泵的统筹调度,确定其中较好的活水方案,利用水位差,形成活水自流,从而全面提升水环境容量。

4.6.1.3　水系优化调控方案比选

比较上述两种工况与现状调度方案:在现状调度情况下,主要通过闸引泵排进行水体置换,所引水源为老斗龙港南部水,水质较差且原来河网无序循环往复流动。梯级水位方案可以引入原备用水源地优质水源,从二卯西河及红星河进入城区内部,较其原调度方案引水量提高了近一倍。梯级水位-闸泵优化调度方案形成三级水位差,确保优质水源进入城区内部并合理分配,每天定时早上和下午优化调度,平时打开内部闸门,活水自流。

三种工况主城区河道流速范围对比如表 4-11 所示,梯级水位方案及梯级水位-闸泵优化调度方案均明显提高了城区河道的流动性。梯级水位方案水量分配不够合理,城区内部支河及东部郊区河道流动性相对较弱。梯级水位-闸泵优化调度方案河道流动性更好,近 50% 河道流动性较好,主干河道(二卯西河、大四河、西子午河、红星河、红花中心河)流速维持在 10～20 cm/s,支流河道流速维持在 5～10 cm/s,近 60% 河道流通顺畅,主城区内河道水动力改善更为明显。

表 4-11　三种工况主城区河道流速范围对比

流速范围(cm/s)		<5	5～10	10～20	>20
河道长度(km)	现状调度方案	101.72	18.62	21.81	7.65
	梯级水位方案	78.11	24.75	26.99	19.93
	梯级水位-闸泵优化调度方案	60.98	29.65	37.77	21.38
河道长度占比(%)	现状调度方案	67.33	12.42	14.55	5.70
	梯级水位方案	52.14	16.52	18.01	13.31
	梯级水位-闸泵优化调度方案	40.65	19.90	25.18	14.27

4.6.2　河道生态修复方案

河道水生态修复是一项系统工程,河道岸线生态建设与有效管护是基本,水生态修复是核心。河道生态修复的具体措施如下。

4.6.2.1　岸线生态修复

岸线划定与管控:对已建河岸绿化带、未建绿化带两种情况进行划定。通常对于已建河岸绿化带的岸线划定以绿化带为界;对于未建绿化带的,一般根据护岸是否是硬质护岸及河道等级划定岸线范围。岸线管控主要以水域和陆域岸线管控为主。

岸线生态改造：根据现状河道护岸类型进行改造选择，对于缺乏河岸绿化带的自然岸坡河段，应尽可能地保持其自然河道的特性，以绿化岸坡为主；但对于具有防洪作用、需要控制河势的骨干河道，必要时仍需进行护岸建设，但以生态型护岸建设为主。

4.6.2.2　水生态系统构建

首先，构建水生植物系统，在对底泥进行底质改良，将"黑土"净化成普通的"黄土"后，进行水生植物系统的构建，水生植物配置（水上挺水植物、水面浮叶植物、水下沉水植物）根据水深、河宽、河道排口的位置选择不同植物类别，其中对于排口利用高效生态浮床进行修复，对于城市内重要河道可进行沉水、浮叶、挺水植物立体化生态改造。

其次，在构建好水生植物系统的基础上，水生植物种植完毕，系统进入生态优化调整期后，按比例投放鱼、螺、贝等水生动物进行食物链调节，从而真正建立起一个生意盎然的全生态景观水体，以完善生态链，促进水生态系统的稳定。每种水生动物的投放比例和数量根据该区域水体生态修复需要进行合理调控。

4.6.2.3　水生态运营维护

工程实施完成后，进入水生态培育稳定期。科学的后期运行维护与管理不仅可以保证各项工程系统能够稳定、高效地去除污染物，而且可以保证水质的达标效果。

水生态培育稳定期养护管理内容包括：水质监测预警、水面垃圾清理、水生植物的收割和补植，以及水质与水生态观察。

4.7　水问题综合治理效果分析

研究总体目标为实现项目区河道水环境根本性改善，黑臭水体得以消除，城区重要水体二卯酉河、大四河、西子午河水质达到地表水环境Ⅳ类标准。

根据水质达标系统分析，要达到上述水质目标，需对超标污染物进行削减，削减量目标为：NH_3—N 削减量达到 72.30 t 以上，TP 削减量达到 14.63 t 以上。

为了保证达到水质目标，本研究采取了水环境综合治理思路，从"控源截污、内源治理、生态修复、活水循环、长效运维"五方面进行研究，部署重点工程。工程的实施对项目区污染负荷进行控制和削减,对河流的水质和水生态环境进行了改善,提升了水体的自净能力,提高了水环境容量。此外,环境监测能力和应急能力建设为工程的长效运行提供了保障。这些措施都将对项目区河道水质达标起到积极的促进作用。

本方案中列出的治理措施将分别削减 NH_3—N 95.22 t、TP 17.65 t,与削减目标 NH_3—N 72.30 t、TP 14.63 t 对比可知,可以达到预期的水质提升目标。

4.7.1 生活污染防治

根据工程措施实施削减量分析和对非工程措施的综合考虑,生活污染防治措施对区域 NH_3—N、TP 的削减量在 50% 左右,根据工程实施情况,生活污染防治措施年度预估削减量如表 4-12 所示。

表 4-12 生活污染防治措施各指标年度预估削减量表

工程措施	NH_3—N 削减量(t/a)	TP 削减量(t/a)
2019 年	43.71	4.70
2020 年	26.22	2.82
2021 年	17.48	1.88
合计	87.41	9.40

4.7.2 工业污染防治

本研究拟对工程范围内工业污染进行控制,对重点企业入河排污口处污染物削减量以 50% 计,对其他企业污染削减量以 80% 计,具体如表 4-13 所示。

表 4-13 工业污染物各指标年度预估削减量表

工程措施	NH_3—N 削减量(t/a)	TP 削减量(t/a)
2019 年	0.38	0.41
2020 年	0.49	0.66
2021 年	0.49	0.66
合计	1.36	1.73

4.7.3 内源污染整治

本研究拟对工程范围内污染严重的河段进行清淤,因此本工程完工后,底泥释放量将明显减少,每条河道清淤后污染物减少量以 50% 计,如表 4-14 所示。同时对河道淤泥处理后进行资源化利用,一方面替代道路等的建筑材料,减少对土地资源的破坏,为城市发展提供预留空间;另一方面可显著提升农业耕地和生态绿地等用地的土壤肥力,对城市可持续发展具有深远影响。本项目可增加农用土 48 719 m^3、绿植土 32 725 m^3。

表 4-14 河道清淤对污染物的年度预估削减量表

工程措施	TP 削减量(t/a)
2019 年	0.58
2020 年	2.10
2021 年	1.24
合计	3.92

4.7.4 面源污染防治

①城市径流:根据工程措施实施削减量分析和对非工程措施的综合考虑,城市径流污染防治措施对区域 NH_3—N 的削减量在 30% 左右,对 TP 的削减量在 40% 左右。根据工程实施情况,城市径流污染防治对污染物的年度预估削减量如表 4-15 所示。

表 4-15 城市径流污染防治对污染物的年度预估削减量表

年份	NH_3—N 削减量(t/a)	TP 削减量(t/a)
2020 年	1.71	0.92
2021 年	0.85	0.46
2022 年	0.28	0.15
合计	2.84	1.53

②种植业:根据工程措施实施削减量分析和对非工程措施的综合考虑,种植业污染防治措施对区域 NH_3—N 的削减量在 30% 左右,对 TP 的削减量在 40%

左右。根据工程实施情况,种植业污染防治对污染物的年度预估削减量如表 4-16 所示。

表 4-16 种植业污染防治对污染物的年度预估削减量表

年份	NH$_3$—N 削减量(t/a)	TP 削减量(t/a)
2020 年	0.12	0.03
2021 年	0.34	0.09
2022 年	0.29	0.08
合计	0.75	0.20

③畜禽养殖:拟对研究范围内畜禽养殖进行环境承载能力分析、禁养区划定、管理措施和治理措施(包括处理过程、运营/转运过程、还田过程),畜禽养殖污染防治措施对区域 NH$_3$—N 的削减量在 30% 左右,对 TP 的削减量在 55% 左右。根据工程分年度实施情况,畜禽养殖污染防治对污染物的年度预估削减量如表 4-17 所示。

表 4-17 畜禽养殖污染防治对污染物的年度预估削减量表

年份	NH$_3$—N 削减量(t/a)	TP 削减量(t/a)
2020 年	0.64	0.37
2021 年	0.32	0.18
2022 年	0.32	0.18
合计	1.28	0.73

④水产养殖:拟对研究范围内水产养殖进行尾水进化、生态塘养殖改造等工程改造和调整养殖结构和规范化养殖管理等非工程措施,从而减少水产养殖对附近河道的污染。根据工程措施实施削减量分析和对非工程措施的综合考虑,种植业污染防治措施对区域 NH$_3$—N 的削减量在 90% 左右,对 TP 的削减量在 90% 左右。根据工程实施情况,水产养殖污染防治对污染物的年度预估削减量如表 4-18 所示。

表 4-18 水产养殖污染防治对污染物的年度预估削减量表

年份	NH$_3$—N 削减量(t/a)	TP 削减量(t/a)
2020 年	1.12	0.46
2021 年	0.38	0.15

年份	NH$_3$—N 削减量(t/a)	TP 削减量(t/a)
2022 年	0.06	0.02
合计	1.56	0.63

4.7.5　水环境容量提升

　　活水工程实施的目标是提高城市河网水体流动性,使每条河道均能分配到流量,研究范围内主要河道二卯酉河、大四河、西子午河等水质指标达到Ⅳ类及以上;其他河道水质指标达到Ⅴ类及以上;有效缓解河道水环境问题,实现水质稳定,河道水体全面达标,提升大丰区河网的水生态承载能力,为水生态环境安全保障提供支撑。

　　在生态修复方面,提高水下植被覆盖率,减少底泥污染,优化项目区河道水生态系统的结构和功能,使其朝着良性稳定方向发展,达到能够自维持自修复的程度,从而提高河道水体的自净能力,提升项目区河道水环境容量;通过水系优化调控方案提高水系连通性和水体生态系统稳定性,实现了项目区河道生态系统整体性和稳定性的提升,全面提升水环境质量。

第 5 章

结论

通过分析水问题治理研究进展、治理历程,剖析我国水问题特征及其成因与影响,研究区域水问题综合治理模式和关键技术,运用典型案例阐述水问题诊断方法、系统治理技术和治理成效。

(1)我国水问题及其治理历程

纵观人类文明和水问题的发展史,水问题伴随着原始文明、农业文明、工业文明和生态文明等不同发展阶段逐渐演变。在自然和人类活动的影响下,水问题从原始及农业社会的防洪、灌溉问题,发展成为水灾害频发、水资源短缺、水环境污染和水生态损害四大问题并存的多重危机与挑战。本研究逐一对四大水问题的特点、成因及影响进行了梳理,同时分析了新阶段四大水问题的演变及其治理历程的演变,研究发现,我国各类水问题逐渐趋于复杂化。在水灾害方面,洪旱发生频率增加、小水大灾现象不断发生、城市防洪排涝问题凸显等;在水资源方面,需水量增长速度超过可供水量的增长速度、北方地区和沿海工业发达地区等地域性水资源供求矛盾日趋恶化、部门用水矛盾更加尖锐;在水环境方面,污染类型由常规污染转为复合型污染,污染重点由工业转为生活、农业为主,污染核心区向西部、农村及流域上游转移;在水生态方面,江河断流、湖泊萎缩、湿地减少、地面沉降、海水入侵、水生物种受到威胁,淡水生态系统退化等问题日益突出。针对四大水问题的治理措施也在不断调整和完善,由水灾害控制向水灾害管理转变、强化了水资源优化调度与节水管理、逐渐重视了水环境系统性治理、由人为过度修复转向强调自然生态修复等,但仍然存在缺少深入科学研究、水问题治理分散化、多龙治水、重复治水、治理技术适用性不强等突出问题,难以适应经济一体化和区域经济高速发展所带来的日益复杂的水问题形势。

(2)区域水问题综合治理模式框架

为突破水问题治理瓶颈,本研究在充分总结归纳水资源、水灾害、水环境和水生态等多重水问题治水理论与实践的基础上,提出"区域水问题综合治理"模式。考虑水问题治理的行政制约、现实可操作性以及区域特性、区域治理的迫切程度和预期效果等,本书明确"区域"的内涵为水问题严重且相对独立的子区域,如一个完整的县级行政区;"综合治理"的内涵为系统治理、高效治理、合作治理和差异治理。同时,提出了治水模式框架体系,即基于治理区域的问题导向、需求牵引,坚持"政府主导、一龙牵头、多龙协同,多规合一、整体布局、一功多能,科技引领、系统治理、精准施策"的思路;融入科学的新理念、新理论、新技术、新方法、新模式,遵循"精细化调查、水问题诊断、治理目标确定、编制治理方案"的治理路径,并以"控源截污、河道治理、工程调控、生态修复"等措施并举为技术路线;通过顶层设计,编制切实可行、经济合理的系统性技术方案;科学制定"工程项目化、项目节点化、节点责任化、责任具体化"分阶段实施的具体举措;建立多元化筹资及其责任机制;确保水治理实效、高效和长效。

（3）区域水问题治理关键技术体系

本研究研发了基于水文水质耦合模拟的水问题诊断与污染源识别方法;为保证对区域水问题的精确诊断,研发了基于水量与营养盐平衡的分布式水文水质耦合模拟模型（WNB-UHM）,以基本地貌为单元,依据水量与营养盐平衡原理建立水箱-氮箱-磷箱模型,综合考虑生产生活各类人为氮磷输入,首次在水质模拟模块考虑了粪污资源化利用过程,并耦合了闸泵调度对水文过程影响,开展分布式水量水质精准模拟。提出了水利工程布局及其调度优化的模型工具、分析思路与方法,阐释了实际工程实践中问题分析与解决的主要途径。揭示了农业面源治理的主要技术措施,梳理了农污治理现状并提出了农污收集处理对策,综述了我国农污治理技术以及国家和地方层面的技术规范体系现状,同时对比了全国各省（市、区）农污处理排放标准。基于已有研究和治理体系,提出农污收集、处理模式和工艺,同时明确提出属地（村镇）自行管护、委托第三方专业公司管护和污水处理设施建设运营一体化三种运行管理模式。

（4）区域水问题综合治理应用研究

基于区域水问题综合治理模式框架,选取盐城市大丰区城区为研究对象,以提升城区水环境为主要目标,研究盐城市大丰区城区水环境提升技术方案。研究通过污染源精细化调查与关键技术诊断,总结出城市河道存在的外围水系不配套、内河水系不畅、河道水动力微弱、城区水环境恶化、生态系统功能退化等突出问题。综合考虑污染源贡献以及行业管理要求,按照"生活污染是核心,工业污染是重点,内源污染是基础,面源污染是要点,生态修复是强化,活水循环是灵魂,水管理提升是保障"的治理程序,规划了河道清淤、水动力提升、生活污染防治、工业污染防治、面源污染防治及水生态修复六大工程,逐级实现水环境综合治理。经验证,治理模式在实际问题中具有较好应用效果。

区域水问题综合治理是新时期水问题治理模式发展的正确选择,是水科学发展的具体要求,是统筹解决新老水问题的重要手段,是我国建立河湖长制的重要理论基础。建议积极践行区域水问题综合治理的思路,协同治理新老水问题,以系统思维、全局理念践行治水思路,考虑水问题治理的现实可操作性以及区域特性、区域治理的迫切程度和预期效果等。对于水问题严重且相对独立的子区域,开展区域水问题综合治理将是一种快速、高效的治理方式。当前在流域管理方面,由于涉及不同的利益相关方,流域管理机构、地方政府、各类企业、社会大众等,基于不同的权力、利益诉求,往往存在着各种矛盾和冲突,导致一些流域重大决策长期议而不决。但由于自然禀赋和社会经济发展程度的差异,河流上中下游的水安全保障需求具有显著的空间差异性,必须从流域层面统筹协调水灾害防控、水资源优化配置,从生态系统健康的角度综合整治流域生态环境或从流域整体出发进行生态修复,势必成为水问题治理保护和开发的重要抓手,成为研究者与决策者的必然选择。因此,随着体制机制关系进一步理顺、经济一体化的不断发展、区域高质量发展进程的推进,深入研究流域性、区域性水问题综合治理具有重大意义。随着人工智能、5G 和大数据的不断发展,通过建设天地空一体化感知系统、洪涝预报调度指挥系统、水资源监督管理系统、城市供水调度智能决策系统、厂网河一体化排水系统、水生态环境调度系统、河流生态健康管理系统等涵盖四大水问题综合治理的智慧水务管理系统,推动新阶段水问题治理更加科学化、信息化与智慧化。

参考文献

曹树青,2012. 区域环境治理法律机制研究[D]. 武汉:武汉大学.

陈军飞,丁佳敏,邓梦华,2020. 城市雨洪灾害风险评估及管理研究进展[J]. 灾害学,35(2):154-159+166.

陈南祥,苗得强,2008. 水资源合理配置研究现状及展望[J]. 华北水利水电学院学报,29(3):3-7.

陈守越,2011. 南通市农业面源污染负荷研究与综合评价[D]. 南京:南京农业大学.

陈小攀,张峰,王泽群,等,2020. 农村污水治理技术综述[J]. 浙江化工,51(1):5.

陈兴茹,2011. 国内外河流生态修复相关研究进展[J]. 水生态学杂志,32(5):122-128.

陈异晖,2005. 基于 EFDC 模型的滇池水质模拟[J]. 云南环境科学,24(4):28-30.

程晓陶,李娜,王艳艳,等,2010. 防汛预警指标与等级划分的比较研究[J]. 中国防汛抗旱,20(3):26-31.

丁晓雯,沈珍瑶,刘瑞民,2007. 长江上游非点源氮素负荷时空变化特征研究[J]. 农业环境科学学报,26(3):836-841.

丁一,贾海峰,丁永伟,等,2016. 基于 EFDC 模型的水乡城镇水网水动力优化调控研究[J]. 环境科学学报,36(4):1440-1446.

褚明华,杜晓鹤,何秉顺,2023. 我国水旱灾害防御应对[J/OL]. 水利发展研究:1-8. https://link. cnki. net/urlid/11. 4655. tv. 20231116. 1516. 002. html.

董哲仁,2003. 生态水工学的理论框架[J]. 水利学报,34(1):1-6.

范俊韬,李俊生,罗建武,等,2009. 我国环境污染与经济发展空间格局分析[J]. 环境科学研究(6):5.

冯启申,朱琰,李彦伟,2010. 地表水水质模型概述[J]. 安全与环境工程,17(2):4.

傅春,康晚英,2012. 环鄱阳湖区农业面源污染 TN/TP 时空变化与分布特征[J]. 长江流域资源与环境,21(7):864-868.

高庆华,刘惠敏,马宗晋,2003.自然灾害综合研究的回顾与展望[J].防灾减灾工程学报,23(1):5.

高庆华,马宗晋,1995.再议减轻自然灾害系统工程[J].自然灾害学报(2):6-13.

耿雷华,赵志轩,黄昌硕,2022.关于推进污水资源化利用的思考和建议[J].中国水利(1):22-24.

桂平婧,王丰,李善朴,等,2016.基于阶段输出系数模型的农业非点源污染负荷估算与评价——以四川省为例[J].浙江农业学报,28(1):110-118.

郭方,刘新仁,任立良,2000.以地形为基础的流域水文模型——TOPMODEL及其拓宽应用[J].水科学进展,11(3):396-301.

郭元,李玉玲,王慧亮,等,2022.气象水文模型耦合的郑州城区内涝预警研究[J].水文,42(4):61-67.

华士乾,1988.水资源系统分析指南[M].北京:水利电力出版社.

何大华,唐涛,张贵金,2018.水生态环境损害及其追责机制研究[J].湖南水利水电(1):24-27.

侯精明,李桂伊,李国栋,等,2018.高效高精度水动力模型在洪水演进中的应用研究[J].水力发电学报,37(2):96-107.

胡兴林,2001.概化的TANK模型及其在龙羊峡水库汛期旬平均入库流量预报中的应用[J].冰川冻土(1):59-64.

黄国如,罗海婉,陈文杰,等,2019.广州东濠涌流域城市洪涝灾害情景模拟与风险评估[J].水科学进展,30(5):643-652.

黄国如,冼卓雁,成国栋,等,2015.基于GIS的清远市瑶安小流域山洪灾害风险评价[J].水电能源科学,33(6):43-47.

霍守亮,张含笑,金小伟,等,2022.我国水生态环境安全保障对策研究[J].中国工程科学,24(5):7.

贾绍凤,柳文华,2021.水资源开发利用率40%阈值溯源与思考[J].水资源保护,37(1):87-89.

贾仰文,王浩,2005.分布式流域水文模型原理与实践[M].北京:中国水利水电出版社.

焦世珺,2007.三峡库区低流速河段流速对藻类生长的影响[D].重庆:西南大学.

晋华,2006.双超式产流模型的理论及应用研究[D].北京:中国地质大学(北京).

鞠昌华,张卫东,朱琳,等,2016.我国农村生活污水治理问题及对策研究[J].环境保护,44(6):49-52.

李国一,刘家宏,邵薇薇,2023.洪涝灾害风险评估与分区研究进展[J].水文,43(4):15-20.

李国英,2012.中国水利发展中的防洪与灌溉问题[J].水利发展研究,12(10):11-14.

李海鹏,张俊飚,2009.中国农业面源污染的区域分异研究[J].环境保护,(2):43-45.

李建华,2007.我国农业水旱灾害综合防范体系研究[D].成都:四川大学.

李建柱,李磊菁,冯平,等,2023.基于深度学习的雷达降雨临近预报及洪水预报[J].水科学进展,34(5):673-684.

李洁,郭梦晓,高雯珂,2023.基于GIS的河南省洪涝灾害风险评估[J].现代农业科技(7):149-152+158.

李瑞,张士锋,2017.河北雨洪模型在半干旱区的应用与研究[J].水资源与水工程学报,28(2):7.

李胜男,李冀,何康,等,2018.洞庭湖区沧浪河流域农业面源污染现状调查与分析[J].湖南农业科学(5):56-60.

李秀芬,朱金兆,顾晓君,等,2010.农业面源污染现状与防治进展[J].中国人口·资源与环境,20(4):81-84.

梁流涛,冯淑怡,曲福田,2010.农业面源污染形成机制:理论与实证[J].中国人口·资源与环境,20(4):74-80.

林锋,2017.关于太湖水环境治理的思考[J].环境与发展,29(8):182-183.

林秀春,张宇,江明坤,2013.萩芦溪流域农业面源污染负荷研究[J].中国水土保持(8):50-53.

林跃朝,朱晨东,2020.我国河流生态治理历程[J].中国防汛抗旱,30(11):73-76.

刘国锋,徐跑,吴霆,等,2018.中国水产养殖环境氮磷污染现状及未来发展思路[J].江苏农业学报,34(1):225-233.

刘京徽,2013.既要金山银山更要绿水青山——"长江上游生态环境保护和综合开发利用"调研纪实[J].前进论坛(6):3.

刘宏洁,宋文龙,杨昆,等,2023."2022.6"珠江流域洪涝灾害应急遥感监测[J].中国防汛抗旱,33(2):20-25.

刘七,2012.浅析我国水资源面临的问题及措施[J].民营科技(9):1.

刘钦普,2018.国内农田氮磷面源污染风险控制研究进展[J].江苏农业科学,46(1):1-5.

刘树坤,1999.21世纪中国大水利建设探讨[J].中国水利(9):16-17.

刘亚琼,杨玉林,李法虎,2011.基于输出系数模型的北京地区农业面源污染负荷估算[J].农业工程学报,27(7):7-12.

刘越,孟海波,沈玉君,等,2015.海南省畜禽粪便资源分布及总量控制研究[J].中国农业科技导报,17(4):114-121.

刘增进,张关超,杨育红,等,2016.河南省农业非点源污染负荷估算及空间分布研究[J].灌溉排水学报,35(11):1-6.

卢少勇,张萍,潘成荣,等,2017.洞庭湖农业面源污染排放特征及控制对策研究[J].中国环境科学,37(6):2278-2286.

罗文敏,张清海,林绍霞,等,2010.贵州省农业非点源污染因子识别及其敏感性评价[J].江苏农业科学(3):401-403+406.

吕忠梅,2003.环境资源法视野下的新《水法》[J].法商研究,20(4):13.

马奇涛,王宝庆,2011.天津滨海新区非点源污染负荷量估算[J].安全与环境学报,11(2):142-147.

马宗晋,高庆华,1990.减轻自然灾害系统工程初议[J].灾害学(2):1-7.

Maidment D,2002.水文学手册[M].张建云,李纪生,译.北京:科学出版社.

穆文彬,于福亮,李传哲,等,2015.河流生态基流概念与评价方法的差异性及其影响[J].中国农村水利水电(1):5.

牛志春,李旭文,张咏,等,2012.太湖流域水环境天地一体化监测体系构建与应用[J].环境监控与预警,4(1):5.

齐璞,苏运启,2002.黄河下游"小水大灾"的成因分析及对策[J].人民黄河(7):12-13.

彭剑峰,张立,王占伟,2012.中国水旱灾害的形成主因和机制分析[J].河南大学学报(自然科学版),42(3):281-285.

彭文启,2019.新时期水生态系统保护与修复的新思路[J].中国水利(17):6.

彭泽州,杨天行,梁秀娟,等,2007.水环境数学模型及其应用[M].北京:化学工业出版社.

彭兆弟,李胜生,刘庄,等,2016.太湖流域跨界区农业面源污染特征[J].生态与农村环境学报,32(3):458-465.

秦昌波,李新,容冰,等,2019.我国水环境安全形势与战略对策研究[J].环境保护,47(8):20-23.

秦大庸,陆垂裕,刘家宏,等,2014.流域"自然-社会"二元水循环理论框架[J].科学通报,59(Z1):419-427.

秦迪岚,罗岳平,黄哲,等,2012.洞庭湖水环境污染状况与来源分析[J].环境科学与技术,35(8):193-198.

史虹,2009.泰晤士河流域与太湖流域水污染治理比较分析[J].水资源保护,25

（5），90-97.

史超，王兴桦，吴新垒，等，2023. 基于机器学习快速预报模型的城市洪涝预报预警系统研究及应用[J]. 西北水电（2）：12-19.

宋大平，庄大方，陈巍，2012. 安徽省畜禽粪便污染耕地、水体现状及其风险评价[J]. 环境科学，33（1）：110-116.

孙金华，2011. 水资源管理研究[M]. 北京：中国水利水电出版社.

孙金华，王思如，顾一成，等，2019. 坚持科学治水推进生态河湖建设[J]. 中国水利（10）：8-10.

孙金华，王思如，朱乾德，等，2018a. 水问题及其治理模式的发展与启示[J]. 水科学进展，29（5）：607-613.

孙金华，朱乾德，王思如，等，2018b. 强化科技引领提升河湖治理成效[J]. 中国水利（12）：14-16.

孙秀秀，包丽颖，郁亚娟，等，2015. 哈尔滨地区农业面源污染负荷估算与分析[J]. 安全与环境学报，15（5）：300-305.

谭玲，姚帏之，李廉水，等，2020. 城市暴雨洪涝灾害直接经济损失的文献计量分析[J]. 灾害学（35）：179-185.

田卫堂，胡维银，李军，等，2008. 我国水土流失现状和防治对策分析[J]. 水土保持研究，15（4）：6.

童绍玉，周振宇，彭海英，2016. 中国水资源短缺的空间格局及缺水类型[J]. 生态经济，32（7）：6.

王波，税燕萍，张杰彬，等，2021. 农村生活污水处理技术指南编制的若干建议[J]. 环境保护，49（1）：4.

王超，王沛芳，2004. 城市水生态系统建设与管理[M]. 北京：科学出版社.

王浩，游进军，2016. 中国水资源配置30年[J]. 水利学报，47（3）：265-271+282.

王建华，2019. 生态大保护背景下长江流域水资源综合管理思考[J]. 人民长江，50（10）：6.

王晶，2012. 巢湖流域地表水环境监测网络优化研究[D]. 合肥：合肥工业大学.

王少丽，王兴奎，许迪，2007. 农业非点源污染预测模型研究进展[J]. 农业工程学报，23（5）：265-271.

汪恕诚，2005. 资源水利——人与自然和谐相处[M]. 北京：中国水利水电出版社.

王思如，杨大文，孙金华，等，2021. 我国农业面源污染现状与特征分析[J]. 水资源保护，37（4）：140-147+172.

王思如，顾一成，杨大文，等，2022. 长江下游典型平原城市感潮河网水动力提升分析[J].水科学进展,33(1):91-101.

王思如,刘米雪,王琰,等,2020.水生态空间概念及其划界确权研究[J].中国水利(17):37-39.

王文琪,王思如,罗嘉西,等,2023.多水源补给的宿迁市黄河故道水量——水质耦合优化调控[J].人民黄河,45(7):68-72+78.

王夏晖,何军,牟雪洁,等,2021.中国生态保护修复20年:回顾与展望[J].中国环境管理,13(5):85-92.

王延贵,王莹,2015.我国四大水问题的发展与变异特征[J].水利水电科技进展,35(6):1-6.

王毅,2007.中国的水问题、治理转型与体制创新[J].中国水利,22(5):22-27.

王兆卫,2017.基于模糊评价法的城市洪涝灾害评估研究[D].南京:东南大学.

吴建寨,赵桂慎,刘俊国,等,2011.生态修复目标导向的河流生态功能分区初探[J].环境科学学报,31(9):1843-1850.

吴雅琼,吕志坚,安斌,2011.1985—2008年间我国废水排放量动态研究[J].科技情报开发与经济,21(17):183-185.

熊汉锋,万细华,2008.农业面源氮磷污染对湖泊水体富营养化的影响[J].环境科学与技术,31(2):25-27.

徐菲,王永刚,张楠,等,2014.河流生态修复相关研究进展[J].生态环境学报,23(3):515-520.

徐敏,张涛,王东,等,2019.中国水污染防治40年回顾与展望[J].中国环境管理,11(3):65-71.

许有鹏,石怡,都金康,2011.秦淮河流域城市化对水文水资源影响[C]//中国科学技术协会.首届中国湖泊论坛论文集.南京:东南大学出版社.

严登华,王浩,周梦,等,2020.全球治水模式思辨与发展展望[J].水资源保护,36(3):1-7.

杨传玺,薛岩,高畅,等,2023.2002—2020年中国河流环境质量演变及驱动因子分析[J].环境科学,44(5):2502-2517.

杨丹,2022.城镇供水管网漏损现状分析及漏损控制技术研究进展[J].环境保护前沿,12(2):9.

虞慧怡,扈豪,曾贤刚,2015.我国农业面源污染的时空分异研究[J].干旱区资源与环境,29(9):1-6.

于强,2008.水质远程监测数据采集系统设计[D].大连:大连理工大学.

臧亚文,2022.城市洪涝灾害多信息精细化预警体系研究[D].郑州:郑州大学.

张晨,王立义,高英,等,2011.引滦入津工程黎河段机理与非机理水质预测模型对比分析[J].安全与环境学报,11(1):149-152.

张大弟,张晓红,章家骐,等,1997.上海市郊区非点源污染综合调查评价[J].上海农业学报,13(1):31-36.

张刚,解建仓,罗军刚,等,2010.Sacramento 模型的多步骤参数估计方法及应用[J].沈阳农业大学学报,41(6):6.

张光斗,1998.面临 21 世纪的中国水资源问题[J].地球科学进展,14(1):16-17.

张红举,陈方,2010.太湖流域面源污染现状及控制途径[J].水资源保护,26(3):87-90.

张骞,2014.基于 GIS 的北京地区山洪灾害风险区划研究[D].北京:首都师范大学.

张建永,黄锦辉,孙翀,等,2023.已建水利水电工程生态流量核定与保障思路研究[J].水利规划与设计(8):1-4+9.

张建永,王晓红,杨晴,等,2017.全国主要河湖生态需水保障对策研究[J].中国水利(23):5.

张建云,2010.气候变化与中国水安全[J].阅江学刊,2(4):15-19.

张建云,王银堂,贺瑞敏,等,2016.中国城市洪涝问题及成因分析[J].水科学进展,27(4):485-491.

张建忠,张永恒,严洌娜,等,2013.1990—2012 年浙江省台风灾害的自然属性与社会属性特征[J].气象与减灾研究,36(4):49-54.

张静怡,何惠,陆桂华,2006.水文区划问题研究[J].水利水电技术,37(1):48-52.

张磊,2022.基于多源卫星数据的洪涝灾害监测研究[D].南京:南京信息工程大学.

张陵,2015.长江中下游筑坝河流生态水文效应研究[D].郑州:华北水利水电大学.

张鑫,蔡焕杰,2001.区域生态需水量与水资源调控模式研究综述[J].西北农林科技大学学报(自然科学版),(Z1):5.

张伟东,2004.面向可持续发展的区域水资源优化配置理论及应用研究[D].武汉:武汉大学.

赵军凯,王文彩,2006.20 世纪后半期中国主要江河洪灾分析[J].农业考古,(6):52-54.

赵人俊,1984.流域水文模型[M].北京:中国水利水电出版社.

赵锁志,2013.内蒙古乌梁素海湖水及底泥营养元素和重金属污染及其环境效应研究［D］. 北京：中国地质大学（北京）.

赵彦伟，杨志峰，2005. 城市河流生态系统健康评价初探［J］. 水科学进展，16（3）：349-355.

朱喜，胡明明，朱金华，等，2016. 巢湖水环境综合治理思路和措施［J］. 水资源保护，32（1）：120-124＋141.

郑建，韩会庆，蔡广鹏，等，2013. 贵州省农业非点源氮、磷污染时空特征分析［J］. 长江科学院院报，30（6）：1-4＋8.

郑孝宇，褚君达，朱维斌，1997. 河网非稳态水环境容量研究［J］. 水科学进展（1）：28-34.

中华人民共和国生态环境部. 2022 年全国生态环境状况公报［EB/OL］.［2023-05-31］. https：//www. mee. gov. cn/hjzl/sthjzk/zghjzkgb/202305/P0202305 29570623593284. pdf

周建军，2006. 渭河小水大灾的根本原因和治理途径［C］//中国水利学会地基与基础工程专业委员会. 黄河三门峡工程泥沙问题研讨会论文集. 北京：中国水利水电出版社.

周文强，贾冰，2020. 长三角地区农村生活污水处理设施水污染物排放标准比较研究［J］. 再生资源与循环经济，13（4）：4.

周生贤，2013. 当前我国环境保护形势与对策［J］. 低碳世界（8）：3.

Atif S，Umar M，Ullah F，2021. Investigating the flood damages in Lower Indus Basin since 2000：spatiotemporal analyses of the major flood events［J］. Natural Hazards，108（2）：2357-2383.

Bouwer L，2013. Projections of future extreme weather losses under changes in climate and exposure［J］. Risk Analysis（33）：915-930.

Camarasa A，Butrón D，2015. Estimation of flood risk thresholds in Mediterranean areas using rainfall indicators：case study of Valencian Region（Spain）［J］. Natural Hazards，78（2）：1243-1266.

Chen Y B，Zhou H L，Zhang H，et al，2015. Urban flood risk warning under rapid urbanization［J］. Environmental Research（139）：3-10.

DiToro D M，Fitzpatrik J J，1983. Documentation for water quality analysis simulation program（WASP）and model verification program（MVP）［R］. Duluth，MN：US Environmental Protection Agency.

Ding X W，Shen Z Y，Hong Q，et al，2010. Development and test of the export coefficient model in the upper reach of the Yangtze River［J］. Journal de Mathematiques Pures et Appliquees, 93(3): 233-244.

Doong D J, Chuang Z H, Wu L C, et al, 2012. Development of an operational coastal flooding early waming system[J]. Natural Hazards and Earth System Scicnces, 12(2): 379-390.

Duan Q, Schaake J, Andréassian V, et al, 2006. Model Parameter Estimation Experiment (MOPEX): an overview of science strategy and major results from the second and third workshops [J]. Journal of Hydrology, 320(1-2): 3-17.

Escartín J, Aubrey D G, 1995. Flow structure and dispersion within algal mats[J]. Estuarine, Coastal and Shelf Science, 40(4):451-472.

Feng D, Mao K R, Yang Y, et al, 2023. Crop-livestock integration for sustainable agriculture in China: the history of state policy goals, reform opportunities and institutional constraints[J]. Frontiers of Agricultural Science and Engineering, 10(4): 518-529.

Gallina V, Torresan S, Critto A, et al, 2016. A review of multi-risk methodologies for natural hazards: consequences and challenges for a climate change impact assessment [J]. Journal of Environmental Management(168):123-132.

Gu Y C, Wang S R, Hu Q F, et al, 2022. Continuous assessment of the adaptability between river network connectivity and water security in a typical highly urbanized area in eastern china [J]. Frontiers in Environmental Science: 1265.

Han D M, Currell M J, Cao G L, 2016. Deep challenges for China's war on water pollution [J]. Environmental Pollution(218): 1222-1233.

Hou Y, Chen W P, Liao Y H, et al, 2017. Modelling of the estimated contributions of different sub-watersheds and sources to phosphorous export and loading from the Dongting Lake watershed, China [J]. Environmental Monitoring and Assessment, 189(12): 1-20.

Jia H F, Ma H T, Wei M J, 2011. Calculation of the minimum ecological water requirement of an urban river system and its deployment: a case study in Beijing central region [J]. Ecological Modelling, 222(17):3271-3276.

Johnes P J, 1996. Evaluation and management of the impact of land use change on the nitrogen and phosphorus load delivered to surface waters: the export coefficient modeling approach [J]. Journal of Hydrology(183): 323-349.

Liu R M，Dong G X，Xu F，et al，2015. Spatial-temporal characteristics of phosphorus in non-point source pollution with grid-based export coefficient model and geographical information system [J]. Water Science and Technology，71(11)：1709-1717.

Ma X，Li Y，Zhang M，et al，2011. Assessment and analysis of non-point source nitrogen and phosphorus loads in the Three Gorges Reservoir Area of Hubei Province，China [J]. Science of the Total Environment(412-413)：154-161.

Mahmood K，Yevjevich V，1975. Unsteady flow in open channels，Vol. 1 [M]. Colorado：Water Resources Publications.

MIKE 11：Users guide and reference manual [R]. Danish Hydraulics Institute，Horsholm，Denmark，1993.

MIKE 21：User Guide and Reference Manual [R]. Danish Hydraulic Institute，1996.

MIKE 3：Eutrophication Module，User guide and reference manual，release2. 7 [R]. Danish Hydraulic Institute，1996.

Mitrovic S，Oliver R，Rees C，et al，2003. Critical flow velocities for the growth and dominance of Anabaena circinalis in some turbid freshwater rivers[J]. Freshwater Biology，48(1)：164-174.

O'Connell P，Nash J，Farrell J，1970. River flow forecasting through conceptual models part Ⅱ-the Brosna catchment at Ferbane[J]. Journal of Hydrology，10(4)：317-329.

Ongley E，2004. Non-point source water pollution in China：current status and future prospects [J]. Water International，29(3)：299-306.

Rao P Z，Wang S R，Wang A，et al，2022. Spatiotemporal characteristics of the non-point source nutrient loads and their impact on river water quality in the Yancheng city，China，simulated by an improved export coefficient model coupled with grid-based runoff calculations[J]. Ecological Indicators(42)：109188.

Shao J L，Gao H，Wang X，et al，2020. Application of Fengyun-4 satellite to flood disaster monitoring through arapid multi-temporal synthesis approach [J]. Journal of Meteorological Research，34(4)：720-731.

Tu M C，Smith P，2018. Modeling pollutant buildup and washoff parameters for SWMM based on land use in a semiarid urban watershed [J]. Water，

Air, and Soil Pollution, 229(4): 121.

Wang S R, Rao P Z, Yang D W, et al, 2020. A combination model for quantifying non-point source pollution based on land use type in a typical urbanized area [J]. Water(12): 729.

Willner S N, Otto C, Levermann A, 2018. Global economic response to river floods[J]. Nature Climate Change(8): 594-598.

Wu L, Gao J E, Ma X Y, et al, 2015. Application of modified export coefficient method on the load estimation of non-point source nitrogen and phosphorus pollution of soil and water loss in semiarid regions [J]. Environmental Science and Pollution Research, 22(14):10647-10660.

Wu L, Li P C, Ma X Y, 2016. Estimating non-point source pollution load using four modified export coefficient models in a large easily eroded watershed of the loess hilly-gully region, China [J]. Environmental Earth Sciences, 75(13):1-13.

Xia T Y, Chen Z B, Jin S, 2017. New normal control of agricultural non-point source pollution in the Dianchi Lake Basin [J]. Meteorological and Environmental Research, 8(2): 63-72.

Yang D W, Herath S, Musiake K, 1998. Development of a geomorphology-based hydrological model for large catchments [J]. Proceedings of Hydraulic Engineering(42): 169-174.

Zheng Y, Shao G, Tang L, et al, 2019. Rapid assessment of a typhoon disaster based on NPP-VIIRS DNB daily data: the case of an urban agglomeration along Western Taiwan Straits, China[J]. Remote Sensing, 11(14): 1709.